数据挖掘原理、方法及 Python 应用实践教程

蒋国银　雷俊丽　李明磊　彭瑞卿　曾　金　编著

科学出版社

北京

内 容 简 介

本书系统讲授数据挖掘的原理、主要方法及其 Python 实现，共分三部分：第一部分包含第 1~2 章，介绍数据挖掘的基本概念、流程和数据预处理；第二部分包含第 3~11 章，介绍经典的分类算法（包括朴素贝叶斯分类器、决策树、k-近邻、支持向量机等）、经典的聚类分析、关联分析、人工神经网络和 Web 挖掘等方法；第三部包含第 12~14 章，共有 3 个综合案例，包括泰坦尼克号生存数据分析、心脏病预测分析和旅游评论倾向性分析。

本书可作为信息管理与信息系统、电子商务、大数据管理与应用等专业本科生和研究生的数据挖掘、大数据分析等课程的入门教材，同时也可作为数据挖掘爱好者及各研究机构或公司的研究人员和应用开发人员的参考书。

图书在版编目（CIP）数据

数据挖掘原理、方法及 Python 应用实践教程/蒋国银等编著. —北京：科学出版社，2020.11

　ISBN 978-7-03-065354-3

　Ⅰ. ①数⋯　Ⅱ. ①蒋⋯　Ⅲ. ①软件工具－程序设计－教材
Ⅳ. ①TP311.561

中国版本图书馆 CIP 数据核字（2020）第 093011 号

责任编辑：吉正霞　曾　莉 / 责任校对：高　嵘
责任印制：赵　博 / 封面设计：苏　波

科 学 出 版 社 出版
北京东黄城根北街 16 号
邮政编码：100717
http://www.sciencep.com

北京华宇信诺印刷有限公司印刷
科学出版社发行　各地新华书店经销

*

2020 年 11 月第　一　版　开本：787×1092　1/16
2025 年 2 月第六次印刷　印张：15 3/4
字数：373 000

定价：68.00 元
（如有印装质量问题，我社负责调换）

前　　言

随着网络和信息技术的飞速发展，社会经济领域数字化成色越来越浓，人们的数据思维越来越显著，高速互联互通和高度信息聚集的大数据时代正在快速发展演化。社会经济生活的方方面面以细粒度的数据元素被展示，其快照"像素"更高，组织构成更清晰，快照之间的演化逻辑也被揭示得更透彻。

近年来，多个国家将大数据上升为国家战略。美国政府分别于 2013 年和 2014 年发布了《大数据研究和发展倡议》（*Big Data Research and Development Initiative*）和《大数据：把握机遇，守护价值》（*Big Data：Seize Opportunities，Preserving Values*）白皮书，全面推进大数据的应用与管理。英国政府和法国政府于 2013 年分别发布了《把握数据带来的机遇：英国数据能力战略》（*Seizing the Data Opportunity：A Strategy for UK Data Capability*）和《数字化路线图》（Feuille de routedu Gouvernement sur le numérique），开启大数据的全国战略。我国也于 2014 年 3 月，首次将大数据写入政府工作报告，并于 2015 年 10 月在十八届五中全会正式提出"实施国家大数据战略，推进数据资源开放共享"的思想。

随着大数据研究与应用的不断深入，大数据驱动的研究被广泛应用于企业管理、旅游管理、公共管理、心理与情感、舆情管理、灾难与应急，以及医疗健康等领域，跨学科特色明显。麦肯锡报告也指出，在产业界，大批知名企业掀起了技术产业创新浪潮，布局大数据产业并开拓相关市场，大数据产品与应用广泛呈现。

大数据在业界和学界都引起了关注，但不管其如何发展，应用如何深入，其工作基础还是数据挖掘。数据挖掘不再是一个"专业"的事情，相关思想和方法正在各类学科背景人员中"普及"和不同业务领域中"普惠"。如何让非计算机类专业人员掌握数据挖掘的原理、方法，并快速上手是目前数据挖掘类图书讨论研究的方向。本书系统讲授数据挖掘的基本原理、方法及其 Python 实现，加上案例解析，由浅入深，层层递进，以期帮助初学者快速入门并开展实践。

本书以数据挖掘全流程为主线，全面介绍数据挖掘基本概念和流程、数据预处理、数据建模、模型评估、Python 实现及应用。其中，数据挖掘基本概念和流程与数据预处理单独成章，数据建模、模型评估和 Python 实现及应用则按照数据挖掘应用场景分为分类模型（包括决策树分类、朴素贝叶斯分类、k-近邻分类、支持向量机、组合分类算法等）、聚类模型（包括 k-均值聚类、层次聚类、基于密度的聚类等）、关联分析模型（包括 Apriori 算法、FP 增长算法等）、神经网络等。书的最后附有两个基于开源数据的数据挖掘实例和一个基于科研实战数据的综合实践案例，帮助读者对全书知识进行融会贯通。

本书受国家自然科学基金项目（No.71671060）、国家重点研发计划课题（No.2019YFB1405601）、中央部门所属高校科研经费（No.ZYGX2017KYQD185，No.2018-Q-05）等部分资助。在编撰的过程中，本书编著者参阅并应用许多学者和实务工作者的相关成果、编程工具的库和函数等文档。蒋国银制定编著方案，并负责第 1 章和第 12～14 章部分案例的撰写、全书统稿和协调等工作；雷俊丽协助编著方案制定，并负责第 2～4 章和第 12～14 章部分案例的撰写；彭瑞卿负责第 6～8 章的撰写；李明磊负责第 5、9、10 章的撰写；曾金负责第 11 章的撰写。同时，科学出版社的编辑对本书做了严谨细致的编辑工作。另外，湖北经济学院数据科学与大数据技术专业本科生邱之涵、南梦婷、张峰、杨飞洋及硕士生殷铼、朱艳敏等同学参与协助本书部分内容的资料整理与编撰；电子科技大学硕士生张美娟、蔡兴顺、陈玉凤等同学参与本书初稿校订工作。在此，我们对帮助过本书编撰的朋友致以衷心的感谢。

由于作者水平有限，本书不足之处在所难免，恳请广大读者不吝赐教。

蒋国银

2020 年 5 月 20 日

目　　录

第1章 绪 论

1.1 数据挖掘的含义

近年来,基于新一代互联网技术,社交媒体、云服务等新型技术与系统应用不断推出,人类积累的数据量急剧增长。美国国际数据公司(International Data Corportion,IDC)报告显示,1986 年,全球只有 0.02 EB 也就是约 20 000 TB 的数据量,而到了 2007 年,全球数据量翻了 14 000 倍,达 280 EB。IDC 进一步预测,从 2013 年到 2020 年,全球数据量会从 4.4 ZB 猛增到 44 ZB;而到 2025 年,全球会有 163 ZB(相当于 16.3 万亿 GB)的数据量[①]。各类网站保留了大量的日志文件,购物站点收集了大量的浏览信息和行为数据……随着各种智能终端、互联感知技术和移动互联技术的广泛使用,政府、行业、企业及其他部门收集了各种各样的互联与感知数据,而这些数据还在不断地增加。虽然数据量已经庞大到令人叹为观止的地步,但是这些最原始的数据却无法体现其真正的价值,如同一堆散乱的沙子。在如此庞大的数据中寻找有价值的新知识相当于在一堆沙子中淘金,因此这一过程也被形象地称为"数据挖掘"(data mining)。

维基百科定义:数据挖掘是一种从大型的结构化或半结构化数据集中发现某种特定模式的计算过程,这种计算过程融合了多种学科方法,如传统的数学、统计学,以及当下研究最为火热的数据库、机器学习等。数据挖掘与计算机学科息息相关,因此数据挖掘也被称为跨学科的计算机科学分支。通俗地讲,数据挖掘就是利用一系列技术和方法从海量数据中找出隐藏于其中的潜在的、有用的新知识的过程。最终获取的信息和知识在各种领域中都有广泛应用,如电子商务、物流运输、精准营销、生产控制和医疗诊断等。

近年来,数据挖掘是一个被频繁使用的专业词汇,但数据挖掘所表达的概念和思想却不是新形成的。前些年比较热的"知识发现"(knowledge discovery)就蕴含了数据挖掘的思想。不过,知识发现所涵盖的范围更广,它是从各种数据中,根据不同的需求,识别特定模式和获取潜在知识的过程。知识发现的目的是从杂乱烦琐的原始数据中提炼出有效的、新颖的、潜在有用的知识,以使使用者的效益最大化。如今,数据挖掘与知识发现被视为紧密相关的术语,甚至很多时候可以相互替代,但两个术语的定义仍旧有一定差别:知识发现强调将低层数据转换为高层知识的整个过程,而数据挖掘注重数据中模式或模型的抽取。宏观来看,数据挖掘是知识发现的核心,但只是其中的一个步骤。完整的知识发现过程由三个阶段组成:①数据准备;②数据挖掘;③结果表达和解释。数据挖掘的任务包括分类、预测、聚类分析、关联分析、异常检

---

① 来源:https://www.pianshen.com/article/7230951382/。

测、时序模式分析等。这些任务在 1.3 节中会有详细的介绍。

1.2 数据挖掘、机器学习与人工智能

在学习数据挖掘的过程中，机器学习（machine learning）和人工智能（artificial intelligence，AI）也经常被提及，那么，它们之间有何区别和联系呢？

1. 人工智能与机器学习的关系

人工智能这个词出现的频率极高，尤其是"智能＋"时代下，人工智能被学界和业界等经常提及，就连日常生活中，人工智能也被普通老百姓所熟知。通常，人工智能也称为智械、机器智能，指由人制造出来的机器所表现出来的智能。换句话说，人工智能可被拆分为"人工"和"智能"两个词，其中：人工表示由人制造；智能的定义则较为广泛和抽象，例如，拥有人的思维逻辑、知识和感知等都可称为智能。对于判断机器是否具有智能这一问题有一个经典的测试方法——图灵测试（Turing test）。图灵测试由英国数学家、逻辑学家艾伦·麦席森·图灵（Alan Mathison Turing）提出，其内容为：将测试者（人）与被测试者（机器）隔开，使用一些装置（如键盘）向被测试者随意提问。经过多次测试后，如果被试者有超过 30%的答复不能使测试者确认出哪个是人，哪个是机器，那么这台机器就被认为具有智能。

通常认为，人工智能经过了三次浪潮。人工智能的第一次浪潮大约在 20 世纪 50 年代。1956 年，约翰·麦卡锡（John McCarthy）在达特茅斯学院（Dartmouth College）的人工智能研讨会上正式提出了人工智能这个概念。这一时期的许多基础理论，不仅是人工智能的基础理论，也是计算机专业的基石。80 年代初，人工智能因为缺乏应用而发展缓慢。到 80 年代末 90 年代初，科学家另辟蹊径，从解决大的普适智能问题转向某些领域的单一问题。经过 30 年左右的发展，在对数据存储、计算性能及数据应用等研究有了一定的基础后，研究者看到了人工智能与数据结合的可能性及其潜在的价值。例如，1997 年，"深蓝"打败了当时的象棋冠军加里·卡斯帕罗夫（Garry Kasparov）；2017 年，阿尔法围棋（AlphaGo）打败了当时的围棋冠军李世石。这就是第二次人工智能浪潮。随着计算能力的提高，再结合海量的数据以及一定程度的算法技术，计算机拥有越来越接近人类的"智能"，甚至可以在某一项确定的事情上打败人类。第三次人工智能浪潮得益于计算机强大的计算能力及海量的数据。总的来说，人工智能的核心问题是构建接近甚至超越人类的推理、知识、规划、学习、交流、感知、移物、使用工具和操控机械的能力等。

机器学习是人工智能研究发展到一定阶段的必然产物，也是人工智能的一个分支。在过去的 20 年中，计算机在数据收集、存储、处理和传输等方面的能力有了质的飞跃。在产生数据方面，有人类的历史文明记录数据、现今各大企业每天运营产生的日志数据、各种传感器记录的数据，以及自媒体产生的视频或文字类的数据等。面对如此庞大的数据，人们迫切需要计算机技术处理这些数据，而机器学习恰好能够顺应潮流满足这个需求。因

此，该学科也就顺势快速发展起来，并且在今天仍旧处于研究前沿。20 世纪 80 年代，机器学习成为一个独立的研究领域，各种技术迅速产生并快速发展。

人工智能与机器学习有非常直接的联系，但人工智能的范畴通常更广。人工智能包括所有拥有"智能"的人造机器，只要该机器所体现出的"智能"符合人们的定义标准就属于人工智能的范畴，因此人工智能是一个涵盖面十分广的词。但没有机器学习，人工智能不可能在生活中占有如此重要的地位。事实上，机器学习是人工智能中不可或缺的一个主要内容，研究机器学习的目标就是让计算机系统拥有人的学习能力，从而实现人的"智能"，因此机器学习成为人工智能所涉及的最重要的研究领域之一，它们之间的关系如图 1.1 所示。

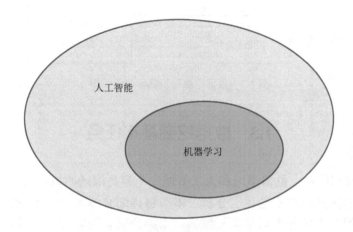

图 1.1 人工智能与机器学习关系图

2. 数据挖掘与机器学习的关系

数据挖掘领域在 20 世纪 90 年代形成，它受到很多学科领域的影响，其中数据库、机器学习和统计学无疑是影响最大的。数据挖掘也可以被理解为"识别出巨量数据中有效的、新颖的、潜在有用的、最终可理解的模式的非平凡过程"[①]。换句话说，就是从海量数据中找到有用的知识。概括来说，机器学习的研究为数据挖掘提供数据分析技术。数据挖掘除需要机器学习的技术支撑外，还需要数据库和数据仓库技术，因为数据挖掘所面对的庞大的数据对象，无法避免地需要对数据进行管理，在对数据有恰当的管理的基础上才可以进一步利用机器学习技术来寻找对人们有价值的模式或新知识。因此，数据挖掘与机器学习的关系可以用图 1.2 来描述。

总的来说，数据挖掘与机器学习既有区别又有联系，而机器学习偏理论，数据挖掘更偏向于实践操作和实际应用。

---

① 来源：https://blog.csdn.net/qq_32539403/article/details/84347188。

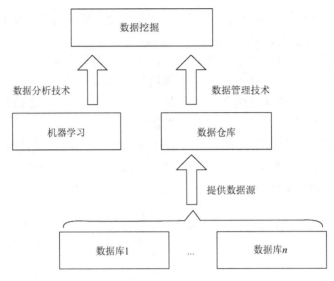

图 1.2   数据挖掘与机器学习关系图

1.3   数据挖掘基本任务

上一节对数据挖掘、机器学习和人工智能三个容易混淆的概念进行了详细的介绍，还对三者之间的区别和联系进行了分析，本节将详细介绍各种数据挖掘技术的基本任务。数据挖掘的基本任务包括分类与预测、聚类分析、关联分析、异常检测等，大致可划分为两类，即预测任务和描述任务。预测任务的流程大致是：通过利用样本的属性和样本的值训练出的模型，结合某个特定样本的属性来预测该样本对应的值。显然，预测任务的目的就是要根据已知的样本属性来对该样本的类别或对应的某个值进行预测。而描述任务的目标则是探索目标数据集中隐藏的联系或模式，可以简单地理解为寻找数据集中隐含的规律。需要注意的是，这里的联系或模式并不是因果联系，而是相关性、趋势走向、聚类、轨迹或异常值等。描述任务的根本目的就是掌握样本数据的特征，包括整体分布及各种数据特征，并以此来确定后续深入分析的方向及可能运用的技术和方法。描述任务最终需要后续的技术验证和解释结果。下面介绍几种数据挖掘的基本任务。

1.3.1   分类与预测

通俗来说，分类任务就是将某个对象对应到预先设定的类别中。分类问题无论在生活中还是在数据挖掘中都是普遍存在的。例如，网络社会心态的分类、邮箱中是否为垃圾邮件的预判等，都可以被称为分类问题。人们可以对邮件的标题、主题和内容等进行扫描，从而判别该邮件是否为垃圾邮件、是否需要过滤等。

分类任务就是将样本的属性集 X 作为解释变量，样本预先定义的类标号 y 作为被解释变量，最后学习得到一个目标函数，这个目标函数的作用就是反映出 X 与 y 之间的映射关系。

1. 描述性建模

分类模型可以用作解释性的工具，如表 1.1 所示，可以从表中数据知道花萼的长度和宽度、花瓣的长度和宽度的取值范围及其与所属类别的对应关系。

表 1.1　鸢尾花数据集（部分）^①

花萼长度/cm	花萼宽度/cm	花瓣长度/cm	花瓣宽度/cm	类别
5.1	3.5	1.4	0.2	0
4.9	3.0	1.4	0.2	0
4.7	3.2	1.3	0.2	0
7.0	3.2	4.7	1.4	1
6.4	3.2	4.5	1.5	1
6.9	3.1	4.9	1.5	1
5.5	2.3	4.0	1.3	1
6.3	3.3	6.0	2.5	2
5.8	2.7	5.1	1.9	2
7.1	3.0	5.9	2.1	2
6.3	2.9	5.6	1.8	2

2. 预测性建模

分类任务还可以用于对未知对象进行分类。如表 1.1 所示，通过鸢尾花花萼的长度和宽度、花瓣的长度和宽度可以判断鸢尾花的类型，其中类别 0 代表山鸢尾，1 代表变色鸢尾，2 代表菖蒲锦葵。

对于未知类型的样本，将样本的其他可观测到的外在属性输入训练好的分类模型中，分类模型将自动赋予未知样本所属类别。例如表 1.2 所示的某株未知分类的鸢尾花，通过测量得到该花株的花萼长度、花萼宽度、花瓣长度、花瓣宽度共 4 个属性值，将这 4 个属性值输入之前训练好的鸢尾花分类模型中，便可以自动获得该花株所属的鸢尾花类别。

表 1.2　某株未知分类的鸢尾花测量数据

花萼长度/cm	花萼宽度/cm	花瓣长度/cm	花瓣宽度/cm	类别
4.6	3.6	1.0	0.2	?

根据数据集建立得到的分类模型来确定未知鸢尾花样本类型的流程如图 1.3 所示。

---

① 鸢尾花数据集为公开数据集，可在 Python 库 sklearn 中输入命令 sklearn.datasets.load_iris()得到。
　来源：http://archive.ics.uci.edu/ml/datasets/Iris。

图 1.3 分类预测流程

首先测量未知类别样本的花萼长度、花萼宽度、花瓣长度、花瓣宽度，然后将测量到的数值输入已训练好的分类模型中，最终模型将会输出该样本所属的鸢尾花类型。

1.3.2 聚类分析

训练分类模型需要的数据集不仅仅包括属性集，还需要属性集所对应的类别。如果仅仅想训练一个区分猫和狗的分类模型，那么训练用的数据集可以自行标注，因为有足够的先验知识来区分猫和狗，这样的任务对于人们来说十分简单。但是，如果想训练出一个判断 CT 图像中是否含有肿瘤的分类模型可就不容易了，因为分辨肿瘤这种任务对于缺乏医学知识的门外汉来说实在太过困难，而请专家来标注的话成本又太高。生活中这样的分类问题其实很多，因此，面对这样的问题人们不得不另辟蹊径，寻找可行的解决方案。计算机能够帮助人们在没有标注的情况下进行分类，即使这种分类后的结果需要人为分析理解并给定现实意义。这种使用没有被标记的训练样本解决模式识别中的各种问题的学习，称为无监督学习。无监督学习的典型代表就是聚类分析。

聚类分析是指按照数据内在相似性将数据集划分为两个或多个类别。聚类分析的最终目的就是将数据划分成有意义或有用的组（簇）。聚类完全依靠样本的自相似性，也就是说，需要聚类的数据集中没有预先定义的类别，并且样本也没有任何标记，这也是聚类的一个典型特点。这样被聚成的类没有任何意义，但是，最终结果可以被使用者赋予实际意义。例如，在医疗中，将每一位患者视为一个样本，将患者所出现的表征症状视为样本的属性，当对这样的数据集进行聚类后所得到的结果是多个类别的患者集合，而每一类可能代表着某一种疾病。

聚类分析一般有 5 种方法[①]，包括划分法（partitioning methods）、层次法（hierarchical methods）、基于密度的方法（density-based methods）、基于网格的方法（grid-based methods）和基于模型的方法（model-based methods）。其中最主要的是划分法和层次法两种方法。

1. 划分法

划分法是指给定一个有 N 个样本的数据集，它将构造 K 个分组，每个分组就代表一个类别，其中 $K<N$。而每个分组需要满足条件：

---

① 来源：https://baike.baidu.com/item/%E8%81%9A%E7%B1%BB%E7%AE%97%E6%B3%95/1252197?fr = aladdin。

（1）至少包含一个数据样本；

（2）每个数据样本属于且仅属于一个分组（该要求在某些模糊聚类算法中可以放宽）。

该算法在划分的过程中以优化评价函数为准则。基于划分聚类的常见算法有 k-means、k-modes、CLARANS、k-medians 和 CLARA 等。

2. 层次法

层次法是指对于给定的数据集进行层次的分解，直到满足某个条件为止，层次之间的分隔具有嵌套关系。它不需要输入参数，但需要指定明确的终止条件。基于分层聚类的常见算法有 BIRCH、ROCK、SBAC、BUBBLE 和 CURE 等。

1.3.3　关联分析

关联分析（association analysis）用于在大规模数据集中寻找有趣关系。这些关系记录了属性值频繁地在给定数据集中一起出现的条件。所发现的联系可以用关联规则（associate rule）或频繁项集的形式表示，如 {A} → {B}。关联分析广泛用于购物篮或事务数据分析。也就是说，关联分析适用于发现交易数据库中不同商品（项）之间的联系。表 1.3 中是 4 条购物篮数据，对顾客交易信息进行关联分析，可以找出关联规则：

$$\{Diaper\} \rightarrow \{Beer\}$$

表 1.3　购物篮数据[①]

编号	商品集合
001	Cola，Egg，Ham
002	Cola，Diaper，Beer
003	Cola，Diaper，Beer，Ham
004	Diaper，Beer

该关联规则可理解为购买了 Diaper 的顾客有很大概率会购买 Beer，这样的结论可以辅助商家对货物的摆放位置进行调整，即把 Diaper 和 Beer 放在相近的位置，甚至可以进行捆绑销售来提高销售量。

从上述例子中可以看到，关联分析的任务就是确定哪些商品（项）应该分在一起。关联分析常常被用于购物篮分析，即在超市的购物车中哪些物品会放在一起。商家可以使用关联分析来计划商店货架或目录上物品的放置位置，把经常一起被购买的物品放在一起以增加顾客的购买概率。关联分析也可以用于确认交叉销售的概率，设计吸引人的促销方案。

1.3.4　异常检测

异常检测是为了发现样本中与大部分样本数据不同的目标对象。异常检测也被称为偏

---

① 来源：https://baike.baidu.com/item/%E5%85%B3%E8%81%94%E5%88%86%E6%9E%90/1198018?fr=aladdin。

差检测（deviation detection），被发现的区别于其他样本的异常对象称为离群点（outlier）。在进行数据挖掘的过程中训练机器学习算法时，错误值或异常值可能是一个严重的问题，它们可能会给模型的训练带来严重的偏差，使得最终得到的模型无法描述数据的真实情况或特征。一般在进行数据挖掘之前，会对数据进行观察以去除离群点。但在某些特定场景下，目标就是找到离群点。例如，在欺诈检测中，离群点发挥很大的作用。因为盗窃信用卡的人的购买行为不同于信用卡持有者，盗窃信用卡的人的购买行为相对于原持有者的购买行为数据是离群点（数据点的内在相似性很低），这样就可以预判出信用卡是否被盗窃，并及时采取应对措施，以最大地降低原持有者的损失。类似地，这种异常检测方法还可以用于其他的欺诈检测中。同时，异常检测在医疗方面也有一定程度的帮助。对于某个患者，如果检测出的症状或指标相对于正常人有很大的不同，那么可以预判该患者可能存在某种潜在的健康问题，从而可以提醒他及时进行检查或治疗。

1.3.5　其他任务

进入 20 世纪之后，股票出现，它是金融市场中一个重要的产物，股票市场对社会生活有着不容小觑的影响力。通常，人们会对股票数据进行分析，希望能够预测股市的变化。表 1.4 记录了部分股票数据。

表 1.4　股票数据集（部分）[①]　　　　　　　　　　（单位：元）

日期	开盘价	最高价	最低价	交易价	收盘价	总交易额	营业额
2018 年 10 月 8 日	208.00	222.25	206.85	216.00	215.15	4 642 146.00	10 062.83
2018 年 10 月 5 日	217.00	218.60	205.90	210.25	209.20	3 519 515.00	7 407.06
2018 年 10 月 4 日	223.50	227.80	216.15	217.25	218.20	1 728 786.00	3 815.79
2018 年 10 月 3 日	230.00	237.50	225.75	226.45	227.60	1 708 590.00	3 960.27
2018 年 10 月 1 日	234.55	234.60	221.05	230.30	230.90	1 534 749.00	3 486.05

表 1.4 的数据集中有日期（date）、开盘价（open）、最高价（high）、最低价（low）、交易价（last）、收盘价（close）、总交易额（total_trade_quantity）和营业额（turnover）等属性值。但是，根据需要经验可知，股票的目标变量（即因变量）收盘价不仅与当天的属性值有关，而且与历史数据有关，这相对于前面的数据类型有明显的区别。针对这种与时间有关的序列，需要对其进行序列分析。

序列分析（sequential analysis）也称演变分析（evolution analysis），是指按时间顺序记录、分析对象的规律或趋势，并对其建模。

除上述介绍过的主流的数据挖掘任务外，数据挖掘任务还包含数据区分、数据特征化、摘要问题和链接分析等。

---

① 来源：https://www.quandl.com/。该平台上拥有大量开源数据集。

1.4 数据挖掘流程

本节将通过波士顿房价预测案例[①]来介绍数据挖掘的完整流程。

1.4.1 明确目标

在数据分析之前,需要对所探索问题的背景及需求等有一个清晰的了解,也就是熟悉业务背景,即根据问题的实际情况及用户的真实需求来明确最终需要解决什么问题,得到什么样的结果。倘若缺少了背景知识、对业务理解不够深刻,或是需求掌握有偏差,都不能制定出一个明确合理的目标,在不正确的目标下得到的结果也不能帮助人们解决存在的问题,甚至会得到错误的结论,形成有害的解决方案。

下面将分析波士顿房价问题,目标就是预测某个既定的自住房可能的房价。

1.4.2 数据收集

在明确了需要进行数据挖掘的目标后,就需要确定需要收集哪些数据才能够对房价进行较为精准的预测。数据特征的维度并不是越多越好,因为某些数据特征维度会对房价的预测有较强的干扰,这样的特征应该去除。同时,过高的数据维度会降低模型训练及预测的性能,浪费系统资源等。反之,也不是数据特征的维度越少越好,过少的特征信息无法全面地呈现数据的规律性,用这样的数据集训练出的模型会缺失大量信息,导致预测出的结果与真实情况存在较大的偏差。

总的来说,选取数据的标准有三个,即相关性、可靠性和有效性。同时,数据质量也十分重要,倘若数据完整但与真实情况不符,就很难从中探索出规律性;即使探索出所谓的"规律性",也是对现实问题没有任何指导意义的,甚至可能会造成误导,以致适得其反。

针对波士顿房价问题,选取的数据特征维度有:

(1)城镇人均犯罪率;

(2)住宅用地超过 25 000 ft^2(1ft = 0.3048m)的比例;

(3)城镇非零售商用土地的比例;

(4)查理斯河空变量(若边界是河流则是 1,否则为 0);

(5)一氧化氮浓度;

(6)住宅平均房间数;

(7)1940 年之前建成的自用房屋比例;

(8)到波士顿 5 个中心区域的加权距离;

(9)辐射性公路的接近指数;

---

① 波士顿房价数据集为公开数据集,可以利用 Python 库 sklearn,输入命令 inport sklearn;sklearn.datasets.load_boston()得到,也可以在平台 http://t.cn/RfHTAgY 中下载得到。

（10）每 10 000 美元的全值财产税率；

（11）城镇师生比例；

（12）1000(Bk − 0.63)^2 （Bk 为城镇中黑人的比例）；

（13）人口中地位低下者的比例；

（14）自住房的平均房价，以千美元为单位。

1.4.3　数据探索

根据观测、调查收集到的初步数据集，接下来需要考虑样本数据集的数量和质量是否满足模型构建的要求，是否有明显的规律或趋势，各因素之间可能存在的关联关系等一系列问题。

这一步数据探索就是通过检验数据集的数据质量、绘制图表、计算数据特征量等手段，尽可能地掌握样本的所有数据特征。数据探索与预处理就是为了将最杂乱的原始数据整理为结构化的、高质量的、有价值的数据。数据探索主要包括异常值分析、缺失值分析、相关分析和周期性分析等。

1.4.4　数据预处理

通常，收集的数据质量是难以保证的，因此数据分析之前还需要对数据进行预处理，从而使得数据结构及类型能够符合建模的需求。

首先，计算机能计算数值型数据，对于文本类数据可做的分析很少，因此需要将所有的文本类数据替换为数值型数据；其次，收集的数据中不可避免地存在缺失值，面对这些缺失值，可视情况选择使用删除法、人工填写、平均值填充、特殊值填充、就近补齐、k-近邻算法和回归、期望最大化等方法进行补齐；再次，不同特征、不同单位引起的数据大小相差过大也需要进行处理，这时可以进行数据标准化以减少不同特征之间数据过大的差异（是否进行数据标准化要视情况而定，有时标准化会降低模型的性能）；此外，还需要对数据进行异常值检测，寻找出离群点并去除，以免因为某几个离群点而影响整个模型的性能（在某些特殊情况下，数据挖掘的目标就是寻找离群点，如欺诈检测，这时就不需要进行这一步操作）；最后，若数据维度过多还需要通过特定的方法，如主成分分析法等，降低数据空间的维度，优化模型性能，节省系统资源。

1.4.5　挖掘建模

数据集经过预处理之后，接下来就到了数据挖掘工作的核心环节，即数据分析和挖掘。对于房价的预测可以采用回归类的模型。最终要得到的是对给定房子进行价格预测的模型，而房价是一个连续数值型变量，因此可以将除房价外的特征作为自变量、房价作为因变量训练线性回归模型。得到模型后，首先将该房子有关的特征值测量出来，然后将特征集输入回归模型（目标函数）中，就可以计算得到因变量房价，也就是最终的预测值。

1.4.6　模型评价

通过以上步骤，已经得到一个用于数据分析的模型，但该模型在投入使用之前，通常还需要进行模型评价，即分析它的效果如何。一般常见的评价指标有召回率、精确度和 F1 分数等。当然，利用什么指标对模型进行评价，与模型的种类及特性有很大的关系，需要具体问题具体分析。

1.5　数据挖掘常用工具及其比较

1.5.1　Python

Python 是一种结合解释性和编译性等多种性质的高层次的面向对象的计算机程序设计语言。在数据结构方面，Python 拥有高效的高级数据结构，主要包括数组、元组、集合、字典、数据框、列表和向量等，并且能够用简单而又高效的方式进行面向对象的编程。在处理数据方面，Python 的易用性与量级都是不容小觑的。

虽然 Python 在数据结构、交互性、数据处理和可读性等方面都拥有良好的性能，但它并没有一个专门的数据挖掘环境。可如今使用 Python 进行数据挖掘的人比比皆是，这又是为什么呢？这是因为 Python 能够结合众多扩展库，这样就使得 Python 能够在数据挖掘领域大展身手。例如，科学计算的 Numpy 和 Scipy 扩展库能够支持高维度数组处理、数值计算、矩阵计算，并提供了大量的数学函数库等；数据处理的 Pandas 扩展库中融合了 R 中独有的数据框数据结构，这为数据挖掘提供了又一大利器；机器学习的 Sklearn 扩展库，封装了大量的机器学习方法，如回归（regression）、分类（classification）和聚类（clustering）等。正因为有这些扩展库，Python 成为数据挖掘常用的语言。

目前，Python 正被广泛地推广与使用，为此，本书选择 Python 为案例实现工具进行讲解。

1.5.2　R

R 是一个用于统计分析和绘图的计算机语言及分析工具。它是属于 GNU 系统的一个自由、免费、源代码开放的软件。R 作为一种统计及分析软件，集统计分析与图形显示于一体，可运行于 UNIX、Windows 和 Macintosh 操作系统上。为了保证性能，其核计算模块使用 C、C++和 Fortran 编写[①]。R 在统计领域有着很高的地位，这是因为 R 有着一套完整的数据分析工具，包括建模分析、时序分析，以及强大的可视化分析等。因此，R 也是数据挖掘的好工具。R 的另一大优势是完全免费和开源，其源代码可自由下载使用，并且可由用户撰写的扩展包来增强其功能。

---

① 来源：https://baike.baidu.com/item/R%E8%AF%AD%E8%A8%80/4090790?fr = aladdin。

在数据结构方面，R 所拥有的数据结构相对于 Python 来说更为简单，主要包括向量、数组、列表和数据框；在处理数据的量级方面，R 也弱于 Python，对于吉（G）以上的数据，R 需要先通过数据库把大数据转化为小数据才能进一步进行分析[①]；在应用方面，R 较为突出功能的是统计，而不是数据挖掘。

1.5.3 Weka

Weka（Waikato environment for knowledge analysis）同样是一款用于数据挖掘的软件。该软件中提供了一系列的数据分析功能，如数据处理、特征选择、预测建模和可视化等。对于新手较为友好的地方是，它提供了图形化界面，称为 Weka Knowledge Flow Environment 和 Weka Explorer，图形界面中内置大量常用的机器学习算法，可以实现数据挖掘中的数据预处理、预测建模和可视化等操作。同时，对于编程能力较好的用户，它提供了 Java API 接口，可以实现自己编程建模。与 R 相比，Weka 在统计分析方面较弱，但在机器学习方面要强很多。

1.5.4 SPSS Modeler

SPSS Modeler 原名 Clementine，它是优秀的机器学习解决方案和可视化工具。SPSS Modeler 中内置了大量的机器学习算法，拥有图形化的操作界面和高效的预测模型，可以加快数据分析师完成任务的速度，帮助企业快速实现预期成果。因此，该产品广泛应用于商业活动中，为许多企业带来可观的价值[②]。

SPSS Modeler 的封装程度较高，可视化程度高，基本不需要编程技巧。虽然这一点对于新手或者迫切需要利用统计学技术或数据挖掘解决实际问题的人来说十分方便与友好，上手较快，但是同时也限制了使用者实现某些特定的功能。同时，该工具适合轻量级的挖掘及分析工作，在大数据环境下的应用受到限制。

1.5.5 RapidMiner

RapidMiner 的另一个名字叫 YALE，全称为 Yet Another Learning Environment。它在一定程度上有着较为先进的算法和技术，它的特点是图形用户界面无须编程就能够实现建模及数据分析。其图形化界面采用了类似 Windows 资源管理器中的树状结构，每一个节点代表一种运算符，而该软件内置了 1500 多个函数，完全能够实现数据挖掘的所有环节。

除此之外，对于高级用户，RapidMiner 还可以支持编写常见的语言代码，实现了使用简单的脚本语言自动进行大规模进程这一目标。YALE 基于 Weka 进行构建，利用 Java 语言进行开发，能够解决商业中的关键问题。RapidMiner 具有丰富的算法及数据分析功

---

① 来源：https://www.jb51.net/article/128485.htm。
② 来源：https://wenku.baidu.com/view/bb2738fec8d376eeaeaa3113.html。

能，并拥有与 Hadoop 集群相连接的扩展——Radoop，可以通过自带的算子执行 Hadoop 技术特定的操作，简化、加速了在 Hadoop 上的分析。RapidMiner 常常用于解决各个领域中的数据分析或决策等关键问题[①]。

1.6　Python 的安装及使用

1.6.1　WinPython

WinPython 的下载地址：https://winpython.github.io/。

WinPython 安装后不会修改系统的任何配置，各种扩展库的用户配置文件也保存在 WinPython 的文件夹之下。因此，在同一台机器上可以安装多个 WinPython，它们相互之间不会产生任何冲突。利用这个特点，可以将整个运行环境复制到 U 盘中，使 WinPython 在任何安装了 Windows 操作系统（且只能在 Windows 操作系统中）的计算机上运行。对于安装扩展包，WinPython 提供了 WinPython Control Panel 界面程序，通过它可以安装 Python 的各种扩展库。

通过网址 https://www.lfd.uci.edu/~gohlke/pythonlibs/可以下载各种 Python 扩展库的 Windows 安装文件，然后通过 WinPython Control Panel 来安装。

WinPython Control Panel 的界面如图 1.4 所示。

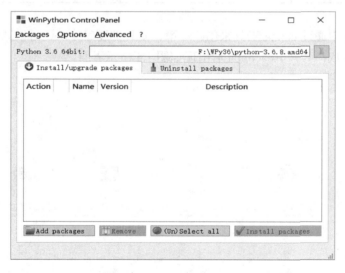

图 1.4　WinPython Control Panel 界面图

单击界面中的 Add packages 按钮添加扩展库的安装程序之后，再单击 Install packages 按钮可以一次性安装候选的所有扩展库。虽然手动安装扩展库有些麻烦，但这种方式适用于没有网络连接或网速较慢的计算机。

---

① 来源：https://baike.baidu.com/item/RapidMiner/10128276?fr = aladdin。

1.6.2　Anaconda

Anaconda 的下载地址：https://www.anaconda.com/。

Anaconda 清华源的镜像地址：https://mirror.tuna.tsinghua.edu.cn/help/anaconda/。

从清华源的镜像地址下载 Anaconda 的速度会远远大于官网上的下载速度。

表 1.5 所示为一些 conda 命令及其说明。

表 1.5　conda 命令及其说明

命　　令	说　　明
conda list	列出所有的扩展库
conda update 扩展库名	升级扩展库
conda update conda	更新 conda 到最新版本
conda update--all	更新当前环境下安装的全部 package 到最新版本
conda update python	更新当前环境下 Python 到最新版本
conda install 扩展库名	安装扩展库
conda search	搜索符合模板的扩展库
conda create--name env_name [package_name]	新创建一个名为 env_name 的环境，并在该环境中安装名为 package_name 的包（可选操作），同时，_name 可缩写为_n

除在命令行中通过 conda 工具来创建环境、安装扩展库外，还可以通过 Anaconda 的图形化界面来完成，打开 Anaconda 后出现如图 1.5 所示界面。

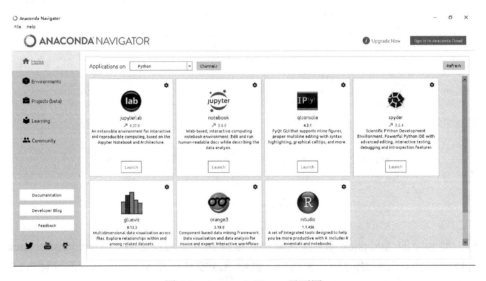

图 1.5　Anaconda Home 界面图

在该界面中可以直接启动 jupyterlab、notebook、rstudio 和 spyder 等组件。除此之

外，还可以为 Python 安装各种需要的扩展库。首先，单击 Environments 出现如图 1.6
所示界面。

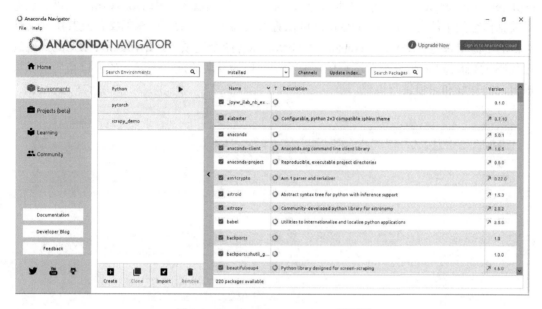

图 1.6　Anaconda Environments 界面图

接着，在当前界面下，单击右上方的下拉框，选择"uninstall"或"all"。

最后，在搜索框中输入需要安装的扩展库的名字，勾选完成后单击安装即可。

这样的图形化界面对新手来说十分友好，不需要任何编程基础即可完成安装各种
扩展库。

Anaconda 的特点如下：

（1）包含众多流行的科学、数学、工程和数据分析的扩展包；

（2）完全开源和免费；

（3）额外的加速、优化是收费的，但对于学术用途可以申请免费的 License；

（4）全平台支持 Linux、Windows 和 Mac。

因此，推荐初学者（尤其是在 Windows 环境下）安装此 Python 发行版。读者只需要
到官方网站下载安装包即可安装。

1.6.3　集成开发环境

1. Spyder

Spyder 是集成的开发环境。Spyder 的界面由许多窗格构成，其中包括 Editor、Variable
explorer、Ipython console、History log 和 File explorer 等。它最显著的特点是模仿 MATLAB
工作空间，随时观察各个变量或数据结构的值，这一特点对于新手学习 Python 语言十分

友好①。Spyder 可以通过 WinPython 或 Anaconda 安装目录下的 Spyder.exe 来运行。

图 1.7 是 Spyder 的界面图。左方窗口用于编写 py 文件；右上方窗口包括 Variable explorer、File explorer、Help 和 Static code analysis 等选项卡，Variable explorer 可以查看当前工作空间下的变量，File explorer 可以查看当前工作目录下所有的文件及其所属文件夹；右下方窗口包括 IPython console 和 History log 两个选项卡，IPython 可以交互式地运行代码，History log 可以查看运行的所有命令。更为灵活的是，Spyder 的窗口布局可以根据自己的喜好和习惯进行调整。

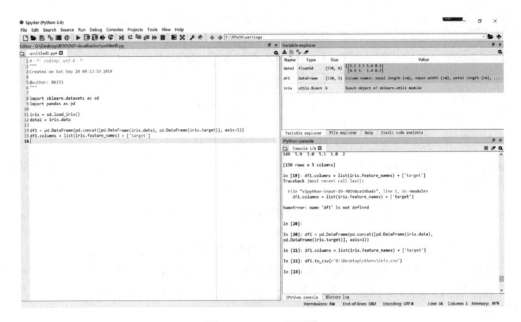

图 1.7　Spyder 界面图

2. PyCharm

PyCharm 的官方下载地址：http://www.jetbrains.com/pycharm/。

PyCharm 是由 JetBrains 开发的集成开发环境，带有一整套可以帮助用户在使用 Python 语言开发时提高其效率的工具，如项目管理、语法高亮、代码跳转、智能提示、代码格式化、自动完成、重构、自动导入、调试、版本控制和单元测试等②。

1.7　本 章 小 结

本章首先明晰了数据挖掘的概念，同时还对容易混淆的三个名词——人工智能、数据挖掘、机器学习进行了对比，分析了三者之间的关系；接着概述并举例说明了常见的几个

---

① 来源：https://baike.baidu.com/item/Spyder/4396674?fr = aladdin。

② 来源：https://baike.baidu.com/item/PyCharm/8143824?fr = aladdin。

数据挖掘基本任务及其相应的适用场景；然后概述了数据挖掘的基本流程，并简要介绍了现有的数据挖掘工具，进行了对比分析；最后简要描述了如何搭建一个基于 Python 的数据挖掘环境及其相应的使用方法。

思 考 题

1. 在生活中，哪些场景运用了数据挖掘技术？
2. 数据挖掘技术将会对我们今后的生活产生怎样的影响？

习 题

1. 简述数据挖掘、人工智能与机器学习之间的联系与区别。
2. 简述数据挖掘的完整流程。
3. 判断下列场景属于哪一类数据挖掘任务。
（1）使用历史股票价格数据预测某公司明天的股票价格；
（2）使用大量已标注的邮件数据样本预测某封未标注的邮件是否为垃圾邮件；
（3）利用大量的消费行为数据来检测哪些信用卡被盗窃；
（4）根据某商店的顾客消费记录，划分不同类别的顾客群体；
（5）根据某商店的购物篮数据，寻找出相关性强的物品组合。
4. 简述各种数据挖掘工具的特点。

本章参考文献

[1]　TURING A M. Computing machinery and intelligence[J]. Mind，1950，59（236）：433-460.

第 2 章　数据预处理

2.1　概　　述

没有高质量的数据，就没有高质量的挖掘结果。数据挖掘效果的好坏，很大程度上依赖于数据的质量。因此，在正式开始对已有数据进行挖掘分析之前，需要对数据进行预先过滤处理。大量的工程实践表明，数据预处理在整个项目的工作中往往占了很大的比率，如 70%，甚至更大。

数据质量的好坏也决定了模型的预测和泛化能力的好坏。它涉及很多方面，包括准确性、完整性、一致性、时效性、可信性和解释性等。而在真实的情况下，人们获得的往往是存在一些问题的数据，如人工录入的异常数据、有缺失值的数据等。数据清理简单来说就是对各种脏数据进行对应方式的处理，得到标准的、干净的、符合规范的数据，以供数据统计、数据挖掘等使用。具体方法主要有填补缺失值、光滑噪声数据、平滑或删除离群点、实现数据的一致性（例如，不同来源的不同指标，实际内涵是一样的）等。

下面简单地介绍一下常用的数据预处理方法，主要包括数据缺失值与异常值的处理、数据的标准化与正则化、自定义转换器，以及生成新特征等。

2.2　缺失值的处理

在了解缺失值如何处理之前，首先要知道什么是缺失值。直观上理解，缺失值表示的是"缺失的数据"。在现实世界获取信息和数据的过程中，会存在各种各样的原因所导致的数据丢失和空缺。在处理缺失值时，要基于变量的分布特性和重要性（信息量和预测能力）采用不同的方法，主要分为以下几种。

（1）删除变量。若变量的缺失率较高（大于 80%），覆盖率较低，且重要性较低，可以直接将变量删除。删除变量的代价是信息丢失。

（2）定值填充。实际中常用 0、–1 或 –9999 等进行填充。

（3）统计量填充。若缺失率较低（通常小于 5%）且重要性较低，则根据数据分布的情况进行填充。当数据符合均匀分布时，用该变量的均值填补缺失；当数据存在倾斜分布的情况时，采用中位数进行填补。

（4）插值法填充。该方法包括随机插值法、多重差补法、拉格朗日（Lagrange）插值法和牛顿（Newton）插值法等。

（5）模型填充。模型填充，即使用回归、贝叶斯（Bayes）和随机森林等模型对缺失数据进行预测和填充。

2.2.1　缺失值的查找

在对一份新数据进行处理之前，需要先查看其是否有缺失值，以图 2.1 中的数据为例，来说明在 Python 中如何查看数据集中是否存在缺失值。

	A	B	C	D	E
1					
2	**学号**	**姓名**	**性别**	**年龄**	**籍贯**
3	1001	张小亮	男	18	湖北
4	1002	李大刚	男	19	湖北
5	1003	王丽	女	18	湖北
6	1004	刘秀		20	江苏
7	1005	刘万华	男		浙江
8					

图 2.1　缺失数据示例图

图 2.1 中的性别和年龄 2 列分别存在一个缺失值。在 Python 中可以调用 Pandas 模块中的 info()方法来查看数据每一列的缺失情况。

代码如程序 2.1 所示。

程序 2.1

```
In[1]:     import pandas as pd  #加载 Pandas 库
           data=pd.read_excel("example2_1.xlsx") #读入数据
           data.info() #查看数据信息

Out[1]:    <class 'pandas.core.frame.DataFrame'>
           RangeIndex: 5 entries, 0 to 4
           Data columns (total 5 columns):
           学号    5 non-null int64
           姓名    5 non-null object
           性别    4 non-null object
           年龄    4 non-null float64
           籍贯    5 non-null object
           dtypes: float64(1), int64(1), object(3)
           memory usage: 328.0+ bytes
```

从程序 2.1 的输出结果 Out[1]可以看到，该数据集中的学号、姓名和籍贯 3 列数据都是"5 non-null"，表示这 3 列均有 5 个非空的值；而性别和年龄 2 列只有 4 个"non-null"，说明性别和年龄 2 列存在缺失值。

进一步地，可以用 Pandas 中的 isnull()方法来查看数据集中哪些位置的数据是缺失的。运行该方法后，数据集中数据缺失的位置会返回 True，否则返回 False，如程序 2.2 所示。

程序 2.2

```
In[2]:      data.isnull()  #查看缺失值位置
```

Out[2]:

	学号	姓名	性别	年龄	籍贯
0	False	False	False	False	False
1	False	False	False	False	False
2	False	False	False	False	False
3	False	False	True	False	False
4	False	False	False	True	False

从程序 2.2 的输出结果 Out[2]可以看到，性别一列的第 4 个位置和年龄一列的第 5 个位置取值为 True，说明这 2 个位置的数据是缺失的。

2.2.2 缺失值的删除

在 Python 中，可以使用 Pandas 中的 dropna()方法来删除缺失值。该方法默认删除数据中含有缺失值的行，即只要某一行数据中含有至少一个缺失值，dropna()方法就会默认将这一整行数据删除，如程序 2.3 所示。

程序 2.3

```
In[3]:      data.dropna()  #删除缺失值
```

Out[3]:

	学号	姓名	性别	年龄	籍贯
0	1001	张小亮	男	18.0	湖北
1	1002	李大刚	男	19.0	湖北
2	1003	王丽	女	18.0	湖北

从程序 2.3 的输出结果 Out[3]可以看到，运行 dropna()方法后，原数据集中包含缺失值的学号为 1004 和 1005 的 2 行数据被整体删除。

如果只想删除部分字段中含有缺失值的行，如只删除性别一列中含有缺失值数据所在的行，可以在 dropna()方法中通过传入参数 subset=["性别"]来实现，如程序 2.4 所示。

程序 2.4

```
In[4]:      import pandas as pd  #加载 Pandas 库
            data=pd.read_excel("example2_1.xlsx")  #读入数据
            data.dropna(subset = ["性别"])  #删除性别列存在缺失值的行
```

Out[4]:

	学号	姓名	性别	年龄	籍贯
0	1001	张小亮	男	18.0	湖北
1	1002	李大刚	男	19.0	湖北
2	1003	王丽	女	18.0	湖北
4	1005	刘万华	男	NaN	浙江

从程序 2.4 的输出结果 Out[4]可以看到，原始数据中性别一列存在缺失值的学号为 1004 的一行数据被整体删除，而其他字段（如年龄一列）中含有缺失值的数据仍然存在。

此外，还可以通过向 dropna()方法传入参数 how="all"来删除数据中的空白行，传入该参数后，只会删除数据集中全为空值的行，不全为空值的行则会被保留下来。

如程序 2.5 所示，数据 data1 中的第 4 条数据全部取值为 NaN，说明第 4 条数据的所有值都是缺失的。

程序 2.5

```
In[5]:      import pandas as pd
            data1=pd.read_excel("example2_1.xlsx",sheet_name=1)
            data1.head(6)  #展示前 6 条数据
```

Out[5]:

	学号	姓名	性别	年龄	籍贯
0	1001.0	张小亮	男	18.0	湖北
1	1002.0	李大刚	男	19.0	湖北
2	1003.0	王丽	女	18.0	湖北
3	NaN	NaN	NaN	NaN	NaN
4	1004.0	刘秀	NaN	20.0	江苏
5	1005.0	刘万华	男	NaN	浙江

在数据集 data1 上运行 dropna(how = "all")方法，会将该数据的第 4 行空白行删除，而其他含有个别缺失值的行则不会删除，如程序 2.6 所示。

程序 2.6

```
In[6]:      data1.dropna(how="all")  #删除空白行
```

Out[6]:

	学号	姓名	性别	年龄	籍贯
0	1001.0	张小亮	男	18.0	湖北
1	1002.0	李大刚	男	19.0	湖北
2	1003.0	王丽	女	18.0	湖北
4	1004.0	刘秀	NaN	20.0	江苏
5	1005.0	刘万华	男	NaN	浙江

除删除含有缺失值的行外，dropna()方法还可以通过传入参数 axis = 1 来实现对含有缺失值的列的删除（dropna()方法默认的 axis 参数取值为 0，即删除含有缺失值的行），如程序 2.7 所示。

程序 2.7

```
In[7]:      import pandas as pd
            data=pd.read_excel("example2_1.xlsx")
            data
```

```
Out[7]:
```

	学号	姓名	性别	年龄	籍贯
0	1001	张小亮	男	18.0	湖北
1	1002	李大刚	男	19.0	湖北
2	1003	王丽	女	18.0	湖北
3	1004	刘秀	NaN	20.0	江苏
4	1005	刘万华	男	NaN	浙江

```
In[8]:     data.dropna(axis=1)
Out[8]:
```

	学号	姓名	籍贯
0	1001	张小亮	湖北
1	1002	李大刚	湖北
2	1003	王丽	湖北
3	1004	刘秀	江苏
4	1005	刘万华	浙江

从程序 2.7 的输出结果 Out[8]可以看到，当为 dropna()方法传入参数 axis = 1 后，原数据中的性别和年龄 2 列由于各含有 1 个缺失值而被整体删除。

2.2.3　缺失值的填充

2.2.2 小节介绍了如何对含有缺失值的行或列进行整体删除，这样做会丢失掉很多有价值的数据。因此，在实际中，若某行或某列的数据缺失比例不是很高，则不提倡对缺失数据进行直接删除，而是想办法对缺失值进行填充。

在 Python 中，可以利用 Pandas 中的 fillna()方法来对缺失值进行填充。如果为所有的缺失值填充相同的值，只需要在 fillna()的小括号内输入要填充的值即可。例如，对于图 2.1 中的缺失值，如果都填充为 0，可以通过命令 fillna(0)实现，具体如程序 2.8 所示。

程序 2.8

```
In[9]:     import pandas as pd  #加载 Pandas 库
           data=pd.read_excel("example2_1.xlsx")  #读入数据
           data.fillna(0)  #将所有缺失值填充为 0
Out[9]:
```

	学号	姓名	性别	年龄	籍贯
0	1001	张小亮	男	18.0	湖北
1	1002	李大刚	男	19.0	湖北
2	1003	王丽	女	18.0	湖北
3	1004	刘秀	0	20.0	江苏
4	1005	刘万华	男	0.0	浙江

　　fillna()方法也可以按照不同的列填充不同的值,这时只需要在 fillna()的小括号中指明列名即可。例如,对于图 2.1 中性别一列的缺失值,用该列取值的众数"男"来填充,可通过执行命令 fillna({"性别":"男"})来实现,具体如程序 2.9 所示。

程序 2.9

```
In[10]:    import pandas as pd  #加载 Pandas 库
           data=pd.read_excel("example2_1.xlsx")  #读入数据
           data.fillna({"性别":"男"})  #将性别一列的缺失值填充为"男"
```

Out[10]:

	学号	姓名	性别	年龄	籍贯
0	1001	张小亮	男	18.0	湖北
1	1002	李大刚	男	19.0	湖北
2	1003	王丽	女	18.0	湖北
3	1004	刘秀	男	20.0	江苏
4	1005	刘万华	男	NaN	浙江

　　从程序 2.9 的输出结果 Out[10]可以看到,该数据集中的性别一列经过缺失值填充后已不存在缺失值,但年龄一列的缺失值还依然存在。

　　fillna()方法还可以同时对不同列的缺失值填充不同的值,例如,对于图 2.1 中的数据,若性别一列的缺失值用该列取值的众数"男"来填充,年龄一列的缺失值用"18"来填充,可通过执行命令 fillna({"性别":"男","年龄":18})来实现,具体如程序 2.10 所示。

程序 2.10

```
In[11]:    import pandas as pd  #加载 Pandas 库
           data=pd.read_excel("example2_1.xlsx")  #读入数据
           data.fillna({"性别":"男","年龄":18})
           #对性别和年龄分别用不同的值进行填充
```

Out[11]:

	学号	姓名	性别	年龄	籍贯
0	1001	张小亮	男	18.0	湖北
1	1002	李大刚	男	19.0	湖北
2	1003	王丽	女	18.0	湖北
3	1004	刘秀	男	20.0	江苏
4	1005	刘万华	男	18.0	浙江

　　此外,还可以通过调用 sklearn.preprocessing 模块中的 Imputer 类库来对数据集中的缺失值进行处理,读者可通过 sklearn 的官方文档自行研究学习。

2.3　异常值的处理

　　异常值的处理通常有以下三种方式。

（1）直接丢弃；

（2）通过标记是否为异常值作为数据的一个新特征；

（3）对有异常值的特征进行转换，降低异常值的影响。

下面举例说明如何通过 Python 实现对异常值的处理，如程序 2.11 所示。通常，对数据异常值的处理需要结合数据的实际应用场景，具体问题具体分析。

程序 2.11

```
In[12]:     #加载库
            import pandas as pd
            #创建数据框
            house=pd.DataFrame()
            house['price']=[534433,392333,293222,43220302]
            house['bedroom']=[2,3.5,2,116]
            house['Square_feet']=[1500,2500,1500,48000]
            #筛选观察值，去掉异常值(直接丢弃法)
            house[house['bedroom']<20]
Out[12]:    price bedroom  Square_feet
            0  534433  2.0  1500
            1  392333  3.5  2500
            2  293222  2.0  1500
In[13]:     import numpy as np
            #基于布尔（Boolean）条件语句来标记异常值，创建新特征
            house['Outlier']=np.where(house['bedroom']<20,0,1)
            #查看数据
            House
Out[13]:      price      bedroom  Square_feet  Outlier
            0    534433    2.0      1500         0
            1    392333    3.5      2500         0
            2    293222    2.0      1500         0
            3  43220302  116.0      48000        1
In[14]:     #对特征取对数值（对有异常值的特征进行转换）
            house['Log_of_Squre_feet']=[np.log(x)for x in
                              house['Square_feet']]
            house
Out[14]:      price    bedroom  Square_feet  Outlier  Log_of_Squre_feet
            0  534433    2.0      1500         0        7.313220
            1  392333    3.5      2500         0        7.824046
            2  293222    2.0      1500         0        7.313220
            3  43220302  116.0     48000        1       10.778956
```

2.4　数据的标准化

数据标准化可以使数据避免受到离散程度或量纲差异太大等的影响。数据标准化其实就是将数据按比例缩放，使之落入一个特定的区间，这在某些比较和评价的指标处理中经常会用到。去除数据的单位限制，将其转化为无量纲的纯数值，可以使不同单位或量级的指标能够进行比较和加权。

2.4.1　Z-score 标准化

数据标准化最常用的方法是将数据按照属性（通常按列进行）减去其均值，并除以该属性的标准差，该方法称为 Z-score 标准化。Z-score 标准化之后数据的每个属性都将聚集在 0 附近，且标准差为 1。但是，Z-score 标准化无法去除离群点对数据的影响。

下面利用 Python 来实现对数据的 Z-score 标准化，主要用到 sklearn 库中 preprocessing 模块下的 scale 函数。它可以将数据按指定的轴进行标准化。scale 函数包含的主要参数及其含义如程序 2.12 所示。

程序 2.12

```
In[15]:    '''
           sklearn.preprocessing.scale(
               X : {array-like,sparse matrix},需要进行变换的数据阵
               axis=0 : 指定分别按照列(0)还是整个样本(1)计算均数、标准差并进行变换
               with_mean=True : 是否中心化数据(移除均数)
               with_std=True : 是否归一化标准差(除以标准差)
               copy=True : 是否生成副本而不是替换原数据
           )
           '''
```

程序 2.13 是 scale 函数应用的一个具体实例。

程序 2.13

```
In[16]:    import numpy as np#
           from sklearn.preprocessing import scale
           X=np.array([[1.,-1., 2.],
                       [2., 0., 0.],
                       [0., 1., -1.]])
           #生成多维数组 X_scaled=scale(X)
           print(X_scaled)


Out[16]:   [[ 0.         -1.22474487  1.33630621]
            [ 1.22474487  0.         -0.26726124]
            [-1.22474487  1.22474487 -1.06904497]]
```

接下来利用 sklearn 里自带的波士顿房价数据对数据标准化的实现做进一步说明。先导入该数据集，并查看它最前面的 5 条数据，如程序 2.14 所示。

程序 2.14

```
In[17]:  from sklearn import datasets
         boston=datasets.load_boston()  #导入波士顿房价数据
         import pandas as pd  #导入 Pandas 包
         bostondf=pd.DataFrame(boston.data, columns=boston.feature_names)
                               #转为数据框格式
         bostondf.head()  #显示前面 5 条数据
```

Out[17]:	CRIM	ZN	INDUS	CHAS	NOX	RM	AGE
	DIS	RAD	TAX	PTRATIO		B	LSTAT
0	0.00632	18.0	2.31	0.0	0.538	6.575	65.2
	4.0900	1.0	296.0	15.3	396.90	4.98	
1	0.02731	0.0	7.07	0.0	0.469	6.421	78.9
	4.9671	2.0	242.0	17.8	396.90	9.14	
2	0.02729	0.0	7.07	0.0	0.469	7.185	61.1
	4.9671	2.0	242.0	17.8	392.83	4.03	
3	0.03237	0.0	2.18	0.0	0.458	6.998	45.8
	6.0622	3.0	222.0	18.7	394.63	2.94	
4	0.06905	0.0	2.18	0.0	0.458	7.147	54.2
	6.0622	3.0	222.0	18.7	396.90	5.33	

scale 函数默认把数据按照列进行处理，在导入数据之后，可以直接调用 scale 函数对波士顿房价数据集进行标准化处理，如程序 2.15 所示。

程序 2.15

```
In[18]: from sklearn.preprocessing import scale
        bostondf_scaled=scale(bostondf)
        bostondf_scaled
```

```
Out[18]:  array([[-0.41771335,0.28482986,-1.2879095,...,-1.45900038,
              0.44105193, -1.0755623],[-0.41526932,-0.48772236,
              -0.59338101,...,-0.30309415,0.44105193, -0.49243937],
              [-0.41527165,-0.48772236,-0.59338101,...,-0.30309415,
              0.39642699,-1.2087274 ],...]
```

可以查看数据标准化后波士顿房价数据集每列的均值和方差，如程序 2.16 所示。发现数据标准化后，该数据集每列的均值都显示为 10 的 -16 次方大小的数，这个数量级的数在计算机中近似于数值 0，表明数据标准化后每列数据的均值都趋向于 0，且每列的标准差均为 1。

程序 2.16

```
In[19]:    print(bostondf_scaled.mean(axis=0))  #查看对列标准化后的均值
           print(bostondf_scaled.std(axis=0))   #查看对列标准化后的方差

Out[19]:  [6.34099712e-17  -6.34319123e-16  -2.68291099e-15
           4.70199198e-16   2.49032240e-15  -1.14523016e-14
          -1.40785495e-15   9.21090169e-16   5.44140929e-16
          -8.86861950e-16  -9.20563581e-15   8.16310129e-15
          -3.37016317e-16]
          [1. 1. 1. 1. 1. 1. 1. 1. 1. 1. 1. 1. 1.]
```

2.4.2　将特征变量缩放到指定范围

除数据的 Z-score 标准化外, 还可将数据缩放到两个特定的值之间, 称为特征的缩放。

特征缩放中最常见的一种缩放是 min-max 缩放。min-max 缩放利用特征 x 的最小值和最大值, 将所有数据都缩放到范围[0,1]中, 计算公式为

$$x_i' = \frac{x_i - \min x}{\max x - \min x} \qquad (2.1)$$

式中: x 为特征向量; x_i 为 x 的一个元素值; x_i' 为缩放后的元素值。

特征缩放可以用 sklearn 库中 preprocessing 模块下的 MinMaxScaler 函数来实现。程序 2.17 是 MinMaxScaler 应用的一个具体实例。

程序 2.17

```
In[20]:    from sklearn import preprocessing
           import numpy as np
           #创建数据
           x=np.array([[-1000.2,100.2],
                       [-200.2,150.2],
                       [500.4,100.2],
                       [700.2,80.2]])
           #引入 MinMaxScaler 这个类
           minmax_scale=preprocessing.MinMaxScaler(feature_range=(0,1))
           #feature_range 控制缩放的范围
           #缩放特征的值
           scaled_feature=minmax_scale.fit_transform(x)
           #查看特征
           scaled_feature
```

```
Out[20]: array([[0.        ,0.28571429],
                 [0.47047753,1.        ],
                 [0.88249824,0.28571429],
                 [1.        ,0.        ]])
```

2.4.3　考虑异常值的标准化

　　上面数值型数据的标准化一般默认数据没有异常值，或者服从正态分布，但实际获得的数据中很多可能存在由于问题本身的特征或其他因素而包含的一些异常值，此时，使用中位数或四分位数间距进行缩放会更加有效，sklearn 中提供的 RobustScaler 可以实现这种功能。程序 2.18 是 RobustScaler 应用的一个具体实例。

程序 2.18

```
In[21]:   #加载库
          from sklearn.preprocessing import Normalizer
          import numpy as np
          #创建特征矩阵
          features=np.array([[10000],
                             [200.4],
                             [145.5],
                             [341.7],
                             [234.4]])
          #创建缩放器
          robust_scaler=preprocessing.RobustScaler()
          #转换特征
          robust_scaler.fit_transform(features)
Out[21]:  array([[69.11252654],
                 [-0.24062279],
                 [-0.62915782],
                 [ 0.75937721],
                 [ 0.        ]])
```

2.5　数据的正则化

　　正则化是指将每个样本缩放到单位范数（每个样本的范数为 1），使其保持一致的范数。如果后面要使用二次型（点积）或其他核方法计算两个样本之间的相似性，这个方法会很有用。正则化主要用于避免过拟合的产生和减少误差。其实，正则化也是缩放，但不同于前面的小节将数据缩放到特定范围，它是对每一个特征进行缩放，使其具有一致的范数（总长度为 1）。

使用 sklearn.preprocessing 中的 Normalizer，可以对观察值进行缩放，使其具有一致的范数。

Normalizer 提供的范数选项，默认是欧几里得范数（Euclidian dimension）（常称 L2 范数），即

$$\| x \|_2 = \sqrt{x_1^2 + x_2^2 + \cdots + x_n^2} \qquad (2.2)$$

式中：x 为一个独立观察值；x_n 为这个观察值的第 n 个特征。L2 范数也称为直线距离，即两点之间的距离。

而 L1 范数是指一个人沿着街道行走的距离，也称为曼哈顿距离（Manhattan distance）或街区距离。L1 范数为

$$\| x \|_1 = \sum_{i=1}^{n} | x_i | \qquad (2.3)$$

下面分别利用 L1 范数和 L2 范数来进行数据的正则化操作，如程序 2.19 所示。

程序 2.19

```
In[22]:    #加载库
           from sklearn.preprocessing import Normalizer
           import numpy as np
           #创建特征矩阵
           features=np.array([[ 0.5,  0.5],
                              [ 1.1,  3.4],
                              [ 1.63,31.4],
                              [10.9,  3.4]])
           #创建归一化器（正则化）
           normalizer=Normalizer(norm="l2")   #l2 范数
           #转换特征值
           normalizer.transform(features)
Out[22]:   array([[0.70710678,0.70710678],
                  [0.30782029,0.95144452],
                  [0.05184103,0.99865535],
                  [0.95463569,0.29777627]])
In[23]:    #创建归一化器（正则化）
           normalizer=Normalizer(norm="l1")   #采用 L1 范数
           #转换特征值
           normalizer.transform(features)
Out[23]:   array([[0.5       ,0.5       ],
                  [0.24444444,0.75555556],
                  [0.04934908,0.95065092],
                  [0.76223776,0.23776224]])
```

2.6　自定义转换器

在 sklearn 中，使用 FunctionTransformer 类可以将任何一个已有的 Python 函数转化为数据转换器，用于在统一的流程中对数据进行特定的转换。FunctionTransformer 类的具体参数及其含义如程序 2.20 所示。FunctionTransformer 类不设有特殊的类属性。

程序 2.20

```
In[24]:    '''class sklearn.preprocessing.FunctionTransformer(
               func=None:用于定义转换器的 Python 函数
               inverse_func=None:用于逆转换的函数
               validate=True:bool,在调用函数前是否对数据做检查
               accept_sparse=False:Boolean,是否允许转换函数接受稀疏矩阵格式
               pass_y=False:bool,转换函数是否会一并提交因变量 y
               kw_args:diet,转换函数使用的参数列表
               inv_kw_args:diet,逆转换函数使用的参数列表)'''
```

下面看一个具体例子，如程序 2.21 所示。

程序 2.21

```
In[25]:    #加载库
           import numpy as np
           from sklearn.preprocessing import FunctionTransformer
           #创建矩阵
           features=np.array([[2,7],
                              [2,7],
                              [2,7]])
           #定义一个简单函数
           def add_ten(x):
               return x+10
           #创建转换器
           ten_transformer=FunctionTransformer(add_ten)
           #转换特征
           ten_transformer.transform(features)
Out[25]:   array([[12,17],
                  [12,17],
                  [12,17]])
```

2.7　生成多项式和交互特征

当数据的特征与目标值（预测值）之间存在非线性关系时，可以创建多项式特征。例

如，年龄与身体状况有很大关系，一般年龄越大身体状况越差，但它们之间不是线性关系，可以尝试生成特征 x 的高阶多项式特征（如 x^2，x^3 等）表示对目标值造成的非线性影响，这种处理方式称为生成多项式特征。

而交互特征则是指两个特征的乘积项对目标值造成的影响。

sklearn.preprocessing 中的 PolynomialFeatures 类提供了创建多项式特征和交互特征的方法，如程序 2.22 所示。

程序 2.22

```
In[26]:#加载库
       import numpy as np
       from sklearn.preprocessing import PolynomialFeatures
       #创建矩阵
       features=np.array([[1,4],
                          [1,4],
                          [1,4]])
       #创建 PolynomialFeatures 对象
       polynomial_interaction=PolynomialFeatures(degree=2,include
       _bias=False)
       #创建多项式特征
       polynomial_interaction.fit_transform(features)
Out[26]:array([[1.,4.,1.,4.,16.],
               [1.,4.,1.,4.,16.],
               [1.,4.,1.,4.,16.]])
```

其中，degree 参数决定了多项式的最高阶数，degree = 2 意味创建最高阶数为 2 的特征。默认情况下 PolynomialFeatures 不包含交互特征项 X_1X_2。当设置 PolynomialFeatures 中的 interaction_only 为 True 时，可以创建交互特征如程序 2.23 所示。

程序 2.23

```
In[27]:poly=PolynomialFeatures(interaction_only=True, include_bias=False)
                              poly.fit_transform(features)
Out[27]:array([[1.,4.,4.],
               [1.,4.,4.],
               [1.,4.,4.]])
```

2.8　本　章　小　结

本章主要介绍了数据的缺失值和异常值的常用处理方法、数据的标准化和正则化方法，以及如何自定义数据转换器、由原始数据生成高阶的多项式特征和交互特征等数据预处理方法。对原始数据进行相应的处理，可以为后续挖掘建模提供良好的数据基础。

思 考 题

1. 数据预处理包括哪些内容?
2. 缺失值有哪几种处理方式?
3. 数据缩放到一定范围与数据的正则化有什么区别?

习　　题

1. 利用 sklearn 自带的鸢尾花数据集对它进行标准化、缩放和正则化等基本数据预处理操作。
2. 随机生成一个包含一定数量缺失值的数组,并采用多种方法对缺失值进行填充。

第 3 章　朴素贝叶斯分类器

朴素贝叶斯分类算法起源于古典数学理论,是一种基于贝叶斯定理和特征条件独立假设的分类方法。它的基本思路是:假设待分类的样本服从某一种概率分布,首先通过已分类好的样本数据估计某未分类样本的先验概率,然后利用贝叶斯公式计算出未分类样本的后验概率,即预测该样本属于某一类别的概率,最后选择具有最大后验概率的类别作为该未分类样本所属的类别。

本章将由浅入深地讲解朴素贝叶斯分类算法,首先简要介绍朴素贝叶斯分类算法相关的统计学知识,接着重点介绍极大似然估计,然后介绍贝叶斯估计,最后介绍朴素贝叶斯分类算法在 sklearn 上的实现。

3.1　朴素贝叶斯分类算法相关的统计学知识

在了解朴素贝叶斯分类算法之前,需要对相关的统计学知识做一个回顾。

先谈谈朴素贝叶斯分类算法的一些历史故事。在统计学中,有贝叶斯学派和频率学派两大派系。在 20 世纪中叶以前,主流学派都是频率学派,当时很多著名统计学家如费希尔(Fisher)、皮尔逊(Pearson)等都属于频率学派。但 20 世纪中叶以后,或者是因为社会发展的需求变化,或者是因为其他原因,贝叶斯学派逐渐发展起来,最终与频率学派各占半壁江山。频率学派后续也被人们称为古典学派。

频率学派认为概率即频率,得到样本 x 的这个事件,是无数次可能出现的结果中的一个,其他结果并不是不可能出现,而是恰好这一次没出现。而贝叶斯学派完全否定这种“概率即频率”的思想,认为既然只出现了 x 这个情况,那就只能根据 x 这个情况去推断,不能考虑理论上应出现但实际上未出现的情况,并提出了“先验概率”“后验概率”等概念。概括来说就是,后验概率(解决实际问题时需要得到的概率)可以通过贝叶斯定理,用先验概率和似然函数求出来。而“先验”二字,在拉丁文中意为“来自先前的东西”,简而言之先验概率就是根据历史经验推测出来的概率[1]。先验概率也是被频率学派所攻击的地方,频率学派认为这种先验概率不具有科学性,是十分荒谬的。

尽管贝叶斯学派的这种逻辑难以通过严密的数学推导得出,但不得不承认的是,在很多实际场景如文本分类中,贝叶斯理论十分实用。

先看看条件独立公式。若 X 和 Y 相互独立,则有

$$P(X,Y) = P(X)P(Y) \tag{3.1}$$

接下来看看条件概率公式,即

$$P(Y|X) = P(X,Y) / P(X) \tag{3.2}$$

$$P(X|Y) = P(X,Y) / P(Y) \tag{3.3}$$

或者说

$$P(Y|X) = P(X|Y)P(Y) / P(X) \tag{3.4}$$

然后再看看全概率公式，即

$$P(X) = \sum_k P(X|Y=Y_k)P(Y_k) \quad (k=1,2,\cdots,K) \tag{3.5}$$

从上面的公式很容易得出贝叶斯公式为

$$P(Y_k|X) = \frac{P(X|Y_k)P(Y_k)}{\sum_k P(X|Y=Y_k)P(Y_k)} \tag{3.6}$$

3.2　极大似然估计

从统计学知识回到数据分析。假如分类模型样本为

$$(x_1^{(1)}, x_2^{(1)}, \cdots, x_n^{(1)}, y_1), (x_1^{(2)}, x_2^{(2)}, \cdots, x_n^{(2)}, y_2), \cdots, (x_1^{(m)}, x_2^{(m)}, \cdots, x_n^{(m)}, y_m)$$

即假设现有 m 组样本，每组样本有 n 个特征，特征有 K 类并将其定义为 $C_1, C_2, \cdots, C_K$。

首先，根据样本计算出朴素贝叶斯的先验分布 $P(Y=C_k)(k=1,2,\cdots,K)$；接着，计算出条件概率分布 $P(X=x|Y=C_k) = P(X_1=x_1, X_2=x_2, \cdots, X_n=x_n|Y=C_k)$；最后，使用贝叶斯公式结合先验分布和条件概率分布，就可以计算出 X 和 Y 的联合分布 $P(X, Y=C_k)$。

联合分布 $P(X, Y=C_k)$ 的定义为

$$P(X, Y=C_k) = P(Y=C_k)P(X=x|Y=C_k)$$
$$= P(Y=C_k)P(X_1=x_1, X_2=x_2, \cdots, X_n=x_n|Y=C_k)$$

从上面的式子可以发现，$P(Y=C_k)$ 可以通过极大似然法很快求出，得到的 $P(Y=C_k)$ 就是类别 C_k 在训练集里面出现的频数。但是，$P(X_1=x_1, X_2=x_2, \cdots, X_n=x_n|Y=C_k)$ 很难求出，这是一个超级复杂的有 n 个维度的条件分布。朴素贝叶斯模型在这里做了一个大胆的假设，即 X 的 n 个维度之间相互独立，这样就可以得出

$$P(X_1=x_1, X_2=x_2, \cdots, X_n=x_n|Y=C_k)$$
$$= P(X_1=x_1|Y=C_k)P(X_2=x_2|Y=C_k)\cdots P(X_n=x_n|Y=C_k)$$

从上式可以看出，这个很难的条件分布被大大简化了，但是这也可能带来预测的不准确性。如果特征之间不独立怎么办？甚至不同的特征之间有很强的相关性，那就尽量不要使用朴素贝叶斯模型，考虑使用其他的分类方法比较好。但是一般情况下，样本的特征之间独立的条件的确是弱成立的，尤其是数据量非常大的时候。虽然牺牲了准确性，但好处是模型条件分布的计算得到了大大的简化，这就是选择贝叶斯模型的原因。

最后，回到要解决的问题，即给定测试集的一个新样本特征 $(X_1^{(\text{test})}, X_2^{(\text{test})}, \cdots, X_n^{(\text{test})})$，如何判断它属于哪个类型？

既然是贝叶斯模型，当然是用后验概率最大化来判断分类。只要计算出所有的 K 个条件概率 $P(Y=C_k|X=X^{(\text{test})})$，从中对比，选择最大条件概率的类别作为预测的类别，这就是朴素贝叶斯分类算法的预测结果。

下面来看一个例题具体是如何实现预测的。

例 3.1　某医院在某天早上接诊了 6 位门诊患者，患者基本情况如表 3.1 所示。其中，特征属性是症状和职业，类别是疾病（包括感冒、过敏和脑震荡）。现在又来了一位患者，是一位症状为打喷嚏的建筑工人。请根据已有数据预测他患有什么疾病。

表 3.1　门诊患者数据表

症状	职业	疾病	症状	职业	疾病
打喷嚏	护士	感冒	打喷嚏	教师	脑震荡
头痛	建筑工人	感冒	打喷嚏	农夫	过敏
打喷嚏	教师	感冒	头痛	护士	过敏
头痛	建筑工人	脑震荡			

解　设症状变量用 X_1 表示，职业变量用 X_2 表示，疾病类别用 Y 表示，则打喷嚏的建筑工人的两个特征属性 X_1=打喷嚏，X_2=建筑工人，记二维变量 $X=(X_1$打喷嚏，X_2=建筑工人）。

首先计算先验概率：

$$P(Y=感冒)=\frac{3}{7}, \quad P(Y=脑震荡)=\frac{2}{7}, \quad P(Y=过敏)=\frac{2}{7}$$

然后计算每个属性值的条件概率：

$$P(X_1=打喷嚏\,|\,Y=感冒)=\frac{2}{3}, \qquad P(X_2=建筑工人\,|\,Y=感冒)=\frac{1}{3}$$

$$P(X_1=打喷嚏\,|\,Y=脑震荡)=\frac{1}{2}, \qquad P(X_2=建筑工人\,|\,Y=脑震荡)=\frac{1}{2}$$

$$P(X_1=打喷嚏\,|\,Y=过敏)=\frac{1}{2}, \qquad P(X_2=建筑工人\,|\,Y=过敏)=\frac{0}{2}=0$$

即

$$P(X\,|\,Y=感冒)=\frac{2}{3}\times\frac{1}{3}=\frac{2}{9}$$

$$P(X\,|\,Y=脑震荡)=\frac{1}{2}\times\frac{1}{2}=\frac{1}{4}$$

$$P(X\,|\,Y=过敏)=\frac{1}{2}\times 0=0$$

因为

$$P(Y=感冒)\times P(X\,|\,Y=感冒)=\frac{3}{7}\times\frac{2}{9}=\frac{2}{21}\approx 0.095$$

$$P(Y=脑震荡)\times P(X\,|\,Y=脑震荡)=\frac{2}{7}\times\frac{1}{4}=\frac{1}{14}\approx 0.071$$

$$P(Y=过敏)\times P(X\,|\,Y=过敏)=\frac{2}{7}\times 0=0$$

且 0.095＞0.071＞0，所以预测该患者患有感冒。

3.3 贝叶斯估计

在例 3.1 中，计算结果出现了概率值为 0 的情况。如果最后概率值为 0 或许影响不太大，但如果中间过程出现了概率值为 0 的情况，必然会影响到后续的计算，使分类结果及其科学性受到一定影响。为解决这一问题，可以采用的方法之一是使用贝叶斯估计。条件概率的贝叶斯估计为

$$P_\lambda(X^{(j)} = a_{jl} \mid Y = c_k) = \frac{\sum\limits_{i=1}^{N} I(x_i^{(j)} = a_{jl}, y_i = c_k) + \lambda}{\sum\limits_{i=1}^{N} I(y_i = c_k) + S_j\lambda} \tag{3.7}$$

式中：$\lambda \geq 0$。当 $\lambda = 0$ 时，就是我们比较熟悉的极大似然估计；当 $\lambda = 1$ 时，称为拉普拉斯（Laplace）平滑，此时先验概率的贝叶斯估计计算式为

$$P_\lambda(Y = c_k) = \frac{\sum\limits_{i=1}^{N} I(y_i = c_k) + \lambda}{N + K\lambda} \tag{3.8}$$

例 3.2　问题同例 3.1，按照拉普拉斯平滑估计概率。

解　根据贝叶斯估计计算下列概率：

$$P(Y = 感冒) = \frac{3+1}{7+3\times1} = \frac{4}{10}$$

$$P(Y = 脑震荡) = \frac{2+1}{7+3\times1} = \frac{3}{10}$$

$$P(Y = 过敏) = \frac{2+1}{7+3\times1} = \frac{3}{10}$$

$$P(X_1 = 打喷嚏 \mid Y = 感冒) = \frac{2+1}{3+2\times1} = \frac{3}{5}$$

$$P(X_1 = 打喷嚏 \mid Y = 脑震荡) = \frac{1+1}{2+2\times1} = \frac{2}{4}$$

$$P(X_1 = 打喷嚏 \mid Y = 过敏) = \frac{1+1}{2+2\times1} = \frac{2}{4}$$

$$P(X_2 = 建筑工人 \mid Y = 感冒) = \frac{1+1}{3+4\times1} = \frac{2}{7}$$

$$P(X_2 = 建筑工人 \mid Y = 脑震荡) = \frac{1+1}{2+4\times1} = \frac{2}{6}$$

$$P(X_2 = 建筑工人 \mid Y = 过敏) = \frac{0+1}{2+4\times1} = \frac{1}{6}$$

即

$$P(X \mid Y = 感冒) = \frac{3}{5} \times \frac{2}{7} = \frac{6}{35}$$

$$P(X \mid Y = 脑震荡) = \frac{2}{4} \times \frac{2}{6} = \frac{4}{24}$$

$$P(X \mid Y = 过敏) = \frac{2}{4} \times \frac{1}{6} = \frac{2}{24}$$

因为

$$P(Y = 感冒) \times P(X \mid Y = 感冒) = \frac{4}{10} \times \frac{6}{35} = \frac{12}{175} \doteq 0.069$$

$$P(Y = 脑震荡) \times P(X \mid Y = 脑震荡) = \frac{3}{10} \times \frac{4}{24} = \frac{1}{20} = 0.05$$

$$P(Y = 过敏) \times P(X \mid Y = 过敏) = \frac{3}{10} \times \frac{2}{24} = \frac{1}{40} = 0.025$$

且 0.08＞0.06＞0.03，所以还是预测该患者患有感冒。

3.4　朴素贝叶斯分类算法的 Python 实现

本节将描述朴素贝叶斯分类算法如何在 Python 的第三方库 sklearn 上实现，以 sklearn 中自带的数据集 breast cancer 为例。

breast cancer 数据集是自 1984 年以来沃尔伯格（Wolberg）博士所接诊的连续患者，仅包括那些在诊断时表现出浸润性乳腺癌且没有远处转移证据的病例。该数据集共有 569 个实例，包括 212 个良性实例，357 个恶性实例。每个实例包括 30 个属性值，每个属性值取自乳房硬块的细针穿刺数字影像，包括 10 种特征的平均值和方差。而这 10 种特征又包括半径、周长和面积等。

以前 5 个患者的数据为例，先看一下数据的分布情况和数据格式，如程序 3.1 所示。

程序 3.1

```
In[1]:  import pandas as pd
        from sklearn.datasets import load_breast_cancer

        cancer=load_breast_cancer()
        cancerdf=pd.DataFrame(cancer.data,columns=cancer.feature_ names)
        cancerdf.head()#.head()命令默认输出前 5 条数据
```

输出如图 3.1 所示。

	mean radius	mean tsxture	mean perimeter	mean area	mean smoothness	mean compactness	mean concavity	mean concave points	mean symmetry	mean fractal dimension	...
0	17.99	10.38	122.80	1001.0	0.11840	0.27760	0.3001	0.14710	0.2419	0.07871	...
1	20.57	17.77	132.90	1326.0	0.08474	0.07864	0.0869	0.07017	0.1812	0.05667	...
2	19.69	21.25	130.00	1203.0	0.10960	0.15990	0.1974	0.12790	0.2069	0.05999	...
3	11.42	20.38	77.58	386.1	0.14250	0.28390	0.2414	0.10520	0.2597	0.09744	...
4	20.29	14.34	135.10	1297.0	0.10030	0.13280	0.1980	0.10430	0.1809	0.05883	...

5 rows × 30 columns

图 3.1　患者数据输出图

第 1 列为患者的 ID，第 2 列为肿瘤平均半径，第 3 列为肿瘤平均纹理，第 4 列为肿瘤平均周长……。可以直观地看出，在前 5 个患者中，肿瘤平均半径最大的为第 2 个患者；肿瘤平均纹理最大的为第 3 个患者；而肿瘤平均周长最大的为第 5 个患者。这些属性都对判断是良性肿瘤还是恶性肿瘤有一定影响。

接下来用朴素贝叶斯分类算法对整个 breast cancer 数据集进行分析，训练得到判断肿瘤是良性还是恶性的模型。

首先导入后续会使用到的模块，如程序 3.2 所示。

程序 3.2

```
In[2]:   #导入需要用到的模块
         from sklearn.model_selection import train_test_split
         from sklearn.datasets import load_breast_cancer
         from sklearn.naive_bayes import GaussianNB
         from sklearn.metrics import confusion_matrix
         from matplotlib import pyplot as plt
         import seaborn as sns
```

可以先查看下数据集的特征和标签，如程序 3.3 所示。

程序 3.3

```
In[3]:   #实例化
         cancer=load_breast_cancer()
         print("肿瘤的分类:",cancer['target_names'])
         print("\n肿瘤的特征:",cancer['feature_names'])
Out[3]:  肿瘤的分类:['malignant' 'benign']

         肿瘤的特征:['mean radius' 'mean texture' 'mean perimeter' 'mean
                  area' 'mean smoothness' 'mean compactness' 'mean
                  concavity' 'mean concave points' 'mean symmetry' 'mean
                  fractal dimension' 'radius error' 'texture error'
                  'perimeter error' 'area error' 'smoothness error'
                  'compactness error' 'concavity error' 'concave points
```

```
error' 'symmetry error' 'fractal dimension error' 'worst
radius' 'worst texture' 'worst perimeter' 'worst area'
'worst smoothness' 'worst compactness' 'worst concavity'
'worst concave points' 'worst symmetry' 'worst fractal
dimension']
```

通过 train_test_split 将整个数据集划分为训练集和测试集并查看数据形态,如程序 3.4 所示。

程序 3.4

```
In[4]:      #划分训练集和测试集
            x,y=cancer.data,cancer.target
            x_train,x_test,y_train,y_test=train_test_split(x,y,test_size=0.3,
              random_state=3)
            print(x_train.shape)  # 查看训练集数据形态
            print(x_test.shape)   # 查看测试集数据形态
Out[4]:     (398,30)
            (171,30)
```

然后开始用高斯朴素贝叶斯分类算法对训练数据集进行拟合,如程序 3.5 所示。

程序 3.5

```
In[5]:      clf=GaussianNB()
            clf.fit(x_train,y_train)
            #可以在这查看下得分
            print(clf.score(x_train,y_train))
            print(clf.score(x_test,y_test))
Out[5]:     0.9371859296482412
            0.9473684210526315
```

测试集准确率得分高达 0.947。最后绘制混淆矩阵,如程序 3.6 所示。

程序 3.6

```
In[6]:      #绘制混淆矩阵
            pred=clf.predict(x_test)
            cm=confusion_matrix(pred,y_test)

            %matplotlib inline
            #修改分辨率
            plt.figure(dpi=300)
            sns.heatmap(cm,cmap=sns.color_palette("Blues"),annot=True,\fmt='d')
            plt.xlabel('实际类别')
            plt.ylabel('预测类别')
```

效果如图 3.2 所示。

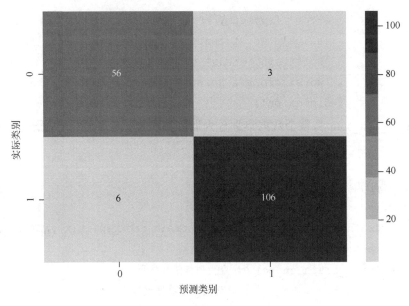

图 3.2　混淆矩阵图

图 3.2 中 0 代表 malignant（恶性肿瘤），1 代表 benign（良性肿瘤）。上述混淆矩阵结果可通过表 3.2 进行详细解释。

表 3.2　混淆矩阵表

实际类别	预测类别	
	恶性肿瘤	良性肿瘤
恶性肿瘤	56	3
良性肿瘤	6	106

对于 171 个测试样本，预测正确的有 162 个（正确预测为恶性肿瘤的有 56 个，正确预测为良性肿瘤的有 106 个）；预测错误的有 9 个（实际为恶性肿瘤错误预测为良性肿瘤的有 3 个，实际为良性肿瘤错误预测为恶性肿瘤的有 6 个）。

3.5　本 章 小 结

本章首先介绍了朴素贝叶斯分类算法相关的统计学知识，接着重点介绍了朴素贝叶斯分类算法的极大似然估计和贝叶斯估计，并介绍了朴素贝叶斯分类算法在 sklearn 上的实现。

朴素贝叶斯模型历史悠久，它对缺失数据的敏感度较低，容错率高，因而在很多实际应用场合表现良好。但朴素贝叶斯分类算法的前提是各属性之间相互独立，而这在实际情景中较难成立，因此在各属性之间存在一定相关性的时候，朴素贝叶斯分类模型的效果可能会不太好。

另外，使用朴素贝叶斯算法需要知道先验概率，但先验概率往往是根据历史经验总结估计或通过假设提出来的。经验总结可能存在一定偏差，假设也存在很多类型。这些都会导致先验概率不能精准地反映问题，进而影响到分类模型的效果。

同时，由于朴素贝叶斯分类算法的分类结果根据后验概率来决定，而后验概率又由先验概率求得，朴素贝叶斯分类算法的分类结果会存在一定的错误率。

思　考　题

1. 除 3.3 节介绍的贝叶斯估计方法外，还可以通过哪些方法实现数据的平滑？
2. 请思考朴素贝叶斯分类算法可以用来解决实际中的哪些问题。

习　题

1. 现有数据集如表 3.3 所示。

表 3.3　课后习题表

编号	年龄	消费水平	在网时长	是否有房	是否流失
1	年青	低	短	无	是
2	老年	中	短	无	是
3	中年	低	短	无	是
4	老年	高	中	有	是
5	年青	高	短	无	否
6	中年	低	长	无	否
7	中年	中	长	有	否
8	年青	高	中	无	否
9	老年	高	短	有	否
10	年青	低	长	有	否

请基于已有数据，分别用极大似然估计和贝叶斯估计，判断一个具有特征{年龄 = 年青，消费水平 = 低，在网时长 = 短，是否有房 = 无}的测试样例是否有可能流失。

本章参考文献

[1] 范超. 概率是物质属性还是主观认识：频率学派与贝叶斯学派的区别[J]. 中国统计，2016（8）：40，41.

[2] 罗宁，穆志纯. 基于贝叶斯网的分类器及其在 CRM 中的应用[J]. 计算机应用，2004，24（3）：79-81.

第4章 决 策 树

决策树（decision tree）分类算法是一种逼近离散函数值的方法，是一种典型的分类算法。首先，对已有分类好的数据进行处理，归纳出其中的规则并生成决策树；然后根据生成的决策树对新输入数据进行分析并判断属于哪一类别。简而言之，决策树算法就是通过一系列判断规则，对新输入数据进行分类的过程。

常见的决策树分类算法有 ID3 算法、C4.5 算法和 CART 算法等。罗斯•昆兰（Ross Quinlan）于 1979 年提出了 ID3 算法，随后又对 ID3 算法进行改进，提出了 C4.5 算法[1-2]。

CART 算法是利欧•布曼雷（Leo Breiman）等于 1984 年提出的。CART 算法全称为 Classification and Regression Tree，顾名思义，分类和回归是该算法的核心，该算法与 ID3 和 C4.5 算法一样，都由选择特征、生成决策树和剪枝三大步组成。它与 C4.5 算法最大的区别在于：CART 算法假设决策树为二叉树，也就是每个节点上只能存在两个子节点；而 C4.5 算法在每一个节点上可以存在不同数量的子节点。

IEEE 数据挖掘国际会议（the IEEE International Conference on Data Mining，ICDM）于 2006 年 12 月评选出了数据挖掘领域的十大经典算法，决策树分类算法中的 C4.5 算法和 CART 算法都在其中。

其实不仅仅是最后选中的 10 种算法，参加评选的 18 种算法，每一种都可以称为经典算法，它们在数据挖掘领域都产生了极为深远的影响。接下来对决策树分类算法进行详细的介绍。

本章将首先介绍决策树分类算法的一些概念，简要阐述熵与信息增益的定义；然后重点介绍三种决策树分类算法，包括决策树的剪枝和过拟合等内容；最后介绍分类模型的评估方法及决策树如何在 Python 上实现。

4.1 决策树分类算法概述

决策树分类算法是一种被广泛使用的分类算法，相比朴素贝叶斯分类算法，决策树分类算法的优势在于构造过程不需要任何先验的领域知识。

一个决策树由节点（node）和边（directed edge）两部分组成。节点有两种类型，即内部节点（internal node）和叶节点（leaf node）。内部节点表示一个特征、属性或一个属性上的测试；而叶节点则表示一个类别。决策树一般都是自上而下生成的，每一个内部节点都可以引出两个或多个子类别，判断不同的结果。

图 4.1 就是一个决策树，图中的椭圆和方框分别表示内部节点和叶节点。

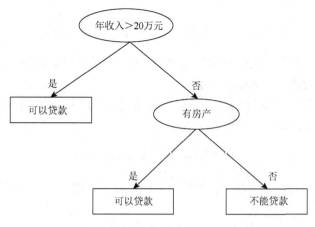

图 4.1　决策树模型

决策树的学习算法通常是一个递归过程，不断地寻找最优特征，并用这些最优特征对数据集根据类别进行划分，随着划分的不断进行，决策树逐渐构建起来。

如果生成的决策树对于已有的训练数据分类效果很好，但是对于新输入的数据分类效果不好，那么有可能出现了过拟合的情况。这时候可以用剪枝提高该决策树的泛化能力。有关剪枝后续会详细介绍。

如果特征个数很多，也可以在构建决策树之前，对特征进行选择，也就是先进行特征工程，筛选出可能需要使用到的特征，再开始构建决策树。

4.2　熵与信息增益

熵的概念最早起源于物理学，由德国物理学家鲁道夫·克劳修斯（Rudolf Clausius）提出，其表达式为 $\Delta S = \dfrac{Q}{T}$。它表示一个系统在不受外部干扰时其内部最稳定的状态。后来，一位中国学者翻译 entropy 时，考虑到 entropy 是能量 Q 与温度 T 的商，且与火有关，便把 entropy 形象地翻译成"熵"。1948 年，克劳德·香农（Claude Shannon）引入信息（熵），将离散随机事件的出现概率作为熵的定义。若一个系统有序，则其信息熵较低；反之，若这个系统十分混乱，则信息熵较高。因此，信息熵成为衡量系统有序化程度的一个度量。

下面分别定义熵、联合熵、条件熵和信息增益。

1. 熵

若一个随机变量 X 的可能取值为 $X = \{x_1, x_2, \cdots, x_k\}$，其概率分布为 $P(X = x_i) = p_i \ (i = 1, 2, \cdots, n)$，则随机变量 X 的熵定义为

$$H(X) = -\sum_{i=1}^{n} p_i \log p_i \tag{4.1}$$

也可以写为

$$H(X) = \sum_{i=1}^{n} p_i \log \frac{1}{p_i} \tag{4.2}$$

式中：log 通常以 2 为底，此时单位称为比特（bit）；或者以 e 为底，此时单位称为纳特（nat）；还可以 10 为底，称为哈特（hart）。

由该定义可以看出，熵的大小与 X 的取值是无关的，只与 X 的分布有关。因此，又将 X 的熵记为 $H(P)$，即

$$H(P) = -\sum_{i=1}^{n} p_i \log p_i \tag{4.3}$$

从这些定义可以看出，熵越大，随机变量的不确定性就越大。当随机变量只取两个值时，熵为

$$H(P) = -p \log p - (1-p) \log(1-p) \tag{4.4}$$

2. 联合熵

两个随机变量 X, Y 的联合分布可以形成联合熵（joint entropy），用 $H(X, Y)$ 表示。

设随机变量 (X, Y) 的联合概率分布为 $P(X = x_i, Y = y_i) = p_{ij}$ $(i = 1, 2, \cdots, m; j = 1, 2, \cdots, n)$，

则 $H(X, Y) = -\sum_{i=1}^{m} \sum_{j=1}^{n} p_{ij} \log p_{ij}$。

3. 条件熵

在随机变量 X 发生的前提下，随机变量 Y 发生所新带来的熵定义为 Y 的条件熵，用 $H(Y|X)$ 表示。它用来衡量在已知随机变量 X 的条件下随机变量 Y 的不确定性，定义为

$$H(Y|X) = \sum_{i=1}^{n} p_i H(Y|X = x_i) \tag{4.5}$$

用 $H(X, Y)$ 减去 $H(X)$，得

$$
\begin{aligned}
H(X, Y) - H(X) &= -\sum_{x, y} p(x, y) \log p(x, y) + \sum_{x} p(x) \log p(x) \\
&= -\sum_{x, y} p(x, y) \log p(x, y) + \sum_{x} \sum_{y} p(x, y) \log p(x) \\
&= -\sum_{x, y} p(x, y) \log p(x, y) + \sum_{x, y} p(x, y) \log p(x) \\
&= -\sum_{x, y} p(x, y) \log \frac{p(x, y)}{p(x)} = -\sum_{x, y} p(x, y) \log p(y|x) \\
&= -\sum_{x} \sum_{y} p(x, y) \log p(y|x) = -\sum_{x} p(x) \sum_{y} p(y|x) \log p(y|x) \\
&= \sum_{x} p(x) [-\sum_{y} p(y|x) \log p(y|x)] = \sum_{x} p(x) H(Y|X = x)
\end{aligned}
$$

刚好等于 $H(Y|X)$。因此，有 $H(Y|X) = H(X, Y) - H(X)$，即有

在 X 条件下，Y 的条件熵 = X, Y 的联合熵–X 的信息熵

4. 信息增益

前面介绍了熵和条件熵的定义。熵越大，样本就越不稳定，条件熵为已有条件下的不确定性。因此，可以选择划分前后熵的差值作为衡量划分效果的指标。这个差值即信息增益，定义为

$$g(D,A) = H(D) - H(D \mid A) \tag{4.6}$$

在决策树学习中，信息增益等价于类与特征的互信息。

根据该指标选择特征的方法：对训练数据集 D，计算所有特征的信息增益，选择其中信息增益最大的特征作为目标特征。

接下来用一个例题看一下完整的计算过程。

例 4.1 请对表 4.1 所给的训练数据集 D，根据信息增益准则选择最优特征。

表 4.1 例 4.1 样本数据表

役龄	价格	是否关键部件	可靠性	是否更换
≤10	高	否	一般	否
≤10	高	否	好	否
11～20	高	否	一般	是
>20	中	否	一般	是
>20	低	是	一般	是
>20	高	是	好	是
11～20	低	是	一般	是
≤10	中	是	一般	是
≤10	低	是	一般	是
>20	中	是	好	是
≤10	中	否	一般	否
11～20	中	否	好	否
11～20	高	是	一般	是
11～20	中	否	好	否

解 （1）计算数据集 D 类别变量的经验熵。

由于变量是否更换只有两个值，根据式（4.4），经验熵 $H(D)$ 为

$$H(D) = -\frac{5}{14} \log_2 \frac{5}{14} - \frac{9}{14} \log_2 \frac{9}{14} = 0.940$$

（2）计算各特征对数据集 D 的信息增益。

分别以 A_1、A_2、A_3 和 A_4 表示役龄、价格、是否关键部件和可靠性四个特征，则有

$$g(D, A_1) = H(D) - \left[\frac{5}{14} H(D_1) + \frac{5}{14} H(D_2) + \frac{4}{14} H(D_3) \right]$$

$$= 0.940 - \left[\frac{5}{14} \left(-\frac{2}{5} \log_2 \frac{2}{5} - \frac{3}{5} \log_2 \frac{3}{5} \right) + \frac{5}{14} \left(-\frac{3}{5} \log_2 \frac{3}{5} - \frac{2}{5} \log_2 \frac{2}{5} \right) + \frac{4}{14} \left(-\frac{4}{4} \log_2 \frac{4}{4} - \frac{0}{4} \log_2 \frac{0}{4} \right) \right]$$

$$= 0.940 - 0.694$$

$$= 0.246$$

式中：D_1、D_2、D_3 分别代表 A_1 取 $\leqslant 10$、$11 \sim 20$ 和 > 20。

同样计算 A_2、A_3 和 A_4，有

$$g(D, A_2) = H(D) - \left[\frac{5}{14} H(D_1) + \frac{6}{14} H(D_2) + \frac{3}{14} H(D_3) \right]$$

$$= 0.940 - \left[\frac{5}{14} \left(-\frac{3}{5} \log_2 \frac{3}{5} - \frac{2}{5} \log_2 \frac{2}{5} \right) + \frac{6}{14} \left(-\frac{3}{6} \log_2 \frac{3}{6} - \frac{3}{6} \log_2 \frac{3}{6} \right) + \frac{3}{14} \left(-\frac{3}{3} \log_2 \frac{3}{3} - \frac{0}{3} \log_2 \frac{0}{3} \right) \right]$$

$$= 0.940 - 0.776$$

$$= 0.164$$

$$g(D, A_3) = 0.940 - 0.789 = 0.151$$

$$g(D, A_4) = 0.940 - 0.838 = 0.102$$

（3）比较各特征的信息增益值。

$$g(D, A_1) > g(D, A_2) > g(D, A_3) > g(D, A_4)$$

因为特征 A_1（役龄）的信息增益最大，所以选择特征 A_1 作为最优特征。

4.3 ID3 算 法

ID3 算法的核心是：在决策树各个节点上选择信息增益的大小作为衡量指标，重复这个操作，构建出完整的决策树。

ID3 算法的具体实现步骤如下。

（1）从根节点开始，对节点计算所有可能特征的信息增益，将信息增益最大的特征作为该节点；

（2）由该特征的取值建立子节点，再对子节点重复调用以上方法并建立下一个子节点；

（3）重复以上两步，直到没有特征可以选择为止。

此时就可以得到一个完整的决策树。

例 4.2 请对表 4.1 所给的训练数据集 D，利用 ID3 算法建立决策树。

解 由于例 4.1 中 A_1 信息增益最大，选择 A_1 作为最优特征，即选择 A_1 为根节点。

以此类推，对剩余的数据集 D_2 重新从特征 A_2、A_3 和 A_4 中选择新的特征。最后得到如图 4.2 所示的决策树。

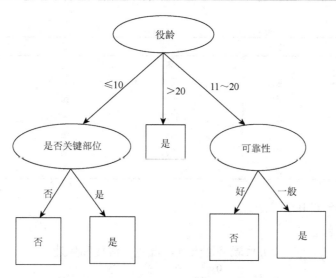

图 4.2　例 4.2 决策树生成图

4.4　C4.5 算 法

以信息增益作为划分训练数据集的特征，存在偏向于选择取值较多的特征的问题。因此，C4.5 算法采用信息增益比来选择特征，实现对 ID3 算法的优化。

信息增益比是指信息增益 $g(D, A)$ 与 D 的熵 $H(D)$ 的比值，即

$$g_R(A) = \frac{g(D, A)}{H_A(D)} \tag{4.7}$$

C4.5 算法的具体实现步骤如下。

（1）从根节点开始，对节点计算所有可能特征的信息增益；

（2）结合各个特征的熵，求出所有可能特征的信息增益比；

（3）比较各信息增益比，选择信息增益比最大的作为根节点；

（4）由该特征的取值建立子节点；

（5）重复上述步骤，直至特征选择完毕为止。

例 4.3　现给出如表 4.2 所示数据集，请用 C4.5 算法生成决策树。

表 4.2　活动是否进行数据表

天气	温度	湿度	风速	活动
晴	炎热	高	弱	取消
晴	炎热	高	强	取消
阴	炎热	高	弱	进行
雨	适中	高	弱	进行
雨	寒冷	正常	弱	进行
雨	寒冷	正常	弱	取消
阴	寒冷	正常	强	进行

续表

天气	温度	湿度	风速	活动
晴	适中	高	弱	取消
晴	寒冷	正常	弱	进行
雨	适中	正常	弱	进行
晴	适中	正常	强	进行
阴	适中	高	强	进行
阴	炎热	正常	弱	进行
雨	适中	高	强	取消

解　前面部分同 ID3 算法。

（1）计算信息增益。

分别令 A_1、A_2、A_3 和 A_4 代表特征天气、温度、湿度和风速。

$$H(D) = -\frac{9}{14}\log_2\frac{9}{14} - \frac{5}{14}\log_2\frac{5}{14} = 0.940$$

$$H(D|A_1) = \frac{5}{14}\left(-\frac{2}{5}\log_2\frac{2}{5} - \frac{3}{5}\log_2\frac{3}{5}\right) + \frac{4}{14}\left(-\frac{4}{4}\log_2\frac{4}{4}\right) + \frac{5}{14}\left(-\frac{3}{5}\log_2\frac{3}{5} - \frac{2}{5}\log_2\frac{2}{5}\right)$$
$$= 0.694$$

$$H(D|A_2) = \frac{4}{14}\left(-\frac{2}{4}\log_2\frac{2}{4} - \frac{2}{4}\log_2\frac{2}{4}\right) + \frac{6}{14}\left(-\frac{4}{6}\log_2\frac{4}{6} - \frac{2}{6}\log_2\frac{2}{6}\right) + \frac{4}{14}\left(-\frac{3}{4}\log_2\frac{3}{4} - \frac{1}{4}\log_2\frac{1}{4}\right)$$
$$= 0.911$$

$$H(D|A_3) = \frac{7}{14}\left(-\frac{3}{7}\log_2\frac{3}{7} - \frac{4}{7}\log_2\frac{4}{7}\right) + \frac{7}{14}\left(-\frac{6}{7}\log_2\frac{6}{7} - \frac{1}{7}\log_2\frac{1}{7}\right) = 0.789$$

$$H(D|A_4) = \frac{6}{14}\left(-\frac{3}{6}\log_2\frac{3}{6} - \frac{3}{6}\log_2\frac{3}{6}\right) + \frac{8}{14}\left(-\frac{6}{8}\log_2\frac{6}{8} - \frac{2}{8}\log_2\frac{2}{8}\right) = 0.892$$

即信息增益分别为

$$g(D, A_1) = 0.940 - 0.694 = 0.246$$
$$g(D, A_2) = 0.940 - 0.911 = 0.029$$
$$g(D, A_3) = 0.940 - 0.789 = 0.151$$
$$g(D, A_4) = 0.940 - 0.892 = 0.048$$

（2）计算信息增益比。

A_1 有 3 个取值：

$$H(A_1) = -\frac{5}{14}\log_2\frac{5}{14} - \frac{5}{14}\log_2\frac{5}{14} - \frac{4}{14}\log_2\frac{4}{14} = 1.577$$

A_2 有 3 个取值：

$$H(A_2) = -\frac{4}{14}\log_2\frac{4}{14} - \frac{6}{14}\log_2\frac{6}{14} - \frac{4}{14}\log_2\frac{4}{14} = 1.566$$

A_3 有 2 个取值：

$$H(A_3) = -\frac{7}{14}\log_2\frac{7}{14} - \frac{7}{14}\log_2\frac{7}{14} = 1.0$$

A_4 有 2 个取值：

$$H(A_4) = -\frac{6}{14}\log_2\frac{6}{14} - \frac{8}{14}\log_2\frac{8}{14} = 0.985$$

信息增益比分别为

$$g_R(A_1) = \frac{g(D,A_1)}{H(A_1)} = \frac{0.246}{1.577} = 0.155$$

$$g_R(A_2) = \frac{g(D,A_2)}{H(A_2)} = \frac{0.029}{1.556} = 0.019$$

$$g_R(A_3) = \frac{g(D,A_3)}{H(A_3)} = \frac{0.151}{1.0} = 0.151$$

$$g_R(A_4) = \frac{g(D,A_4)}{H(A_4)} = \frac{0.048}{0.985} = 0.048$$

可以看出 $g_R(A_1) > g_R(A_3) > g_R(A_4) > g_R(A_2)$，因此选择特征 A_1 为根节点。

在 A_1 中，若天气是阴，则"活动"变量的取值均为"进行"，已无需再做进一步的分析，所以把它定义为叶子节点；若天气变量的取值为其他情况的分支，则继续进行分裂。

以此类推，最后生成的决策树如图 4.3 所示。

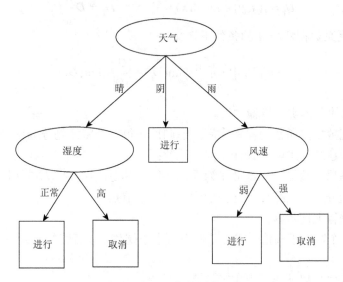

图 4.3　例 4.3 决策树生成图

4.5　CART 算法

CART 算法假设决策树是二叉树，内部节点特征的取值为 0（否）或 1（是），通常左取值为 1（是），右取值为 0（否）。

这种类型的决策树会递归地二分所有特征，特征空间被划分为若干个单元，在每一个单元上，都会计算预测的概率分布，也就是输出的条件概率分布。

CART 算法中用基尼（Gini）系数作为衡量最优特征的指标。通过基尼系数来衡量数据的不纯度或不确定性，进而决定类别变量的最优切分结果。

在一个有 K 个类别的分类问题中，假设样本属于第 k 类的概率为 p_k，则在此概率分布条件下的基尼系数为

$$\text{Gini}(p) = \sum_{k=1}^{K} p_k(1-p_k) = 1 - \sum_{k=1}^{K} p_k^{2} \tag{4.8}$$

假如当前问题为二分类问题，且样本属于第一类的概率为 p，则此概率分布的基尼系数为

$$\text{Gini}(p) = 2p(1-p) \tag{4.9}$$

对于一个已经给定样本的集合 D，其基尼系数为

$$\text{Gini}(D) = 1 - \sum_{k=1}^{K} \left(\frac{|C_k|}{|D|} \right)^2 \tag{4.10}$$

式中：K 为类别的个数；C_k 为样本集合 D 中属于第 k 类的样本子集。

若根据特征 A 是否取某一可能值 a 将样本集合 D 分割成 D_1 和 D_2 两部分，即

$$D_1 = \{(x,y) \in D \mid A(x) = a\}, \qquad D_2 = D - D_1$$

则集合 D 的基尼系数在特征 A 的条件下定义为

$$\text{Gini}(D,A) = \frac{|D_1|}{|D|} \text{Gini}(D_1) + \frac{|D_2|}{|D|} \text{Gini}(D_2) \tag{4.11}$$

CART 算法的具体实现步骤如下。

（1）在训练数据集所在的样本空间，递归地将每一个特征划分为两个区域；

（2）根据上述基尼求解公式计算基尼系数；

（3）选择基尼系数最小的特征作为最优特征，其对应切分作为最优切分点；

（4）根据切分点将训练集特征分配到其两个子节点中；

（5）重复进行上述步骤；

（6）若样本个数小于阈值，或者基尼系数小于阈值，或者特征已经使用完毕，则停止计算。

这样，一棵二叉树就绘制出来了。

例 4.4　给出如表 4.3 所示数据集，请根据 CART 算法生成决策树。

表 4.3　例 4.4 数据表

序号	年龄	有工作	有自己的房子	信贷情况	类别
1	青年	否	否	一般	否
2	青年	否	否	好	否
3	青年	是	否	好	是
4	青年	是	是	一般	是

序号	年龄	有工作	有自己的房子	信贷情况	类别
5	青年	否	否	一般	否
6	中年	否	否	一般	否
7	中年	否	否	好	否
8	中年	是	是	好	是
9	中年	否	是	非常好	是
10	中年	否	是	非常好	是
11	老年	否	是	非常好	是
12	老年	否	是	好	是
13	老年	是	否	好	是
14	老年	是	否	非常好	是
15	老年	否	否	一般	否

解 计算各特征的基尼系数。令 A_1、A_2、A_3 和 A_4 分别代表年龄、有工作、有自己的房子和信贷情况四个特征。

（1）求 A_1 的基尼系数。

$$\text{Gini}(A_1 = 青年) = \frac{5}{15}\left[2\times\frac{2}{5}\times\left(1-\frac{2}{5}\right)\right] + \frac{10}{15}\left[2\times\frac{7}{10}\times\left(1-\frac{7}{10}\right)\right] = 0.44$$

$$\text{Gini}(A_1 = 中年) = 0.48$$

$$\text{Gini}(A_1 = 老年) = 0.44$$

由于 $0.48 > 0.44 = 0.44$，（$A_1 =$ 青年）和（$A_1 =$ 老年）都可以作为 A_1 的最优切分点。

（2）求 A_2、A_3 和 A_4 的基尼系数。

A_2 和 A_3 只有一个切分点，即

$$\text{Gini}(A_2 = 是) = 0.32$$

$$\text{Gini}(A_3 = 是) = 0.27$$

对于特征 A_4 来说，有

$$\text{Gini}(A_4 = 非常好) = 0.36$$

$$\text{Gini}(A_4 = 好) = 0.47$$

$$\text{Gini}(A_4 = 一般) = 0.32$$

故将（$A_4 =$ 一般）作为 A_4 的最优切分点。

可以看出

$$\text{Gini}(A_3 = 是) < \text{Gini}(A_4 = 一般) = \text{Gini}(A_2 = 是) < \text{Gini}(A_1 = 青年) = \text{Gini}(A_1 = 老年)$$

因此选取$(A_3 = 是)$为第一个切分点，以此类推。最后得到决策树如图 4.4 所示。

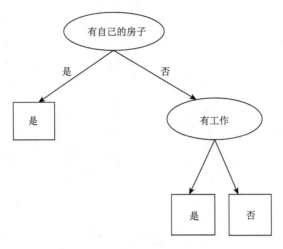

图 4.4　例 4.4 决策树生成图

4.6　过拟合与决策树剪枝

4.6.1　过拟合

首先给出过拟合（overfitting）的标准定义：给定一个假设空间 H，一个假设 h 属于 H，若存在其他的假设 h' 属于 H，使得在训练样例上 h 的错误率比 h' 小，但在整个实例分布上 h' 比 h 的错误率小，则称假设 h 过拟合训练数据[①]。

简而言之，若一个模型，在训练集上的效果很好，但在测试集上效果很差，则称出现了过拟合现象。

在决策树模型构建中，如果使用的算法对于决策树的生长没有合理的限制和修剪的话，决策树的自由生长有可能使每片叶子里只包含单纯的事件数据或非事件数据，那么可以想象，这种决策树当然可以完美匹配（拟合）训练数据，但是，一旦应用到新的业务真实数据时，效果会非常差。

为解决过拟合问题，可以对决策树进行剪枝。

4.6.2　决策树剪枝

决策树剪枝基本策略有先剪枝（pre-pruning）和后剪枝（post-pruning）。

---

① 该定义来源于汤姆·米歇尔（Tom Mitchell）所著的《Machine Learning》。

1. 先剪枝

先剪枝是指在构造决策树的同时进行剪枝,通过提前停止树的构建而对树达到剪枝的目的。其具体方法如下。

(1)定义一个高度(或深度),即当决策树达到一定的高度(或深度)时就停止决策树的继续生成;

(2)定义一个阈值,若某个节点的类别或实例个数小于该阈值,则停止决策树的继续生成。

方法(2)也可以通过计算每一次生成时产生的增益,比较增益值与阈值差值的大小,来考虑是否停止决策树的生成。

虽然从上述描述可以看出先剪枝方法相对简单,不像马上要提到的后剪枝需要生成完整的决策树,但这种方法在实际运用中效果并不好,因为要做到精确地估计决策树生长的停止时间并不容易,也就是说选择一个合适的阈值是很困难的,过高或过低的阈值对于树的简化都会起到反作用[3]。

2. 后剪枝

后剪枝是指,首先构造完整的决策树,也就是先默认允许出现过拟合现象,然后用叶子节点来替换那些置信度不够的节点子树。

相比于先剪枝,这种方法更常用,因为在先剪枝方法中精确地估计何时停止树增长很困难。

后剪枝方法主要有以下几种方法。

1)REP

错误率降低剪枝(reduced-error pruning,REP)方法是一种比较简单的后剪枝。在该方法中,将数据划分为训练集和测试集,训练集用于决策树的训练,测试集用于评估训练后及剪枝后的效果。

该方法的思路是:即使在训练的过程中因为随机错误或巧合规律,出现了过拟合现象,但在测试集中不可能那么巧合地出现同样的错误。因此,该测试集可以起到防护检验的作用。

该剪枝方法考虑将树上的所有节点都视为修剪的备选对象,并根据以下步骤决定是否修剪该节点。

(1)直接删除以该节点为根的所有子树,并将该节点作为叶子节点;

(2)代入训练集训练数据,并删除该节点后的决策树进行分类;

(3)若删除后该决策树的分类效果与删除前效果差不太多,则真正删除该节点。

反复进行上面的操作,自底向上地处理节点,删除那些对测试集分类效果影响不大的节点,以达到最大限度地优化该决策树的目的,直到进一步修剪会使得验证集分类效果降低为止。

REP 是最简单的后剪枝方法之一,不过由于使用独立的测试集,与原始决策树相比,修改后的决策树可能偏向于过度修剪。过度修剪与过拟合本质上区别不大,一个是测试集过度拟合，一个是训练集过度拟合。由于要预先准备好一定量的测试集，若数据集较小，通常不考虑采用 REP 算法。

2）CCP

代价复杂度剪枝（cost-complexity pruning，CCP）方法：假设树的叶节点个数为 T，$C(T)$ 表示模型对训练数据的预测误差，即模型与训练数据的拟合程度，$|T|$ 表示模型复杂度。$C_\alpha(T)$ 表示代价复杂度函数，表示为

$$C_\alpha(T) = C(T) + \alpha|T| \tag{4.12}$$

通过参数 $\alpha \geq 0$ 来调整树的复杂度，当 α 较大时，模型会较简单；当 α 较小时，模型会相对复杂；当 $\alpha = 0$ 时，意味着不考虑模型的复杂度，只考虑拟合程度。

最小代价剪枝，就是在 α 已经确定的前提下，选择 $C_\alpha(T)$ 最小的模型。其具体步骤如下。

（1）计算每个节点的熵；

（2）分别计算剪枝之后的 $C_\alpha(T)$，假设剪枝前为 T_1，剪枝后为 T_2，计算出 $C_\alpha(T_1)$ 和 $C_\alpha(T_2)$；

（3）若 $C_\alpha(T_2) \leq C_\alpha(T_1)$，则进行剪枝；

（4）重复上述步骤，直至 $C_\alpha(T_2) \leq C_\alpha(T_1)$ 不成立为止。

这样就得到了剪枝后损失函数最小的决策树。

表 4.4 是几种剪枝方法的比较。

表 4.4 后剪枝方法比较表

剪枝方法	REP	CCP
剪枝方式	自底向上	自底向上
计算复杂度	$O(n)$	$O(n^2)$
误差估计	剪枝集上误差估计	标准误差

4.7 分类模型的评估

模型效果的好坏需要由特定的指标来评价，本节将介绍在分类模型里常用的几种评价指标。

4.7.1 混淆矩阵

如图 4.5 所示，混淆矩阵也称误差矩阵，是在监督学习中非常常见的一种可视化工具，主要用于比较分类结果（或预测结果）与真实结果之间的关系。

混淆矩阵由一个 $n \times n$ 的矩阵组成，n 为预测类别的个数。矩阵中的列代表实例的真实结果，行代表实例的分类结果（或预测结果）。

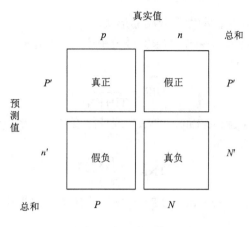

图 4.5 混淆矩阵图

在混淆矩阵中有以下几个基本概念需要了解。

（1）真正（true positive，TP）或 f_{++}，对应正样本且被分类模型正确预测的样本数；

（2）假负（false negative，FN）或 f_{+-}，对应正样本但被分类模型错误预测为负类的样本数；

（3）假正（false positive，FP）或 f_{-+}，对应负样本但被分类模型错误预测为正类的样本数；

（4）真负（true negative，TN）或 f_{--}，对应于负样本且被分类模型正确预测为负类的样本数。

看起来比较抽象，我们可以根据一个例题来了解这些概念具体代表什么。

例 4.5 假设班里有 50 个同学，其中男生 30 个，女生 20 个，我们根据身高、体重和声音分贝等特征，想找到所有女生。假设已经有一个分类器，得到结果如图 4.6 所示。

预测	真实	
	女	男
女	18	5
男	2	25

图 4.6 例 4.5 混淆矩阵图

请分别写出 TP、FN、TN 和 FP。

解 这里要找到所有女同学，故把女同学作为正样本（positive），男同学作为负样本（negative），预测结果正确为 true，预测结果错误为 false，则有

TP：18 （真实为女生，预测结果也为女生）

FN：2 （真实为女生，预测结果为男生）

TN：25 （真实为男生，预测结果为男生）

FP：5 （真实为男生，预测结果为女生）

混淆矩阵中的计数可以表示为百分比的形式。

（1）真正率（true positive rate，TPR）或灵敏度（sensitivity）是指正样本且被模型正确预测为正样本的比例，即

$$TPR = \frac{TP}{TP+FN} \tag{4.13}$$

（2）真负率（true negative rate，TNR）或特指度（specificity）是指负样本且被模型正确预测为负样本的比例，即

$$TNR = \frac{TN}{TN+FP} \tag{4.14}$$

（3）假正率（false positive rate，FPR）是指负样本但被模型错误预测为正样本的比例，即

$$FPR = \frac{FP}{TN+FP} \tag{4.15}$$

（4）假负率（false negative rate，FNR）是指正样本但被模型错误预测为负样本的比例，即

$$FNR = \frac{FN}{TP+FN} \tag{4.16}$$

还有如图 4.7 所示常用度量指标。

度量	公式
准确率	$\dfrac{TP+TN}{P+N}$
错误率、误分类率	$\dfrac{FP+FN}{P+N}$
敏感率、真正例率、召回率	$\dfrac{TP}{P}$
特效型、真负例率	$\dfrac{TN}{N}$
精度	$\dfrac{TP}{TP+FP}$
F、F1分数（精度和召回率的调和均值）	$\dfrac{2 \times precision \times recall}{precision+recall}$

图 4.7　常用度量指标图

更一般地，可以用 F_β（β 为非负实数）度量召回率与精度之间的折中，即

$$F_\beta = \frac{(\beta^2+1) \times TP}{(\beta^2+1) \times TP + \beta^2 FP + FN} \tag{4.17}$$

图 4.7 中 F1 分数的公式即为 β 取 1 时的结果。

在对分类模型的效果进行评估时，通常会看准确率、精确率、召回率和 F1 分数。

（1）准确率（accuracy）的定义是：对于给定的测试集，分类模型正确分类的样本数与总样本数之比。

（2）精确率（precision）的定义是：对于给定测试集的某一个类别，分类模型预测正确的比例，或者说分类模型预测的正样本中有多少是真正的正样本。

（3）召回率（recall）的定义是：对于给定测试集的某一个类别，样本中的正类有多少被分类模型预测正确。

在理想情况下，人们希望模型的精确率越高越好，同时召回率也越高越好；但是，现实情况往往事与愿违，精确率和召回率像是坐在跷跷板的两端一样，一个值升高，另一个值就降低。那么，有没有一个指标来综合考虑精确率和召回率呢？这个指标就是 F1 分数。

（4）F1 分数（F1 socre）的定义公式见图 4.7，它是用来衡量分类模型精确度的一个指标，可以视为精确率和召回率的一种调和平均。

4.7.2 ROC 曲线

接收者操作特征曲线（receiver operating characteristic，ROC）和曲线下面积（area under curve，AUC）也常作为衡量分类模型效果的指标。

图 4.8 为一个 ROC 曲线的示意图。

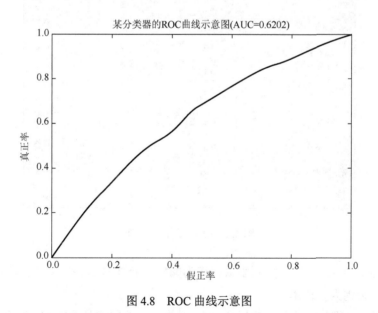

图 4.8 ROC 曲线示意图

可以很直观地看到，ROC 曲线纵坐标为真正率，横坐标为假正率，曲线的每个点对应一个分类器归纳的模型。

接下来考虑 ROC 曲线上几个特殊的点。

（1）点(0,1)。这个点就是 FPR=0 且 TPR=1 的点，在该点 FP=FN=0，即所有样本全部正确分类，那么该分类器毋庸置疑是一个非常完美的分类器。

（2）点(1,0)。对应于点(0,1)，在该点 TP=TN=0，即所有样本全部错误分类，该分类器非常巧合地避开了所有正确情况。

（3）点(0,0)。在该点 TP=FP=0，即预测所有样本都为负样本。

（4）点(1,1)。在该点 TN=FN=0，即预测所有样本都为正样本。

经过以上分析可以看出，若一条 ROC 曲线趋近于左上角，即 FPR 的值还较小的时候，TPR 的值已经趋近于 1，那么该分类器的性能较好。

对于一个数据集及其对应的分类器，显然只能得到一组 FPR 和 TPR 的值。而要绘制出一条曲线，需要很多组 FPR 和 TPR 的值。这又要如何处理呢？下面通过一个例题来介绍如何解决这个问题以及如何绘制 ROC 曲线。

例 4.6　图 4.9 是一个数据集，该数据集共有 20 个样本，Score 列表示测试样本属于正样本的概率，Class 列表示每个测试样本真正的类别（p 表示正样本，n 表示负样本）。请根据此图绘制出 ROC 曲线。

id	Class	Score	id	Clsss	Score
1	p	0.9	11	p	0.4
2	p	0.8	12	n	0.39
3	n	0.7	13	n	0.38
4	p	0.6	14	n	0.37
5	p	0.55	15	p	0.36
6	p	0.54	16	n	0.35
7	p	0.53	17	n	0.34
8	n	0.52	18	n	0.33
9	p	0.51	19	p	0.3
10	n	0.505	20	n	0.1

图 4.9　例 4.6 测试样本图

解　将样本的 Score 值从大到小依次作为阈值。若样本 Score 值大于等于阈值，则判定为正样本；否则为负样本。

例如，第一个阈值取 0.9，这时只有 id = 1 的样本被预测是正样本，其余都是负样本，此时 $TPR = 1/(1 + 9) = 0.1$，$FPR = 0/(0 + 10) = 0$。

以此类推，最后得到 20 对值，如图 4.10 所示。

Score	TPR	FPR	Score	TPR	FPR
0.9	0.1	0	0.4	0.7	0.4
0.8	0.2	0	0.39	0.7	0.5
0.7	0.2	0.1	0.38	0.8	0.5
0.6	0.3	0.1	0.37	0.8	0.6
0.55	0.4	0.1	0.36	0.8	0.7
0.54	0.5	0.1	0.35	0.8	0.8
0.53	0.5	0.2	0.34	0.9	0.8
0.52	0.5	0.3	0.33	0.9	0.9
0.51	0.6	0.3	0.3	0.1	0.9
0.505	0.6	0.4	0.1	0.1	1

图 4.10　TPR 和 FPR 图

根据图 4.10 中的值，以 FPR 为横坐标、TPR 为纵坐标，再取(0,0)和(1,1)）两个点，将这些(FPR,TPR)点连接起来，就绘制出了 ROC 曲线。

评估模型的准确率，除 ROC 曲线本身外，还可以根据 ROC 曲线下面积 AUC 进行评估。显然，AUC 的数值肯定小于等于 1（因为 FPR 和 TPR 均小于等于 1）。又因为 ROC 曲线一般不会在 $y = x$ 这条直线的下方，所以 AUC 的取值范围一般在[0.5,1]上。AUC 的值越接近 0.5，对应模型的准确率越低；越接近 1.0，对应模型的准确率越高。

使用 AUC 作为评价标准是因为很多时候 ROC 曲线并不能清晰地说明哪个分类器的效果更好，而作为一个数值，对应 AUC 更大的分类器效果更好。

4.8　实例：决策树的 Python 实现

本节将具体叙述如何在 Python 中实现决策树分类算法。使用 sklearn 的 DecisionTree Classifier 类，数据集采用 sklearn 自带的 Iris 数据集。

Iris 数据集是常用的分类实验数据集，由费希尔于 1936 年收集整理。Iris 数据集也称鸢尾花数据集，是一类多重变量分析的数据集。该数据集包含 150 个数据样本，分为 3 类，每一类有 50 条数据，每条数据又包含 4 个属性值。可以通过这 4 个属性值来预测某一朵鸢尾花属于哪一个类别。

首先导入后续会使用到的模块，如程序 4.1 所示。

程序 4.1

```
In[1]:    import pandas as pd
          from sklearn.metrics import classification_report
          from sklearn.tree import DecisionTreeClassifier
          from sklearn.datasets import load_iris
          from sklearn.tree import export_graphviz
```

　　其中，classification_report 是用来显示主要分类指标的文本报告。在报告中显示每个类的精确度、召回率和 F1 分数等信息，后面会详细介绍。而 export_graphviz 是用来可视化生成的决策树的一个工具，在 https://graphviz.gitlab.io/_pages/Download/Download_windows.html 上选择 msi 下载安装即可使用。

　　接着导入 Iris 数据集并实例化，如程序 4.2 所示。

程序 4.2

```
In[2]:    # 加载数据
          iris=load_iris()
```

　　可以顺便查看前 5 个实例的属性，如程序 4.3 所示。

程序 4.3

```
In[3]:    irisdf=pd.DataFrame(iris.data, columns=iris.feature_names)
          irisdf.head(5)
```

　　效果如图 4.11 所示。

Out[4]:

	sepal length (cm)	sepal width (cm)	petal length (cm)	petal width (cm)
0	5.1	3.5	1.4	0.2
1	4.9	3.0	1.4	0.2
2	4.7	3.2	1.3	0.2
3	4.6	3.1	1.5	0.2
4	5.0	3.6	1.4	0.2

图 4.11　实例属性图

　　然后开始训练模型，如程序 4.4 所示。

程序 4.4

```
In[4]:    dct=DecisionTreeClassifier()
          dct.fit(iris.data,iris.target)
Out[4]:   DecisionTreeClassifier(class_weight=None,criterion=
                  'gini',max_depth=None,
                  max_features=None,max_leaf_nodes=None,
                  min_impurity_decrease=0.0,min_impurity_split=None,
                  min_samples_leaf=1,min_samples_split=2,
```

```
        min_weight_fraction_leaf=0.0,presort=False,
        random_state=None,
        splitter='best')
```

用之前提到的 classification_report 查看精确度、召回率和 F1 分数等信息，如程序 4.5 所示。

程序 4.5

```
In[5]:   print(classification_report(iris.target,dct.predict(iris.data)))
Out[5]:          precision    recall    f1-score    support

            0       1.00       1.00       1.00        50
            1       1.00       1.00       1.00        50
            2       1.00       1.00       1.00        50

    micro avg       1.00       1.00       1.00       150
    macro avg       1.00       1.00       1.00       150
 weighted avg       1.00       1.00       1.00       150
```

其中，precision、recall 和 f1-score 三列分别表示各个类别的精确度、召回率和 F1 分数；micro avg 和 macro avg 分别表示微平均和宏平均；weighted avg 表示加权平均值。

最后通过 export_graphviz 将决策树保存为 dot 文件，并打开下载完 GraphViz 后的 gvedit.exe 来查看决策树，如程序 4.6 所示。

程序 4.6

```
In[6]:   from sklearn.tree import export_graphviz
         export_graphviz(dct,out_file='tree1.dot',
                    feature_names=iris.feature_names,
                    class_names=iris.target_names)
```

export_graphviz 有以下参数：

'decision_tree';'out_file = None';'max_depth = None';'feature_names = None';'class_names = None';

"label = 'all'":{'all', 'root', 'none'}:是否显示杂质测量指标；

'filled = False':是否对节点填色加强表示；

'leaves_parallel = False':是否在树底部绘制所有叶节点；

'impurity = True','node_ids = False';

'proportion = False':是否给出节点样本占比而不是样本量；

'rotate = False':是否从左到右绘图；

'rounded = False':是否绘制圆角框而不是直角长方框；

'special_characters = False':是否忽略 PS 兼容的特殊字符；

'precision = 3'

决策树如图 4.12 所示。

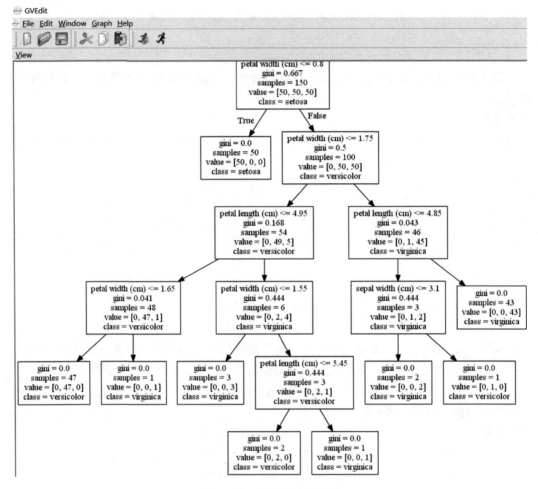

图 4.12　Iris 决策树效果图

4.9　本 章 小 结

4.9.1　决策树 ID3、C4.5 和 CART 算法比较

如表 4.5 所示，ID3 算法和 C4.5 算法只用于分类模型，且都是多叉树；而 CART 算法除可用于分类模型外还可用于回归模型。ID3 算法不支持连续值处理、缺失值处理和剪枝；而 C4.5 算法和 CART 算法都支持连续值处理、缺失值处理和剪枝[3]。

表 4.5　决策树算法比较表

算法	支持模型	树结构	特征选择	连续值处理	缺失值处理	剪枝
ID3	分类	多叉树	信息增益	不支持	不支持	不支持
C4.5	分类	多叉树	信息增益比	支持	支持	支持
CART	分类、回归	二叉树	基尼系数、均方差	支持	支持	支持

4.9.2 决策树算法优缺点

1. 优点

（1）决策树可解释性比较强，且比较容易可视化（在 sklearn 中可以使用 export_graphviz 包进行决策树可视化）；

（2）决策树既能处理连续型数据，又能处理离散型数据，而其他技术在分析数据集时通常只专注于其中一点，即要么是数值型，要么是类别型[3]；

（3）决策树能够处理多维度输出的分类问题，预测值有多个维度，且多维度是相关的；

（4）作为一个白盒，相较于黑盒的神经网络，决策树在逻辑上可以得到很好的解释；

（5）决策树可以在剪枝后通过交叉验证继续优化模型，提高模型泛化能力；

（6）决策树对异常点的敏感性低，容错率高。

2. 缺点

（1）决策树十分容易过拟合，但是可以通过剪枝（目前 sklearn 中的决策树不支持剪枝，需要自己设置，如叶子节点最小值和树的最大深度等）设置每个叶子节点的最小样本数和树的最大深度来减小这个问题造成的影响[4]；

（2）决策树不稳定，一些很小的变化可能会导致生成完全不同的决策树，这个问题可以通过集成方法来缓解（如随机森林）；

（3）学习一棵最优化的决策树是多项式复杂程度的非确定性（non-deterministic polynomial complete，NPC）问题，因此实际中的决策树学习算法基于启发式算法，如贪心算法在局部做到最优化决策树的每个节点，这样的方法并不能保证得到一个全局最优的决策树，这个问题可以通过集成的方法来得到改善；

（4）一些复杂的关系决策树很难学习，因为决策树并不能清楚地表达它们，如异或问题和多路复用问题等，一般这种关系可以用神经网络分类方法来解决；

（5）如果某些类别的样本比例过大，生成的决策树容易偏向于这些类别，因此建议在创建决策树之前要平衡数据集。

思 考 题

1. 为什么 ID3 算法在选择根节点时，存在偏向于选择取值较多的特征的问题？

2. 基尼系数与信息熵有何异同点？CART 算法将基尼系数作为选择根节点评估指标需要注意什么？

习 题

1. 给出气象数据如表 4.6 所示，分别用三种决策树算法构建决策树，并思考哪种决策树相对更好，为什么？

表 4.6　习题 1 数据表

天气	温度	湿度	多风	是否出去玩
晴天	热	高	无	否
晴天	热	高	有	否
阴天	热	高	无	是
雨天	温	高	无	是
雨天	凉	正常	无	是
雨天	凉	正常	有	否
阴天	凉	正常	有	是
晴天	温	高	无	否
晴天	凉	正常	无	是
雨天	温	正常	无	是
晴天	温	正常	有	是
阴天	温	高	有	是
阴天	热	正常	无	是
雨天	温	高	有	否

2. 先用 train_test_split 对 Iris 数据集进行拆分，再构建决策树模型并完成模型的评估工作。

本章参考文献

[1]　QUINLAN J R. C4.5：Programs for Machine Learning[M]. San Francisco:Morgan Kaufnan，1993.

[2]　QUINLAN J R. Induction of decision tree[J]. Machine Learning 1986，1（1）：81-106.

[3]　李航. 统计学习方法[M]. 北京：清华大学出版社，2012.

[4]　徐彧铧. 基于决策树的鸢尾花分类[J]. 电子制作，2018（20）：84，99，100.

第5章 集 成 学 习

"三个臭皮匠顶个诸葛亮"的故事，说的是三个副将（裨将，"皮匠"的谐音）的智慧能够等同于一个诸葛亮的智慧，也就是说"人多力量大，人多好办事"。前几章介绍的都是单个数据挖掘模型，即希望训练出一个"诸葛亮"来发现数据中存在的规律，并且对未来进行预测。然而，对于很多复杂的数据挖掘问题，训练出一个"诸葛亮"是十分困难的。是否可以考虑训练出几个"臭皮匠"来代替一个"诸葛亮"呢？

集成学习模型便是基于"人多力量大"的思想。由于训练出一个性能卓越的数据挖掘模型十分困难且代价昂贵，退而考虑训练出多个性能一般的模型，并通过一系列方法将这些性能较好的模型的结果集成在一起，最终达到等价于或超过一个性能卓越的数据挖掘模型的效果。

"三个臭皮匠"一定能够顶个"诸葛亮"吗？答案是否定的。要想让"三个臭皮匠"的智慧等同于一个"诸葛亮"，需要一定的条件。显然，集成学习模型要想达到预期的效果也是有十分严格的条件的，只有选择合适的单个数据挖掘模型，并通过合理的方式将这些单个数据挖掘模型集成在一起，才能达到超越单个数据挖掘模型的效果。

5.1 集成学习的思想

集成学习是将多个数据挖掘模型（基模型）集成在一起进行学习，如图 5.1 所示。多个基模型对数据集进行学习，并分别输出结果，然后集成学习模型再通过一定的手段将这些结果进行整合，最终形成集成学习模型的结果[1]。

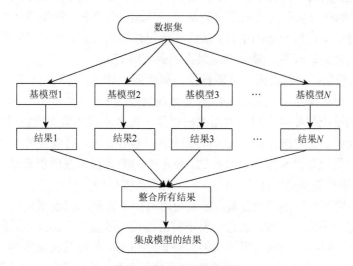

图 5.1　集成学习基本框架

将多个基模型集成在一起，它们产生的结果有三种可能性：①集成的结果优于单个基模型的结果；②集成的结果劣于单个基模型的结果；③集成的结果与单个基模型的结果相同。

如果所有基模型的输出结果是相同的，那么显然集成学习模型的结果与基模型的结果是等价的。简单分析一下，什么条件下集成学习模型的结果将优于单个基模型的结果。考虑一个二分类问题，假设基模型的分类错误率均为 ε，即对于每个基分类模型，都有

$$P(b_i(x) \neq y) = \varepsilon \tag{5.1}$$

式中：$b_i(x)$ 为基分类器 b_i 对样本 x 的输出结果；y 为样本 x 的真实分类标签。并且假设该集成模型采用简单投票的方式集成所有分类模型的结果，即若超过半数的基分类模型认为某个样本为正类，则将该样本的预测结果标记为正类；超过半数的基分类模型认为某个样本为负类，则将该样本的预测结果标记为负类。换句话说，若有半数以上的基分类模型判断正确，则集成模型的分类就正确。集成模型的分类结果为

$$\mathrm{En}(x) = \mathrm{sign}\left\{\sum_{i=1}^{M} b_i(x)\right\} \tag{5.2}$$

式中：M 为基分类模型的个数。

假设基分类模型相互独立，则集成学习模型的分类错误率为

$$P(\mathrm{En}(x) \neq y) = \sum_{k=0}^{M/2} \binom{M}{k}(1-\varepsilon)^k \varepsilon^{M-k} \leqslant \exp\left\{-\frac{1}{2}M(1-2\varepsilon)^2\right\} \tag{5.3}$$

根据式（5.3）的结果可以看出，随着基分类模型数量的增多，集成学习模型的错误率将随之下降，并趋于 0。

在以上分析中，集成学习模型的结果优于基模型的结果有两个条件：①所有基模型的性能不能太差，即对于上面例子中的二元分类模型，其错误率不能超过 50%。如果基模型的性能都太差，集成出来的结果显然不会太好。②所有基模型相互独立。基模型相互独立，表示每个基模型会从不同的角度对数据进行处理，集成学习模型将其结果集成在一起即整合不同信息形成比较全面的结论，最终获得更优的结果。如果所有的基模型都是同样的，即使集成大量的基模型，最终的结果也不会有所提高。

实际上，基模型是为解决同一个数据挖掘问题而设计的，它们相互独立的这个条件很难满足。不过，可以采用一些方法来尽量提高基模型的多样性[2]。常用的方法如下。

（1）不同的基模型使用不同的数据挖掘模型。很多不同的数据挖掘模型，如决策树、朴素贝叶斯分类器、支持向量机、人工神经网络和 k-近邻等，可以处理同样的问题，但它们是基于不同的假设条件和原理来设计的。使用不同的数据挖掘模型来设计的基模型，各个模型对输入-输出关系的解释不一样，可以提高基模型的多样性。

（2）同样的模型采用不同的参数。即使使用同一个数据挖掘模型设计基模型，也要对不同的基模型采用不同的参数，让它们有不同的结构，尽量互不相同。例如，以决策树为基模型，可以让不同的决策树使用不同的划分策略和不同的决策树深度等。又如，以人工神经网络为基模型，可以让不同的基模型使用不同的隐层数目和隐层节点数目。

（3）使用不同的训练集来训练基模型。不同的训练集可能隐含了数据中不同的关系。因此，从数据集中抽样产生训练集时，可以抽出多个互不相同的训练集，并对不同的基模型使用不同的训练集进行训练，这样就可以训练出多个不同的基模型。不同的基模型采用不同的数据样本进行训练，可以使它们的预测输出各不相同，具有较大的多样性。这种方法需要大量的样本，如果没有足够多的样本，可以采用重复进行有放回的抽样方法，为不同的基模型分配不同的训练集。该方法对数据样本进行抽样，因此被称为"行抽样"。

（4）不同的基模型使用不同的属性。对于同样的问题，使用不同的属性建立数据挖掘模型，得到的效果也会不一样，有些情况下甚至会有很大的差别。为了提高基模型的多样性，可以针对不同的基模型采用不同的属性进行建模，从而提高预测的多样性。这种方法对数据的属性进行抽样，因此被称为"列抽样"。

5.2　集成学习模型：结合策略

下面将介绍如何根据多个基模型的结果生成集成学习模型的结果。根据拟解决问题的类型，集成学习模型可以分为集成回归模型和集成分类模型。集成回归模型解决回归问题，使用的基模型全部是数据挖掘回归模型；集成分类模型解决分类问题，使用的基模型全部是数据挖掘分类模型。

5.2.1　集成回归模型的结合策略

对于集成回归模型，基模型是数据挖掘回归模型，输出的结果 $b_i(x) \in \mathbf{R}$ 为连续值，常用的结合策略是平均法。

例如，简单平均法为

$$En(x) = \frac{1}{M} \sum_{i=1}^{M} b_i(x) \qquad (5.4)$$

式中：M 为基模型的数目；$En(x)$ 为集成回归模型的输入。

又如，加权平均法为

$$En(x) = \sum_{i=1}^{M} \omega_i b_i(x) \qquad (5.5)$$

式中：ω_i 为基模型的权重系数，通常有 $\omega_i \geqslant 0$，$\sum_{i=1}^{M} \omega_i = 1$。

显然，简单平均法作为加权平均法的一个特例，此时 $\omega_i = 1/M$。对于加权平均法，基模型的权重难以确定。加权平均法的集成学习模型，增加了权重系数参数，更容易出现过拟合。实际使用过程中发现，加权平均法的结果有时还不如简单平均法。

5.2.2 集成分类模型的结合策略

对于集成分类模型，基模型是数据挖掘分类模型，输出的结果 $b_i(x)$ 为 $\{c_1,c_2,\cdots,c_k\}$ 中的某个离散值，表示基模型预测该样本输入某个类别，常用的结合策略是投票法。为了便于讨论，将基模型 $b_i(x)$ 在样本上的输出表示为一个 k 维向量 $(b_i^1(x),b_i^2(x),\cdots,b_i^k(x))$，其中 b_i^j 表示基模型 $b_i(x)$ 在类别标记 c_j 上的输出。

例如，相对多数投票法为

$$En(x) = c_{\arg\max_j \sum_{i=1}^{M} b_i^j(x)} \tag{5.6}$$

即获得最多票数的类别为集成模型的输出类别，若有多个类别获得相同的最高票，则随机从这些类别中选取一个作为最终的输出。

又如，加权投票法是投票法的一种特殊形式，加权投票法中，不同的基模型投票的权力大小是不一样的，即

$$En(x) = c_{\arg\max_j \sum_{i=1}^{M} \omega_i b_i^j(x)} \tag{5.7}$$

与加权平均法一样，ω_i 为基模型的权重系数，表示不同基模型投票重要性的不同，通常有 $\omega_i \geq 0$，$\sum_{i=1}^{M} \omega_i = 1$。

使用不同的数据挖掘模型作为基模型，或者一个数据挖掘模型设置不同的参数，处理同一个问题，再把预测结果通过上述结合策略集成在一起，就可以设计出一个简单的集成学习模型。

5.3 Bagging 方法与随机森林

5.3.1 Bagging 方法

Bagging 方法是由布雷曼（Breiman）于 1996 年提出的一种并行式集成学习方法[3]，基本结构如图 5.2 所示。它采用放回抽样的方法从数据集中选取基模型的训练集（行抽样）：针对包含 N 个样本的数据集，从中随机选取一个样本，把这个样本放回原数据集并继续随机选取一个样本，重复这一过程直到选取 N 个样本，构成一个训练集。若使用 M 个基模型组成集成学习模型，则使用上述抽样方法生成 M 个训练集。每个基模型从中选用一个训练集进行训练，并将这些基模型集成起来。针对回归问题，Bagging 方法通常使用简单平均法将基模型的预测结果结合为集成学习模型的预测结果；针对分类问题，通常采用相对多数投票法将基模型的预测类别结合为集成学习模型的预测类别。

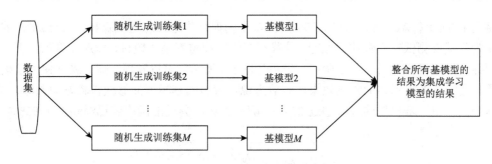

图 5.2　Bagging 方法的基本结构

可以发现，Bagging 方法主要对基模型使用不同数据集进行训练来增加它们的多样性。因此，Bagging 方法的基模型应该选用对训练集比较敏感的数据挖掘模型，如人工神经网络和决策树模型等。在 Bagging 方法中，由于是放回抽样，对每个基模型进行训练的数据集并不是全部的数据集，每个基模型的训练集大约占整个数据集的 63.2%。可以使用训练集之外的数据构成测试集，并使用测试集对该基模型的预测效果进行验证，在基模型的训练过程中，尽量提高基模型的泛化能力。当基模型是决策树时，可以使用测试集对决策树进行剪枝；当基模型是人工神经网络时，可以使用测试集的预测结果作为模型训练中早停的条件，从而降低模型过拟合的风险。

5.3.2　随机森林

随机森林（random forest）[4]是 Bagging 方法的一个具体实现。在随机森林中，使用的基模型是决策树。随机森林还在 Bagging 方法的基础上增加了列抽样。传统决策树模型训练过程中，从当前节点的属性集合中选择一个最优属性；而随机森林基模型决策树则首先随机从当前节点的属性集合中选取部分属性（子集合），然后从这个属性子集合中选择一个最优划分属性。这样可以进一步增加了随机森林基模型的多样性。

随机森林的基本步骤如下。

（1）选取基模型训练样本。针对 N 个样本的数据挖掘问题，采用放回抽样的方法选取 N 个包含重复样本的训练集。

（2）训练决策树基模型。使用采取抽样获得的训练集对一个决策树进行训练，在选择最优划分属性时，若当前决策树节点有 D 个属性可以选择，则从这 D 个属性中随机选取 d（$d \leqslant D$）个备选属性，决策树从这 d 个备选属性中依据某种策略（如信息增益、增益率或基尼指数等）选择最优属性进行划分，直到生成一棵完整的决策树。

（3）集成多棵决策树。重复进行步骤（1）和步骤（2）训练大量决策树，直到达到规定数目。然后使用 5.2 节中介绍的结合策略将这些决策树的预测结果集成在一起，即获得了随机森林集成学习模型的预测结果。

下面使用一个案例来展示随机森林的效果。Scikit-Learn 中有一个经典案例：手写数字识别问题。该问题包含 1797 个样本，样本包含 0～9 的手写数字图像，每个数字图像为8 像素×8 像素，将其平铺为一维数组，则为 64 个特征的数据。采用不放回抽样的方法随机将这 1797 个样本分为两部分，80%的样本作为训练集来训练随机森林，剩余 20% 的样本作为测试集测试随机森林的性能。设置不同的决策树基模型数目，分别计算包含不同基模型数目的随机森林的分类正确率，结果如图 5.3 所示。可以发现，随机森林使用基模型的数目会影响随机森林的预测效果，一般来说，较多的基模型能够获得较好的预测效果。在这个例子中，基模型的数目超过 20 时，随机森林的分类准确率就已经超过了 95%。

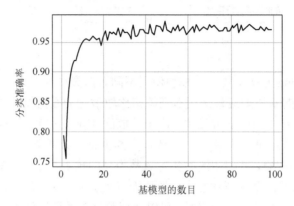

图 5.3　随机森林规模对准确率的影响

随机森林的基模型是决策树，因此随机森林不仅可以应用于分类问题，而且可以应用于回归问题。随机森林在实际中应用十分广泛，它具有如下几个特点。

（1）同时使用了行抽样和列抽样，增加了基模型的多样性，集成效果更好；

（2）计算复杂度基本上等于多个决策树的计算复杂度，训练速度较快；

（3）基模型互不干扰，容易进行并行计算，能够提高训练速度；

（4）可以处理包含多种数据类型的数据挖掘问题，对数据集的适应能力强；

（5）每个决策树可以使用训练集之外的数据集对决策树进行剪枝，有效避免了过拟合，从而使随机森林也减少了过拟合的风险。

5.4　Boosting 方法与 Adaboost

5.4.1　Boosting 方法

与 Bagging 方法并行对基模型进行训练不同，Boosting 方法是一种串行训练基模型，它可以将弱学习模型提升为强学习模型。Boosting 方法的基本结构如图 5.4 所示，它首先使用全部数据训练第一个基模型，然后根据这个基模型学习的效果对拟参与学习的样本进行调整。具体来说，对样本设置不同的权重，当前基模型预测错误的样本分配较大的权重，从而使得抽样产生下一轮参与学习的训练集中包含较多的预测错误的样本。重复这一过程，直到基模型达到指定的数目，或者模型的预测效果达到预先指定的阈值。最后将所有基模型的预测结果通过 5.2 节中介绍的结合策略整合为集成学习模型的预测结果。

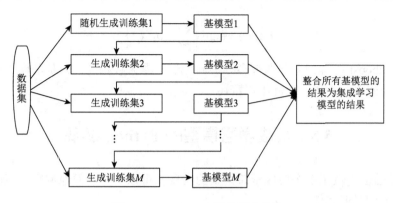

图 5.4　Boosting 方法的基本结构

Boosting 方法中基模型的训练样本与上一个基模型的预测结果相关，当前基模型重点关注上个基模型预测错误的样本。Boosting 方法加强了对预测错误样本的学习，最终使得集成学习模型的总体预测效果提升。

5.4.2　Adaboost

Adaboost[5]是 Boosting 集成学习模型的一个具体实现。Adaboost 是 Adaptive Boosting（自适应增强）的缩写。Adaboost 在对基模型的训练过程中调整样本的权重，重视对预测错误样本的学习；同时，还根据基模型预测的错误率为基模型分配一个权重。

假设使用 M 个基分类器处理有 N 个样本 $\{(x_1,y_1),(x_2,y_2),\cdots,(x_N,y_N)\}$ 的二分类问题，Adaboost 集成学习模型的基本步骤如下。

（1）初始化样本权重。为每一个样本初始化权重，所有的样本权重值为 $\omega_{k,i}=1/N$，$k=1$ 表示第一轮样本 i 的权重。

（2）训练基模型。根据样本的权重 $\omega_{k,i}$ 对样本进行抽样组成新的训练集，并使用该数据集对基模型 b_k 进行训练。

（3）计算基模型的权重。基模型 b_k 错误率的计算公式为

$$e_k = \sum_{i=1}^{N}\omega_{k,i}I \quad (b_k(x_i)\neq y_i)$$

于是基模型 b_k 权重值的计算公式为

$$\alpha_k = \frac{1}{2}\ln\frac{1-e_k}{e_k}$$

（4）更新样本的权重。样本的权重更新公式为 $\omega_{k+1,i}=e^{\alpha_k F(b_k(x_i),y_i)}$，若 $b_k(x_i)=y_i$，则 $F(b_k(x_i),y_i)=-1$；若 $b_k(x_i)\neq y_i$，则 $F(b_k(x_i),y_i)=1$。

（5）迭代训练多个基模型。令 $k=k+1$，重复步骤（2）～（5），直到基模型的个数达到规定的数目 M，或者模型的预测效果达到给定的阈值。

（6）结合基模型的预测结果。Adaboost 集成学习模型的预测结果为

$$\mathrm{En}(x_i) = \mathrm{sign}\left\{\sum_{k=1}^{M} \alpha_k b_k(x_i)\right\}$$

使用 Adaboost 处理回归问题或多分类问题的步骤大致相同，只是基模型权重和样本权重的计算公式略有不同，在此不再赘述。

5.5 集成学习模型的 Python 实现

Scikit-Learn 提供了多个集成学习模型的实现，可以十分方便地调用。下面以随机森林分类模型为例说明其使用方法。

导入 Scikit-Learn 中的随机森林分类模型函数，并将其赋给变量 model，设定随机森林中基模型的数目为 50，如程序 5.1 所示。

程序 5.1

```
from sklearn.ensemble import RandomForestClassifier
model=RandomForestClassifier(n_estimators=50)
```

程序 5.2

```
model.fit(X_train,Y_train)
```

使用数据 X_train 和 Y_train 对随机森林进行训练，X_train 为一个二维数组，或者为 Numpy 的数组，或者为 Pandas 的 DataFrame 对象，X_train 中的列表示该数据的属性，行表示该数据的样本；Y_train 为一个一维向量，表示对应的 X_train 中样本的类别标签。

程序 5.3

```
Y_pred=model.predict(X_test)
```

使用训练好的随机森林对样本数据 X_test 进行预测，X_test 的格式与 X_train 一样。

除基模型数目参数 n_estimators 外，随机森林还有一个重要参数 max_features，它表示在决策树分解过程中选择最优划分时考虑的属性的最大数目，默认为"auto"，即当前候选属性数目 n_features。它可以选择为一个整数，通常为该问题的全部属性的数目。它还可以选择为一个实数（大于 0 且小于 1），此时当前候选属性数目为 max_features*n_features 或"sqrt"，则 max_features = sqrt(n_features)；或者为"log2"，则 max_features = log2(n_features)。

Scikit-Learn 也提供了随机森林回归模型，具体函数为 RandomForestRegressor，用法与 RandomForestClassifier 基本一样。

此外，Scikit-Learn 还提供了 Adaboost 的实现，读者可以自行查看使用。

5.6 实例：信用卡还贷情况预测

本节将用某地区信用卡客户还贷情况预测为例来说明集成学习模型的应用。

该数据来源于知名数据挖掘竞赛网站 Kaggle，它包含了某地区 2005 年 4～9 月信用卡客户的相关信息，该问题需要使用 24 个相关属性来预测客户即将还贷的情况。各属性的详细信息如表 5.1 所示。

表 5.1　信用卡还贷情况问题的属性解释

编号	属性名	属性意义
1	ID	客户 ID
2	LIMIT_BAL	授信额度
3	SEX	性别
4	EDUCATION	客户受教育程度（1：研究生；2：本科生；3：高中生；4：其他；5、6：未知）
5	MARRIAGE	婚姻状况（1：已婚；2：单身；3：其他）
6	AGE	年龄
7	PAY_0	9 月还款状态（−1：按时还款；1：推迟 1 个月还款；2：推迟 2 个月还款；以此类推）
8	PAY_2	8 月还款状态
9	PAY_3	7 月还款状态
10	PAY_4	6 月还款状态
11	PAY_5	5 月还款状态
12	PAY_6	4 月还款状态
13	BILL_AMT1	9 月账单金额
14	BILL_AMT2	8 月账单金额
15	BILL_AMT3	7 月账单金额
16	BILL_AMT4	6 月账单金额
17	BILL_AMT5	5 月账单金额
18	BILL_AMT6	4 月账单金额
19	PAY_AMT1	9 月提前还款金额
20	PAY_AMT2	8 月提前还款金额
21	PAY_AMT3	7 月提前还款金额
22	PAY_AMT4	6 月提前还款金额
23	PAY_AMT5	5 月提前还款金额
24	PAY_AMT6	4 月提前还款金额
25	default.payment.next.month	下个月是否按时还款（1：违约；0：没有违约）

　　经查看，该数据样本中没有缺失值，但是存在很多异常值，例如，教育程度的值有 0，婚姻状况的值也有 0 等。对异常值进行简单的处理，将教育程度的值为 0、5、6 的样本中该值修改为 4，婚姻状况的值为 0 的该值修改为 3。

　　该数据集中各类样本所占比例相差较大。按时还款的样本接近 80%，没有按时还款的样本只有约 20%，这是一个典型的类别不平衡问题。采用不均衡采样的方法，从"按时还款"和"没有按时还款"的样本中各抽样 6 000 个样本构成数据集。

　　对数据集中的 12 000 个样本进行拆分，随机选取 80% 的样本作为训练集，20% 的样本作为测试集。训练集用来训练随机森林，并使用测试集来测试随机森林的性能。随机森林参数设置：基模型数目为 50。同时，使用决策树作为对比模型。

　　随机森林和决策树模型测试结果如表 5.2 所示，其 ROC 曲线如图 5.5 所示。

表 5.2　随机森林和决策树测试结果

模型	测试结果			
	准确率	查准率	查全率	AUC
随机森林	0.698 2	0.716 9	0.623 5	0.750 0
决策树	0.610 4	0.607 5	0.620 2	0.610 4

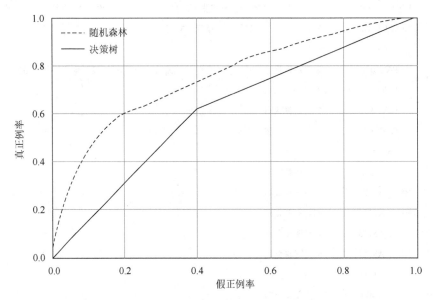

图 5.5　随机森林与决策树测试结果 ROC 曲线对比

通过以上结果可以发现,在本例中随机森林得到的结果在各个性能评估指标上都优于决策树。

5.7　本 章 小 结

集成学习模型是当前数据挖掘领域的一个热门研究课题,无论是其理论研究还是应用研究,已有很多相关文献。集成学习模型还在很多数据挖掘竞赛中大放异彩,特别适用于处理比较复杂的数据挖掘问题,比传统单个数据挖掘模型可以取得更好的效果。

本章首先介绍了集成学习模型的基本思想,然后重点分析了两个最常见的集成学习方法 Bagging 方法和 Boosting 方法,以及它们的典型实现。对集成学习模型的研究和开发日新月异,大量优秀的集成学习模型不断涌现,如 Xgboost 和 lightGBM 等。有兴趣的读者可以从官方网站查阅它们的相关原理和使用方法。

思 考 题

1. 尝试使用本章介绍的集成学习模型思想,使用之前学习过的数据挖掘模型,设计一个集成学习模型。

2. 集成学习模型的基模型应该选用哪些模型？

3. 集成学习模型的基模型数目该如何确定？

4. 分别分析 Bagging 和 Boosting 集成学习方法的特点。

习 题

1. 集成学习模型中要求基模型具有多样性，下列方法中无法用来提高基模型多样性的是（ ）。

A. 采用不同的基模型

B. 基模型采用不同的参数

C. 基模型采用不同的训练样本

D. 基模型采用不同的属性作为输入

E. 设计算法提高模型的预测精度

2. 关于随机森林，下列说法错误的是（ ）。

A. 随机森林是一种集成学习模型

B. 随机森林的基模型是决策树模型

C. Scikit-Learn 中，随机森林只能用于处理分类数据挖掘问题

D. 随机森林中基模型之间是并行的关系

3. 判断题：集成学习模型的效果必然会优于单个模型的效果。 （ ）

本章参考文献

[1] DIETTERICH T G. Ensemble methods in machine learning//Mutiple classifier systems[C]. Multiple Classifier Systems，2000：1-15.

[2] POLIKAR R. Ensemble based systems in decision making[J]. IEEE Circuits and Systems Magazine，2006，6（3）：21-45.

[3] BREIMAN L. Bagging perdictors[J]. Machine Learning，1996，24（2）：123-140.

[4] BREIMAN L. Random forests[J]. Machine Learning，2001，45：5-32.

[5] FREUND Y，SCHAPIRE R E. A decision-theoretic generalization of on-line learning and an application to boosting[C]. Conference on Learning Theory，1997，55（1）：119-139.

第 6 章　*k*-近邻

"物以类聚，人以群分"，前面几章已经对聚类算法有了较为全面的了解，本章将开始分类算法的学习。与聚类（clustering）算法不同的是，分类（classification）算法主要是通过对样本特征的学习，来预测新数据所属的类别。例如花朵的分类，通常在认识花的时候，会根据花的形状特征来判断其类别，那么同一类型的花朵具有哪些公共特征？根据特征判断花朵所属类别的依据是什么？这些都是花朵分类必须考虑的问题。

k-近邻（*k*-nearest neighbor，KNN）算法是数据挖掘的经典算法之一，没有复杂的数学推导过程，它是最简单的基于监督学习的机器学习分类算法。本章将基于鸢尾花这一公开数据集，使用 *k*-近邻算法对鸢尾花分类的过程进行实战训练。

6.1　数据在不同维度上分布的分类表现

首先以 Iris 分类的实例来观察数据在不同维度上分布的分类表现。该数据集可以通过可以在 sklearn 的数据集中直接导入 datasets.load_Iris 数据集。在 Iris 数据集中，鸢尾花有萼片长度、萼片宽度、花瓣长度和花瓣宽度四个特征，如图 6.1 所示。它的品种分类有山鸢尾、变色鸢尾和菖蒲锦葵三种。

图 6.1　鸢尾花

Iris 数据集共包含 150 种鸢尾花的特征和种类标识，这里选取部分来展示数据集的表现形式，如表 6.1 所示。需要注意的是，在机器学习中要求数据全部都是数值类型，加利福尼亚大学欧文分校（University of California Irvine，UCI）提供的 Iris 数据集分类

类别是文本，因此需要进行编码转换，这里分别使用 0、1 和 2 表示山鸢尾、变色鸢尾
和菖蒲锦葵。

表 6.1 Iris 数据集

萼片长度	萼片宽度	花瓣长度	花瓣宽度	种类	编码
6.5	3.0	5.5	1.8	菖蒲锦葵	2
5.1	3.8	1.6	0.2	山鸢尾	0
6.3	2.5	5.0	1.9	菖蒲锦葵	2
4.9	2.5	4.5	1.7	菖蒲锦葵	2
5.7	2.8	4.1	1.3	变色鸢尾	1
6.5	3.0	5.5	1.8	菖蒲锦葵	2

从表 6.1 的 Iris 数据集可以发现，每一行表示一个鸢尾花样本的四个维度特征，最后
一列表示鸢尾花的种类。这就是典型的监督学习样本，样本中的每个数据已经具备明确的
类别标识，以这个样本为训练对象，通过算法来预测未知样本的类型。

首先用二维特征向量空间作为参考系来举例说明，选取样本的萼片长度和萼片宽度两
个特征值来展示样本集的分布形式，如图 6.2 所示。

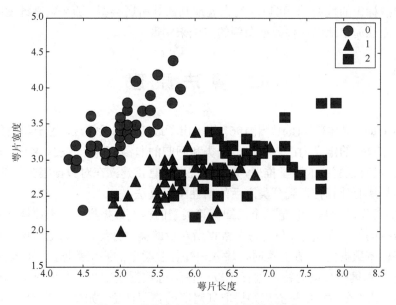

图 6.2 萼片长度和萼片宽度的样本分布

在图 6.2 中，用不同颜色和形状的点标识三种不同的类别。从图中可以发现，类型 0
的特征点分布较为集中，类型 1 和类型 2 的特征点分布较为离散，很难将它们区分开来。

接着进一步考虑更多的特征属性，使用三维特征向量空间作为参考系，选取鸢尾花的

三个特征属性（萼片长度、萼片宽度和花瓣长度）来展示样本集的分布，如图 6.3 所示。

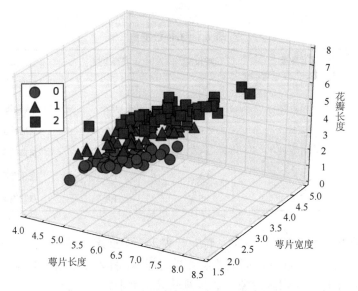

图 6.3   萼片长度、萼片宽度和花瓣长度的样本分布

从图 6.3 可以发现，几种类型之间已经具有一定的层次结构，分类效果更为明显。当面对未知类型标识的数据时，可以较为直观地判断其所属类型。那么更高维度的空间分布呢？显然，无法简单地以这种数据图例的方法来实现。

6.2   算 法 原 理

科弗（Cover）和哈特（Hart）于 1967 年提出了最初的邻近算法，用于解决分类问题[1]。维基百科中 KNN 的定义为：一种用于分类和回归的非参数统计方法。KNN 是一种基于实例的学习，没有很复杂的数学推理，其分类过程是直接建立在对数据集分类的基础上的，因此也称为将所有计算推迟到分类之后的惰性学习算法。

KNN 的工作原理是：给定一个已知标签类型的样本数据集，如果该样本数据集中既包含样本数据的特征向量，又包含每个数据所对应的类型标签，那么把这样的样本数据集称为"训练样本数据集"。在分类时，输入未知标签类型的测试数据，将测试数据的每个特征与训练样本集中数据的特征进行比较，在训练数据集中找到与测试样本最相似的 k 个数据，并在这 k 个数据中根据规则提取其对应的类型标签（如在 k 个数据中出现频率最高的类别）作为该测试数据的分类标签，从而预测该测试数据所属的类别。这里的最相似数据，即 KNN 算法中的最近邻[1]。基于对算法效率的考虑，一般 k 的取值为小于等于 20 的整数。后面在 6.4 节我们将详细讨论 k 的取值。

KNN 算法既可以处理分类问题，测试数据的类型由所有 k 个最近邻点投票决定，也可以处理回归问题，测试数据的值是所有 k 个最近邻点值的均值或众数。其分类算法流程如下。

（1）计算测试数据与训练数据特征值之间的距离；

（2）对距离按照规则进行排序（递增）；

（3）选取最近邻的 k 个数据进行分类决策（投票法）；

（4）预测测试数据的分类。

6.3　相似度与距离

6.3.1　二维向量空间的 KNN 分类

在使用 KNN 进行分类时，输入一个测试数据的特征向量后，需要计算测试数据与训练样本数据的特征值距离。在特征空间中，两个数据点之间的距离，通常用两个数据点之间的相似度反映。那么 KNN 是如何度量和比较的呢？下列以一个二维向量空间举例说明。如图 6.4 所示，分别在山鸢尾和变色鸢尾两个类别中各选取 2 个数据点，这里只选取每个数据点的两个特征值，即 Iris Setosa：$A(4.3,3.0)$，$B(4.8,3.0)$；Iris Versicolor：$C(6.4,3.2)$，$D(7.0,3.2)$。现在对于给定的测试数据（图中五角星标识），怎样判断其测试数据点 $X(6.9,3.1)$所属的类别呢？

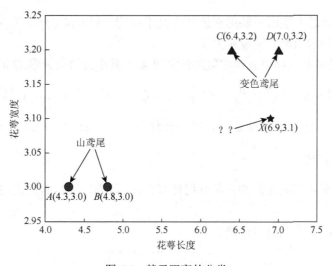

图 6.4　基于距离的分类

6.1 节中提到 KNN 是通过距离来度量数据点之间相似度的，其实从图 6.4 中可以直观地发现，该五角星标识的测试数据点与 Iris Versicolor 类别的两个数据点距离更近，因此可能属于 Iris Versicolor 类别。下面使用简单的两点距离公式分别计算测试数据点与各样本数据点之间的距离，即

$$|AB| = \sqrt{(x_1 - x_2)^2 + (y_1 - y_2)^2} \tag{6.1}$$

通过该公式计算，得到各点之间的距离如下。

对于 Iris Setosa 类别：X 与 A、B 之间的距离分别为 2.6、2.1。

对于 Iris Versicolor 类别：X 与 C、D 之间的距离分别为 0.5、0.1。

根据 6.2 节中讲到的 KNN 分类算法过程，在计算距离之后，按照距离的递增次序排序，这里根据计算结果可知，距离的次序为 $|XD| \rightarrow |XC| \rightarrow |XB| \rightarrow |XA|$，选取与当前点距离最小的 k 个数据点。

当 $k = 1$ 时，测试数据点 X 与特征点 D 之间的距离最近为 0.1。若以此为判断准则，则点 X 属于特征点 D 所属的类别 Iris Versicolor，该算法为最近邻算法（nearest neighbor），即将训练集中与测试数据点距离最近的特征点的类别作为测试数据点的分类。

当 $k > 1$（如 $k = 3$）时，即选取距离最近的前 3 个点（D、C、B），根据分类规则（这里选择"出现频率"）选择类别出现频率最高的一个。由计算结果可以发现，类别 Iris Versicolor 出现的频率最高，为 2 次（C 和 D），因此可以判断测试数据点 X 的分类为 Iris Versicolor。

然而，在通常情况下，面对的数据集往往是一个多维的特征向量空间，这个时候就需要度量两点之间的空间距离。

6.3.2　多维向量空间的 KNN 分类

不同的距离计算方法所反映的最近邻点是不同的，对 KNN 分类精度的影响也不同。下面简要介绍几种常用的距离度量方法。

假设 KNN 的特征空间是 n 维实数向量空间 $\mathbf{R}^n$，其中数值点 P 和 Q 的坐标向量表示为

$$P = \boldsymbol{x}_i = \left(x_i^{(1)}, x_i^{(2)}, \cdots, x_i^{(n)} \right)^{\mathrm{T}}, \qquad Q = \boldsymbol{x}_j = \left(x_j^{(1)}, x_j^{(2)}, \cdots, x_j^{(n)} \right)^{\mathrm{T}} \tag{6.2}$$

式中：$\boldsymbol{x}_i, \boldsymbol{x}_j \in X \subseteq \mathbf{R}^n$（$1 \leqslant i, j \leqslant n$），需要计算点 P 与点 Q 之间的距离 L。

1. 欧几里得距离

欧几里得距离是空间距离的一种常用计算方法，该方法源自欧几里得空间中两点间的直线距离公式[3]。

（1）二维空间的欧几里得距离为

$$L(\boldsymbol{x}_i, \boldsymbol{x}_j) = \sqrt{\left(x_i^{(1)} - x_j^{(1)} \right)^2 + \left(x_i^{(2)} - x_j^{(2)} \right)^2} \tag{6.3}$$

（2）三维空间的欧几里得距离为

$$L(\boldsymbol{x}_i, \boldsymbol{x}_j) = \sqrt{\left(x_i^{(1)} - x_j^{(1)} \right)^2 + \left(x_i^{(2)} - x_j^{(2)} \right)^2 + \left(x_i^{(3)} - x_j^{(3)} \right)^2} \tag{6.4}$$

（3）n 维空间的欧几里得距离为

$$L(\boldsymbol{x}_i, \boldsymbol{x}_j) = \sqrt{\left(x_i^{(1)} - x_j^{(1)} \right)^2 + \left(x_i^{(2)} - x_j^{(2)} \right)^2 + \cdots + \left(x_i^{(n)} - x_j^{(n)} \right)^2} \tag{6.5}$$

2. 曼哈顿距离

曼哈顿距离也称计程车几何（taxicab geometry），是 19 世纪的赫尔曼·闵可夫斯基（Hermann Minkowski）所创造的词汇，为欧几里得几何度量空间的几何学用语，用以标明在标准坐标系上的两个点之间的绝对轴距的总和[3]。如图 6.5 所示，假设其为一个城市交通路网，图中横竖深色部分为道路，白色方块为建筑物。图中路径 1 为点 A 到点 B 的欧几里得距离，即直线距离；路径 2 即为曼哈顿距离；路径 3 和路径 4 为等价的曼哈顿距离。

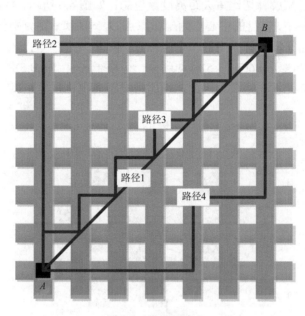

图 6.5　曼哈顿距离

假设一辆汽车要从点 A 移动到点 B，那么点 A 与点 B 之间的驾驶距离是这两个点之间的直线距离（路径 1）吗？从图中可以发现，如果用路径 1 作为两点之间的驾驶距离，那么就意味着该汽车要穿越很多的建筑物。因此，该汽车的实际驾驶距离应该是图中的路径 2、路径 3 或路径 4，这里的"实际驾驶距离"就是曼哈顿距离。

曼哈顿距离也可以定义为 L1-距离或城市区块距离，即在欧几里得空间的固定直角坐标系中，两点所形成的线段对轴产生的投影的距离总和。

假设图 6.5 中每一个小方格的边长为 1，则路径 1 表示的欧几里得距离为 $6 \times \sqrt{2} \approx 8.486$；路径 2、路径 3 和路径 4 都表示曼哈顿距离，它们都拥有相同的长度（12）。

曼哈顿距离在不同维度空间的计算方法如下。

（1）二维空间的曼哈顿距离为

$$L(\boldsymbol{x}_i, \boldsymbol{x}_j) = \left| x_i^{(1)} - x_j^{(1)} \right| + \left| x_i^{(2)} - x_j^{(2)} \right| \tag{6.6}$$

（2）三维空间的曼哈顿距离为

$$L(\boldsymbol{x}_i, \boldsymbol{x}_j) = \left| x_i^{(1)} - x_j^{(1)} \right| + \left| x_i^{(2)} - x_j^{(2)} \right| + \left| x_i^{(3)} - x_j^{(3)} \right| \tag{6.7}$$

（3）n 维空间的曼哈顿距离为

$$L(\pmb{x}_i, \pmb{x}_j) = \left| x_i^{(1)} - x_j^{(1)} \right| + \left| x_i^{(2)} - x_j^{(2)} \right| + \cdots + \left| x_i^{(3)} - x_j^{(3)} \right| \qquad (6.8)$$

3. 切比雪夫距离

切比雪夫距离是向量空间中的另一种距离度量方法，由俄罗斯数学家切比雪夫（Chebyshev）提出，它将平面直角坐标系上两点之间的距离定义为两点坐标数值差的最大值。

下面以一个例子来解释切比雪夫距离度量思想。如图 6.6 所示，将国际象棋棋盘放到一个平面直角坐标系中，棋盘的中心点为坐标原点 O，x 轴和 y 轴分别与棋盘的两边平行，棋盘上的每一个小格子即坐标系上的一个坐标点。假设"国王"当前处于棋盘的 F6 位置，那么"国王"从一个格子 F6(1.5,1.5)移动到另一个格子 C5(−1.5,0.5)所需要的步数，即为两个坐标点之间的切比雪夫距离。因此，切比雪夫距离也称棋盘距离。

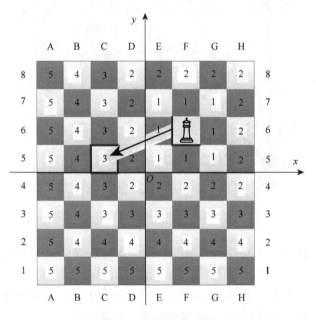

图 6.6　切比雪夫距离

假设棋盘中小格子的边长为 1，"国王"可以从四边和对角移动到下一个格子，则"国王"从位置 F6 移动到位置 C5 的步数为 3 步。反映在平面直角坐标系中，坐标点 F6 与坐标点 C5 之间的切比雪夫距离为 3。

不同维度空间下的切比雪夫距离计算方法如下。

（1）二维空间的切比雪夫距离为

$$L(\pmb{x}_i, \pmb{x}_j) = \max \left\{ \left| x_i^{(1)} - x_j^{(1)} \right|, \left| x_i^{(2)} - x_j^{(2)} \right| \right\} \qquad (6.9)$$

（2）n 维空间的切比雪夫距离为

$$L(\pmb{x}_i, \pmb{x}_j) = \max_l \left| x_i^{(l)} - x_j^{(l)} \right| \quad (l : 1 \to n) \qquad (6.10)$$

4. 闵可夫斯基距离

从某种意义上来说，闵可夫斯基距离并不是特指某一种距离，而是对于不同条件的一组距离的定义[3]，其具体的表达形式如下。

给定 n 维向量中的两个特征点，它们之间的闵可夫斯基距离为

$$L_p(\boldsymbol{x}_i, \boldsymbol{x}_j) = \left(\sum_{l=1}^{n} \left| x_i^{(l)} - x_j^{(l)} \right|^p \right)^{1/p} \tag{6.11}$$

当 $p = 2$ 时，为欧几里得距离，$L_2(\boldsymbol{x}_i, \boldsymbol{x}_j) = \left(\sum_{l=1}^{n} \left| x_i^{(l)} - x_j^{(l)} \right|^2 \right)^{1/2}$；

当 $p = 1$ 时，为曼哈顿距离，$L_1(\boldsymbol{x}_i, \boldsymbol{x}_j) = \sum_{l=1}^{n} \left| x_i^{(l)} - x_j^{(l)} \right|$；

当 $p = \infty$ 时，为切比雪夫距离，$L_\infty(\boldsymbol{x}_i, \boldsymbol{x}_j) = \max_l \left| x_i^{(l)} - x_j^{(l)} \right|$。

这里仅仅列举了几种常见的距离度量方法，通常情况下，KNN 分类算法选择欧几里得距离作为特征点之间的距离度量。关于几种度量方法的差异，大家可以通过实验来体验。

6.4　k 值的选择

对于一个给定的训练样本数据集，KNN 算法计算测试数据点与训练样本数据点的特征值之间的距离之后，需要根据 k 值选取相应数量的最近邻居，以此来判断测试数据点的类型。当 $k = 1$ 时，KNN 算法即最近邻算法，如图 6.7 所示。

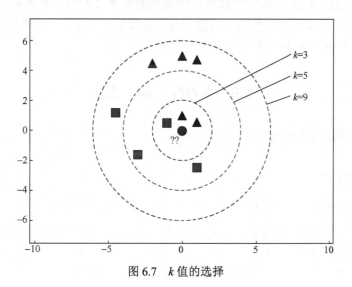

图 6.7　k 值的选择

假设这里选择"出现频率"作为分类规则，观察图 6.7 可以发现，不同的 k 值选择，对测试数据点的类型判断也不尽相同。图中三角形和正方形分别标注两种类型的训练样本数据点，中间的圆点为待分类的测试数据点。从图中可以看到，当 $k = 3$ 时，测试数据的

分类为三角形类别（出现频率更高）；当 $k = 5$ 时，分类为正方形类别；当 $k = 9$ 时，分类为三角形类别。因此，k 值的选择对 KNN 算法的结果会产生直接重大影响。

k 值越小，近邻选择的范围越小。优点在于只有与测试数据较近的样本特征值才能对分类产生影响，并且分类的近似误差也会更小；缺点在于分类时的估计误差会增大，若近邻点刚好为噪声，则容易产生分类错误。因此，太小的 k 值意味着分类模型整体更为复杂，容易出现过拟合。

k 值越大，近邻选择的范围越大。优点在于扩大了判断的范围，减少了分类中的估计误差；缺点在于判断范围扩大之后，距离较远的训练数据也会对分类预测产生影响，使分类的近似误差增大。太大的 k 值意味着分类模型整体过于简单，容易在训练过程中忽略掉一些有用信息。

在实际应用中，一种方法是直接选择一个较小的 k 值；另一种方法是预先确定几个不同的 k 值，然后通过多次交叉验证，比较不同 k 值时的交叉验证平均误差率，再选取最优的 k 值。但总体而言，k 的取值一般不宜过大。

6.5　分类决策规则

分类决策指的是在获取 k 个最近邻的样本特征值之后，采用什么样的规则来预测测试数据点的类别。KNN 的分类决策一般采用多数表决法或加权多数表决法。

（1）多数表决法。多数表决法选取的 k 个最近邻样本数据点具有相同的权重，分类依据为 k 个最近邻样本中类别频率最多的那个类别。

（2）加权多数表决法。加权多数表决法选取的 k 个最近邻样本数据点具有不同的权重，在计算权重时通常采用权重与距离成反比，也就是距离越小，权重越大，分类依据为 k 个最近邻样本中出现权重最大的那个类别。

6.6　KNN　算　法

KNN 分类算法的描述如下[3, 4]。

➤输入。

训练样本数据集

$$T = \left\{ (\boldsymbol{x}_1, y_1), (\boldsymbol{x}_2, y_2), \cdots, (\boldsymbol{x}_n, y_n) \right\} \quad \left(\boldsymbol{x}_i = \left(x_i^{(1)}, x_i^{(2)}, \cdots, x_i^{(n)} \right)^{\mathrm{T}} \in X \subseteq \mathbf{R}^n; 1 \leqslant i \leqslant n \right)$$

为样本数据的特征向量；$y_i \in \boldsymbol{y} = \{c_1, c_2, \cdots, c_n\}$ $(i = 1, 2, \cdots, n)$ 为样本数据的类别标签；待分类测试数据的特征向量为 $\boldsymbol{x}$。

➤输出。

输出特征向量 $\boldsymbol{x}$ 的分类 y。

➤算法过程。

（1）根据给定的距离度量方法，分别计算样本集 T 中各样本数据点与测试数据点之间的距离（如欧几里得距离）；

（2）对计算后的距离进行排序，选取与测试数据点最近邻的 *k* 个样本点集合，其对应的特征向量集标识为 $N_k(x)$；

（3）在最近邻样本向量集 $N_k(x)$ 中，根据分类决策规则（如多数表决法）对测试数据点进行分类，判断特征向量 **x** 的分类 *y*，即

$$y = \arg\max_{c_j} \sum_{x_i \in N_k(x)} I(y_i = c_j) \tag{6.12}$$

式中：$i = 1, 2, \cdots, n$；$j = 1, 2, \cdots, k$；*I* 为指示函数，若 $y_i = c_j$ 为真则 $I = 1$，否则 $I = 0$。

KNN 分类算法的特点在于它没有显式的训练过程，在算法训练过程中，只是先将样本数据的特征值和标签保存起来，待收到测试样本之后再做分类处理。

6.7　*k*d　树

6.6 节在使用 KNN 算法对测试数据点进行分类时，需要计算测试数据点与训练样本集中每个数据点之间的距离，对距离进行排序，进而找出其中最近邻的 *k* 个样本数据。该方法的优势在于简单有效，但是当训练样本集过大时，该方法的计算过程将比较耗时。为了提高 KNN 算法的搜索效率，减少距离计算的次数，通常采用 *k* 维（*k*-dimensional，*k*d）树方法。

*k*d 树是对数据点所在的 *k* 维空间进行划分的一种数据结构，主要应用于多维空间的关键数据搜索（如范围搜索或最近邻搜索），本质上是一种平衡二叉树[4]。下面分别从构造 *k*d 树和使用 *k*d 树进行最近邻搜索的算法思想来描述其应用过程，如图 6.8 所示。

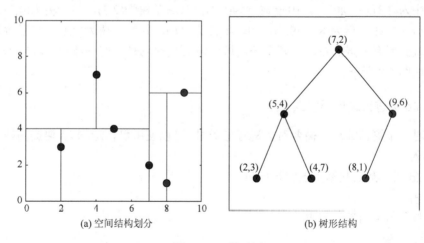

(a) 空间结构划分　　　　　　　(b) 树形结构

图 6.8　*k*d 树示例

1. 构造 *k*d 树

➢输入。

空间维度为 k；训练样本集 $T = \{x_1, x_2, \cdots, x_n\}$ $\left(x_i = \left(x_i^{(1)}, x_i^{(2)}, \cdots, x_i^{(n)}\right)^{\mathrm{T}} \in X \subseteq \mathbf{R}^k\right)$ 为样本数据的特征向量；$x = \left(x^{(1)}, x^{(2)}, \cdots, x^{(k)}\right)^{\mathrm{T}}$；$n$ 为样本集的数量。

➢输出。

输出 kd 树。

➢算法过程。

（1）构造根节点。初始阶段选择 $x = \left(x^{(1)}, x^{(2)}, \cdots, x^{(k)}\right)^{\mathrm{T}}$ 中第一个维度坐标为当前空间划分的坐标轴，以切分坐标轴维度的坐标值为参考，对数据集中点进行排序；然后以数据集长度的中位数作为切分点，将空间划分为两个子区域。

例如 $T = \{(2,3), (5,4), (9,6), (4,7), (8,1), (7,2)\}$，其第一坐标轴 x 轴的值分别为 2,5,9,4,8,7，以此进行排序，排序后的集合为 $\{(2,3), (4,7), (5,4), (7,2), (8,1), (9,6)\}$，数据集中共有 6 个点，因此选取其中位数点为 (7,2)。注意，这里是数据集长度的中位数，而不是 2,5,9,4,8,7 数值的中位数。当前以 $x = 7$ 为轴进行划分。

（2）子节点。经过一次空间划分之后，产生了一个深度为 1 的二叉树，具有左、右子节点，左子节点对应于切分点左侧的子区域，如 (2,3), (4,7), (5,4)；右子节点对应于切分点右侧的子区域，如 (8,1), (9,6)；落在切分点所在平面上的点保存到根节点，如 (7,2)。

（3）重复步骤（1）和步骤（2），分别对左侧子区域和右侧子区域的坐标点进行同样的空间划分。在划分空间时，随着 kd 树层次的递进，在数据点的各维度坐标中轮流选择其作为空间划分的坐标轴。即对 k 维坐标，当前深度为 d 的子节点，选择 $x^{(w)}$ 为切分的坐标轴，$w = (d \bmod k)$。这里为了和列表的索引一致，设根节点为第 0 层。在该示例中，当深度为 2 时的左子树坐标为 (2,3), (4,7), (5,4) 时，选择 y 轴作为切分坐标轴，并以 y 轴坐标进行排序为 (2,3), (5,4), (4,7)，中位数点为 (5,4)，其左子树为 (2,3)，右子树为 (4,7)；同样，对于 (8,1), (9,6)，排序后为 (8,1), (9,6)，中位数点为 (9,6)，其左子树为 (8,1)，右子树为空。

（4）直到所有节点的左、右两个子区域中没有数据点时，切分停止，输出 kd 树，其划分效果如图 6.8 所示。

2. 用 kd 树进行最近邻搜索

当面对一个测试数据点需要对其进行分类时，可以使用已构造的 kd 树提高搜索效率。

➢输入。

输入 kd 树；测试数据点的特征向量 x。

➢输出。

测试数据点 x 的最近邻点。

➢算法过程。

（1）在根据训练样本数据集构造的 kd 树中查找包含测试数据点 x 的叶节点。从给定的 kd 树的根节点出发，从左到右，从上到下，依次递归检索 kd 树的各叶节点。若测试数据点 x 当前维度的坐标值小于切分点的坐标值，则查找当前节点的左子节点；反之则查找其右子节点。需要注意的是，在查找过程中，需要保存查找路径，即查找各节点的顺序，以便下面回退时可以参照该路径，借鉴栈的思想（先进后出）来保存各节点的检索顺序。

（2）以此叶节点为"当前最近点"，注意此时的"当前最近点"可能并不是"真实最近点"。

（3）按照步骤（1）中保存的检索路径，递归向上回退，一直回退到 kd 树的父节点。以测试数据点 *x* 为圆心，以 *x* 与"当前最近点"之间的距离为半径，构造超球体，则"真实最近点"一定在该超球体内。检查该节点的父节点的另一个子节点所在的超平面是否与超球体相交。若相交，表示可能在该子节点对应的空间内存在距离测试数据点更近的样本点，则进入其另一侧的子节点，并递归向下搜索；若不相交，表示在该子节点对应的空间内不可能存在距离更近的样本点，则向上回退。

（4）当回退到根节点时，搜索结束。最后的"当前最近点"就是测试数据点 *x* 的最近邻点。

如图 6.9 所示，根据样本数据构造 kd 树，对于测试数据点（五角星标识，坐标为(2.5,3.5)），搜索其最近邻点。

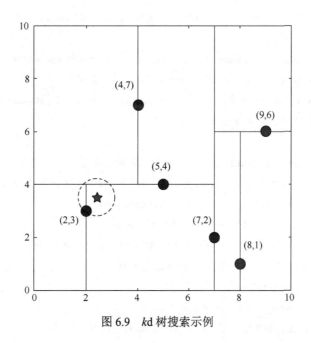

图 6.9 kd 树搜索示例

根据该 kd 树进行搜索，先找到根节点(7,2)，空间根据 $x = 7$ 进行划分，比较 x 轴的坐标值，进而找到其左叶节点(5,4)，同理找到当前最近邻的叶节点为(2,3)。假设"当前最近点"是点(2,3)，则最近邻点一定在以测试数据点(2.5,3.5)为圆心、以测试数据点(2.5,3.5)与"当前最近点"(2,3)之间的距离(0.707)为半径的圆内。

为了查找"真实最近点"，根据搜索规则，首先回退到其父节点(5,4)，并判断在该父节点的其他子节点空间是否有距离更近的样本数据点。如图 6.9 所示，圆与父节点(5,4)所在的空间相交，"当前最近点"是其父节点的左子节点，因此需要查找其右子节点(4,7)。根据计算发现测试数据点(2.5,3.5)与该右子节点(4,7)之间的距离(3.808)要远大于与"当前最近点"的距离，因此在父节点(5,4)的子节点内没有距离更近的点，继续回退到根节点

(7,2)，停止回退，返回最近邻点(2,3)。

通过示例发现，*kd* 树对于提高算法的搜索效率具有重要作用，特别是在训练样本与空间维度接近的时候，*kd* 树的搜索接近于线性扫描。当训练样本远大于空间维度时，*kd* 树的效率优势更明显。

6.8　实例：鸢尾花分类

6.6 节和 6.7 节中描述了 KNN 算法和 *kd* 树算法的思想及实现过程，在实际使用过程中，通常不需要自己去构造 KNN 算法或 *kd* 树算法，而是采用直接调用 sklearn 库中的 KNN 模块、*kd* 树模块和 Iris 数据集模块，如程序 6.1 所示。

程序 6.1

```
In[1]:    import numpy as np
          from sklearn.neighbors import KNeighborsClassifier
          #导入 KNN 分类模块
          from sklearn.neighbors import KDTree #导入 kd 树模块
          from sklearn import datasets #导入数据集模块
          from sklearn.model_selection import train_test_split
          #将矩阵随机划分为训练子集和测试子集

          iris=datasets.load_iris()  #导入鸢尾花数据集
          data_train,data_test,target_train,target_test=train_test
          _split(iris.data,iris.target,test_size=0.3)
          #将数据集按照 0.3 的比例分为训练集和测试集
          knn=KNeighborsClassifier(n_neighbors=3,algorithm='kd_tree')
          #定义一个 KNN 分类器对象,n_neighbors 为 k 值, algorithm 为算法
          ('auto'、'kd_tree'、'ball_tree'等)
          knn.fit(data_train,target_train)
          #用 fit 方法训练模型, 传入特征集和训练集的数据

          score=knn.score(data_test,target_test)
          #把测试集的数据传入即可得到模型的评分
          predict=knn.predict([[0.1,0.2,0.3,0.4]])
          #预测给定样本数据对应的标签

          print(score)
          print(predict)
Out[1]    0.93333333333333333
          [0]
```

思　考　题

参考 6.6 节中 KNN 算法，并结合 6.8 节中的实训过程，思考在不同 *k* 值情况下的分类效果，以及如何优化。

习　　题

参考 6.7 节中 *k*d 树的构造过程，构造 $T=\{(2,7),(5,8),(9,6),(9,7),(8,1),(7,6)\}$ 的 *k*d 树。

本章参考文献

[1]　COVER T M，HART P E. Nearest neighbor pattern classification[J]. IEEE Transactions on Information Theory，1967，13（1）：21-27.

[2]　周志华. 机器学习[M]. 北京：清华大学出版社，2016：200.

[3]　李航. 统计学习方法[M]. 北京：清华大学出版社，2012：37-44.

[4]　HARRINGTON P. 机器学习实战[M]. 李锐，李鹏，曲亚东，等，译. 北京：人民邮电出版社，2013：15-28.

第7章 支持向量机

支持向量机（support vector machine，SVM）算法同样是数据挖掘的经典算法之一。该算法思想是：依据距离最大化的特点，在特征空间内用线或平面将数据集划分为两类，这里的距离指的是特征空间中距离分隔线或面最近的点到分隔线或面的距离。

本章将使用 Python 3 编写代码对 SVM 分类过程进行实战训练。

7.1 SVM 算法介绍

SVM 是一种分类模型，是一个定义在特征空间上间隔（距离）最大的线性分类器。SVM 将训练样本数据集表示为特征空间中的点，将各个类别的训练数据使用超平面进行分隔，在预测时，输入一个新的测试数据点，若该测试数据点在特征空间的位置分布在超平面的某一侧，则判断该测试点的类别即为该侧所对应的类别。

针对不同的训练样本数据，SVM 可以分为三种类型。

（1）线性可分支持向量机。针对线性可分的训练样本数据集，通过硬间隔最大化，训练得到一个线性支持向量机，即可以用一个超平面将训练样本数据集分隔开，该算法称为线性可分支持向量机，也称硬间隔支持向量机[1]。

（2）线性不可分支持向量机。针对线性不可分的训练样本数据集，通过软间隔最大化，将线性不可分数据集映射到一个高维度的空间中，训练得到一个线性支持向量机，该算法称为线性不可分支持向量机，也称软间隔支持向量机[1]。

（3）非线性支持向量机。针对非线性的训练样本数据集，通过核技巧和软间隔最大化，训练得到一个非线性支持向量机，该算法称为非线性支持向量机[2]。

通常情况下，SVM 用来支持线性分类，但是，当采用核技术之后，SVM 也可以支持非线性分类，如图 7.1 所示。

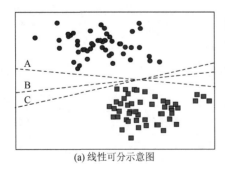

(a) 线性可分示意图

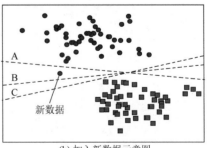

(b) 加入新数据示意图

图 7.1 线性可分数据集分布示意图

通常在数据集为线性可分的情况下分类存在两个类型，如图 7.1（a）所示，分别用正方形和圆形的点表示。如果需要把数据集中的两个类型在图中区分开来，可能存在多条直线，如图中给出了 A、B、C 三种方案，这些虚线也被称为分离超平面或决策面。每个分离超平面对应一个线性分类器，不同方案对应的分类效果不尽相同，如图 7.1（b）所示。对于新的测试数据点，若选择 A 方案，则新数据点为 A 的分离超平面的下侧类型；若选择 B 方案或 C 方案，则新数据点为 B 或 C 的分离超平面的上侧类型。

SVM 需要选择一个最优放置直线的方案，通常选择训练数据集中距离分隔直线最近的样本数据点到直线距离最大的一条直线，即最优解。这些样本数据点也就是"支持向量"。但是，当数据集为非线性时，如图 7.2（a）所示，需要核技巧和软间隔最大化将正方形和圆形的点映射到三维空间平面上，通过构造超平面将其区分，如图 7.2（b）所示。

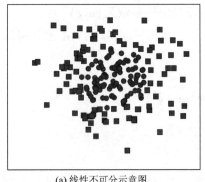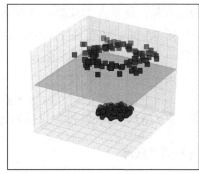

(a) 线性不可分示意图　　　　　　　　(b) 分离超平面示意图

图 7.2　线性不可分数据集分布示意图

接下来将在 7.2～7.4 节分别对线性可分支持向量机、线性不可分支持向量机和非线性支持向量机进行数据建模[3-9]。

7.2　线性可分支持向量机

7.2.1　原始问题

将求解线性可分支持向量机的最优化问题作为原始最优化问题。

对于一个给定的已知样本标签的训练样本数据集 $T = \{(x_1, y_1), (x_2, y_2), \cdots, (x_n, y_n)\}$（$X = \mathbf{R}^n$ 为训练样本数据集；n 为空间维度；$x_i = (x_i^{(1)}, x_i^{(2)}, \cdots, x_i^{(n)})^{\mathrm{T}}$ 为训练样本数据集中第 i 个样本点的特征向量；$i = 1, 2, \cdots, n$；$y_i \in y = \{-1, +1\}$ 为该样本数据的分类标签），由于 SVM 通常用于二分类问题，用 -1 和 $+1$ 分别表示对应的两个类别，当 $y_i = -1$ 时称样本点 x_i 为负例，当 $y_i = +1$ 时称样本点 x_i 为正例。

1. SVM

当训练数据集为线性可分时，SVM 算法期望能够在样本数据分布的特征空间中计算得到一个分离超平面，使得所有的样本（正例和负例）都可以按照其对应的类别，分布到超平面两侧。

这里需要注意的是，坐标系中的数据点是根据样本数据点的属性值来确定的。例如，样本集中数据点 x 的特征属性值只有 2 个，为 (x_1, x_2)，将其映射到一个二维平面坐标系中，该数据点的 x 轴坐标为 x_1，y 轴坐标为 x_2。因此，在二维空间中，求解一个分离超平面，实际上就是求解一条直线 $x_m = ax_n + b$，进一步可以转化为 $ax_n - x_m + b = 0$。于是，当把这个问题映射到一个 n 维向量空间时，可以将分离超平面定义为

$$w \cdot x + b = 0 \tag{7.1}$$

式中：w 为列向量；标量 b 为截距；求解分离超平面的参数为 (w, b)。

例如，在图 7.1 中，当特征空间中存在多个分离超平面时，SVM 通常根据距离最大化策略，选择一个最优的分离超平面 $w^* \cdot x + b^* = 0$。

由此，定义分类决策函数为

$$f(x) = \text{sign}(w^* \cdot x + b^*) \tag{7.2}$$

该分类决策函数 $f(x)$ 即为线性可分支持向量机。

2. 分类预测可靠度

在使用 SVM 对训练样本进行分类时，通常采用分类预测可靠度来评估分类算法的可靠程度。对于一个给定超平面 $w \cdot x + b = 0$ 和样本点 x_i，使用样本数据与分离超平面的距离 $|w \cdot x_i + b|$ 表示分类预测的可靠程度。即距离分离超平面越近，该数据的分类越不可靠；反之，距离越远，该数据的分类越可靠。

若 $w \cdot x_i + b$ 的算术符号与样本数据点的分类标签 y_i 的符号一致，则表示分类正确；反之，则表示分类错误。当 $w \cdot x_i + b > 0$ 时，样本点 x_i 位于超平面的上侧，点 x_i 分为正例；当 $w \cdot x_i + b \leq 0$ 时，点 x_i 分为负例。因此，也可以用 $y(w \cdot x + b)$ 的符号来表示算法分类的正确性。

3. 分类间隔

在 n 维特征空间中，对于训练样本数据集 T、样本数据点 x_l 和超平面参数 (w, b)，定义支持向量对应的样本点与超平面之间的函数间隔为

$$\hat{d}_l = y_i \cdot \left(|w \cdot x_i + b| \right) \tag{7.3}$$

同理，可以定义训练样本数据集 T 与超平面之间的函数间隔为

$$\hat{d} = \min_{x_i \in T} \hat{d}_l \tag{7.4}$$

即选取训练样本数据集 T 中的所有样本点与超平面之间函数间隔的最小值。

但是，当前函数间隔还存在一定的问题，例如，当将 w 和 b 同时扩大 m 倍时，虽然超平面 $mw \cdot x + mb = 0$ 不变，但是函数间隔却变为原来的 m 倍。然而，在求解分隔超平面

的时候，期望求解 (w,b)，使得间隔最大化，如果对于给定的训练样本数据集，超平面不变，距离却成倍增加，这显然不符合分类实际。因此，为了更为准确地定义间隔距离，引入几何间隔，即点到平面的距离计算公式，通过增加 $\|w\|$ 这一约束条件，其函数间隔更为准确。

样本点与超平面之间的几何间隔定义为

$$d_i = y_i \cdot \frac{|w \cdot x_i + b|}{\|w\|} \tag{7.5}$$

式中：$\|w\|$ 为向量 w 的 L_2 范数，$\|w\| = \sqrt{w_1^2 + w_2^2 + \cdots + w_n^2}$。

定义训练数据集 T 与超平面之间的几何间隔为

$$d = \min_{x_i \in T} d_i \tag{7.6}$$

支持向量机的目标是：找出一个能正确划分训练样本数据集，且其几何间隔最大化的分离超平面。

如图 7.3 所示，实线为最优化的 S，$w \cdot x + b = 0$，即最优分离超平面，训练数据集的正例和负例分别在实线 S 两侧的区域，虚线 H_1 和 H_2 为间隔边界，虚线穿过的点即支持向量，支持向量到实线的垂直距离即分类间隔 d。

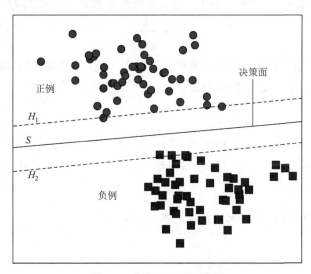

图 7.3　分离超平面示意图

1. 约束条件

在求解最优分离超平面的过程中通常会面对以下两个问题。

（1）如何判断分离超平面是否将样本点正确分类？

（2）要求解分类间隔 d，需要先找到支持向量，那么如何在众多训练样本中找到支持向量呢？

以上这两个问题就是求解最优分类间隔的约束条件，即求解最优分离超平面 $w^* \cdot x + b^* = 0$ 的约束和限制。

对于问题（1），前面已经进行了描述，即用 $y(\boldsymbol{w} \cdot \boldsymbol{x} + b)$ 的符号来表示分类的正确性。

对于问题（2），最优化目标是 d 的最大化，可以简单定义约束的最优化问题为

$$\begin{cases} \max d \\ \text{s.t. } y_i \cdot \dfrac{\boldsymbol{w} \cdot \boldsymbol{x}_i + b}{\|\boldsymbol{w}\|} \geq d \quad (i = 1, 2, \cdots, n) \end{cases} \tag{7.7}$$

式中：n 为样本点的总个数；缩写 s.t.表示 subject to，即服从某条件。也就是说，存在一个最大化的 d，满足正例（或负例）的所有样本点到超平面之间的距离都要大于等于 d。根据前面描述的函数间隔与几何间隔之间的关系，再次将其转化为函数间隔，即

$$\begin{cases} \max \dfrac{\hat{d}}{\|\boldsymbol{w}\|} \\ \text{s.t. } y_i \cdot (\boldsymbol{w} \cdot \boldsymbol{x}_i + b) \geq \hat{d}_l \quad (i = 1, 2, \cdots, n) \end{cases} \tag{7.8}$$

在求解最大化 d 的过程中，当同时将函数间隔中的 $\boldsymbol{w}$ 和 b 扩大 m 倍时，虽然会使函数间隔也增大 m 倍，但是这里函数间隔的成倍增加，对最优化问题求解的不等式约束条件和最优化目标函数等问题的结果并没有产生影响。因此，为了简化求解过程，这里可以令支持向量上的样本点满足 $\hat{d} = 1$。因为 $\|\boldsymbol{w}\|$ 和 b 都是标量，对于式（7.8）而言，将两边同时除以 $\hat{d}_l$，其表达形式不变。此时，可以将目标函数进一步化简为

$$\max \frac{1}{\|\boldsymbol{w}\|} \tag{7.9}$$

为了在进行最优化过程中对目标函数求导更为方便，可以将求解 d 的最大化问题变成求解 $\|\boldsymbol{w}\|$ 的最小化问题，最优化问题改写为

$$\begin{cases} \min \dfrac{1}{2}\|\boldsymbol{w}\|_2^2 \\ \text{s.t. } y_i \cdot (\boldsymbol{w} \cdot \boldsymbol{x}_i + b) \geq 1 \quad (i = 1, 2, \cdots, n) \end{cases} \tag{7.10}$$

上述公式描述的是 SVM 的基本数学模型，也是一个典型的不等式约束条件下的凸二次规划问题。

5. 线性可分支持向量机的学习算法（最大间隔法）

➤ 输入。

输入待训练的线性可分样本数据集 T。

➤ 输出。

输出最大间隔的分离超平面和分类决策函数。

➤ 算法过程。

（1）求解约束和限制条件下的最优化问题

$$\begin{cases} \min \dfrac{1}{2}\|\boldsymbol{w}\|_2^2 \\ \text{s.t. } y_i \cdot (\boldsymbol{w} \cdot \boldsymbol{x}_i + b) \geq 1 \quad (i = 1, 2, \cdots, n) \end{cases}$$

（2）求解最优解 $(\boldsymbol{w}^*, b^*)$。

（3）得到最优化的分离超平面 $w^* \cdot x + b^* = 0$ 及其分类决策函数 $f(x) = \text{sign}(w^* \cdot x + b^*)$。

对于线性可分的训练样本数据集，其中一定存在唯一的最大分类间隔超平面。

如图 7.3 所示，假设已经求得最大分离超平面为 $S = w^* \cdot x + b^*$，支持向量即满足约束条件的样本点为 $y_i \cdot (w^* \cdot x + b^*) = 1$。

支持向量中的正例 +1 位于超平面 H_1： $w^* \cdot x + b^* = 1$。

支持向量中的负例 –1 位于超平面 H_2： $w^* \cdot x + b^* = -1$。

间隔边界 H_1 和 H_2 与最大间隔超平面 S 平行，训练样本正确分类的表现为没有任何样本点落在 H_1 与 H_2 之间。支持向量在确定分离超平面时起决定作用，如果训练数据集中的支持向量发生了变化，如间隔边界 H_1 与 H_2 之间出现了新的样本数据点，那么其对应的最大间隔分离超平面也会随之改变；同样，如果去掉了间隔边界 H_1 和 H_2 之外任何数量的样本数据点，那么最大间隔超平面不会改变。这也是支持向量机名称的由来。

7.2.2 对偶问题

对偶问题也称拉格朗日（Lagrange）对偶。在原始问题的描述中，求解最优化问题最后转化为求解最小化问题。因此，可以假设存在一个函数，它在可行解区域内与原目标函数一致，但在可行解区域外的数值非常大，甚至是无穷，则当前这个没有约束条件的新目标函数的最优化问题可以视为之前有约束条件的原始目标函数的最优化问题的等价问题[9]。在这里，采用拉格朗日方程的主要目的在于，将约束条件放到目标函数中，从而将有约束的最优化问题转换为无约束的新的目标函数的最优化问题。

但是，在获得新的目标函数之后，采用对各变量求导的方法求解最优解依然存在困难。因此，需要对问题进行再次转换，这里使用一个数学技巧——拉格朗日对偶。通过应用拉格朗日对偶性将不易求解的优化问题转化为容易求解的对偶问题，这个过程被称为线性可分支持向量机的对偶算法。

定义拉格朗日目标函数为

$$\mathcal{L}(w,b,\alpha) = \frac{1}{2}\|w\|_2^2 - \sum_{i=1}^{n}\alpha_i[y_i(w \cdot x_i + b) - 1] \tag{7.11}$$

式中： $\alpha = (\alpha_1, \alpha_2, \cdots, \alpha_n)^{\mathrm{T}}$ 为拉格朗日乘子向量， $\alpha_i \geq 0$ ，是构造新目标函数时引入的系数变量，用户自定义。

通过拉格朗日对偶，将原始问题转化为求极大极小问题 $\max\limits_{\alpha \geq 0} \min\limits_{w,b} \mathcal{L}(w,b,\alpha) = d^*$。

1. 求解极小值 $\min\limits_{w,b} \mathcal{L}(w,b,\alpha)$

确定 α ，要求拉格朗日函数关于 w 和 b 最小化，分别对 w 和 b 求偏导数，并令其为 0，则有

$$\nabla_w \mathcal{L}(w,b,\alpha) = \frac{\partial \mathcal{L}}{\partial w} = w - \sum_{i=1}^{n}\alpha_i y_i x_i = 0$$

$$\nabla_b \mathcal{L}(w,b,\alpha) = \frac{\partial \mathcal{L}}{\partial b} = \sum_{i=1}^{n}\alpha_i y_i = 0$$

得到

$$w = \sum_{i=1}^{n} \alpha_i y_i \boldsymbol{x}_i$$

$$\sum_{i=1}^{n} \alpha_i y_i = 0$$

2. 求解极大值

将 $w = \sum_{i=1}^{n} \alpha_i y_i \boldsymbol{x}_i$，$\sum_{i=1}^{n} \alpha_i y_i = 0$ 代入式（7.11），得到

$$\mathcal{L}(\boldsymbol{w}, b, \boldsymbol{\alpha}) = \frac{1}{2} \|\boldsymbol{w}\|_2^2 - \sum_{i=1}^{n} \alpha_i [y_i (\boldsymbol{w} \cdot \boldsymbol{x}_i + b) - 1]$$

$$= \frac{1}{2} \sum_{i=1}^{n} \alpha_i y_i \boldsymbol{x}_i \cdot \sum_{j=1}^{n} \alpha_j y_j \boldsymbol{x}_j - \sum_{i=1}^{n} \alpha_i y_i \boldsymbol{x}_i \cdot \sum_{j=1}^{n} \alpha_j y_j \boldsymbol{x}_j - b \sum_{i=1}^{n} \alpha_i y_i + \sum_{i=1}^{n} \alpha_i$$

$$= -\frac{1}{2} \sum_{i=1}^{n} \sum_{j=1}^{n} \alpha_i \alpha_j y_i y_j (\boldsymbol{x}_i \cdot \boldsymbol{x}_j) + \sum_{i=1}^{n} \alpha_i$$

此时，拉格朗日函数只有 α_i 一个变量，进而求得最大值为

$$\begin{cases} \max\limits_{\boldsymbol{\alpha}} -\dfrac{1}{2} \sum\limits_{i=1}^{n} \sum\limits_{j=1}^{n} \alpha_i \alpha_j y_i y_j (\boldsymbol{x}_i \cdot \boldsymbol{x}_j) + \sum\limits_{i=1}^{n} \alpha_i \\ \text{s.t.} \sum\limits_{i=1}^{n} \alpha_i y_i = 0 \quad (\alpha_i \geqslant 0; i = 1, 2, \cdots, n) \end{cases}$$

假定已经求得对偶最优化问题的解为 $\boldsymbol{\alpha}^* = \left(\alpha_1^*, \alpha_2^*, \cdots, \alpha_n^* \right)^{\mathrm{T}}$，则

$$\boldsymbol{w}^* = \sum_{i=1}^{n} \alpha_i^* y_i \boldsymbol{x}_i$$

由于 $\boldsymbol{\alpha}^*$ 不是零向量（若 $\boldsymbol{\alpha}^*$ 为零向量，则 $\boldsymbol{w}^*$ 也为零向量，没有实际应用价值），存在某个 j 使得 $\alpha_j^* > 0$。根据 $\alpha_j^* [y_j (\boldsymbol{w}^* \cdot \boldsymbol{x}_j + b^*) - 1] = 0$（拉格朗日函数极小值条件），此时必有 $y_j (\boldsymbol{w}^* \cdot \boldsymbol{x}_j + b^*) - 1 = 0$。同时考虑 $y_j^2 = 1$，得到 $b^* = y_i - \sum\limits_{i=1}^{n} \alpha_i^* y_i (\boldsymbol{x}_i \cdot \boldsymbol{x}_j)$。于是，最大间隔超平面为

$$\sum_{i=1}^{n} \alpha_i^* y_i (\boldsymbol{x} \cdot \boldsymbol{x}_i) + b^* = 0$$

分类决策函数为

$$f(\boldsymbol{x}) = \text{sign} \left\{ \sum_{i=1}^{n} \alpha_i^* y_i (\boldsymbol{x} \cdot \boldsymbol{x}_i) + b^* \right\}$$

上述称为线性可分支持向量机的对偶形式。可以看到，$\boldsymbol{w}^*, b^*$ 只依赖于 $\alpha_i^* > 0$ 对应的样本点 $\boldsymbol{x}_i, y_i$，训练数据集中，对应 $\alpha_i^* > 0$ 的样本点对应的实例 $\boldsymbol{x}_i$ 即为支持向量。

7.2.3 算法过程

对线性可分支持向量机学习算法的对偶算法过程进行总结。

➤ 输入。

输入待训练的线性可分样本数据集 T。

➤ 输出。

输出最大间隔的分离超平面和分类决策函数。

➤ 算法过程。

（1）求解约束最优化问题

$$\begin{cases} \min_{\boldsymbol{\alpha}} \dfrac{1}{2} \sum_{i=1}^{n} \sum_{j=1}^{n} \alpha_i \alpha_j y_i y_j (\boldsymbol{x}_i \cdot \boldsymbol{x}_j) - \sum_{i=1}^{n} \alpha_i \\ \text{s.t.} \sum_{i=1}^{n} \alpha_i y_i = 0 \quad (\alpha_i \geqslant 0; i = 1, 2, \cdots, n) \end{cases}$$

求得最优解 $\boldsymbol{\alpha}^* = \left(\alpha_1^*, \alpha_2^*, \cdots, \alpha_n^*\right)^{\mathrm{T}}$。

（2）计算

$$\boldsymbol{w}^* = \sum_{i=1}^{n} \alpha_i^* y_i \boldsymbol{x}_i$$

同时选择 $\boldsymbol{\alpha}^*$ 的一个正分量 $\alpha_j^* > 0$，计算

$$b^* = y_i - \sum_{i=1}^{n} \alpha_i^* y_i (\boldsymbol{x}_i \cdot \boldsymbol{x}_j)$$

（3）得到最大间隔的超平面

$$\boldsymbol{w}^* \cdot \boldsymbol{x} + b^* = 0$$

和分类决策函数

$$f(\boldsymbol{x}) = \text{sign} \left\{ \sum_{i=1}^{n} \alpha_i^* y_i (\boldsymbol{x} \cdot \boldsymbol{x}_i) + b^* \right\}$$

7.3 线性不可分支持向量机

7.2.3 小节中目标函数针对的是训练样本数据集是完全线性可分的情况。然而，当训练样本数据集为线性不可分时，在样本点的分布图上就无法找到一条直线把正例 +1 与负例 −1 的样本点完全分开，这也就意味着存在某些样本点不满足分类间隔函数不小于 1 的约束条件。这时，以上的线性可分支持向量机不再适用，需要对其进行扩展，将硬间隔最大化转化为软间隔最大化，以适应线性不可分数据集的需要。

7.3.1 原始问题

对 7.2 节线性可分支持向量机进行修改，设训练集 $T = \{(\boldsymbol{x}_1, y_1), (\boldsymbol{x}_2, y_2), \cdots, (\boldsymbol{x}_n, y_n)\}$ 为线性不可分的样本数据集。由于原有的硬间隔最大化不能满足线性不可分数据集分类的需要，将其转化为软间隔最大化，对每一个样本点 $(\boldsymbol{x}_i, y_i)$ 引进一个松弛变量 $\xi_i \geqslant 0$ $(i = 1, 2, \cdots, n)$。同时，将约束条件修改为 $y_i \cdot (\boldsymbol{w} \cdot \boldsymbol{x}_i + b) \geqslant 1 - \xi_i$，表示函数间隔加上松弛变量之后大于等于 1。将优化目标修改为 $\min\limits_{\boldsymbol{w}, b} \dfrac{1}{2} \|\boldsymbol{w}\|_2^2 + C \sum\limits_{i=1}^{n} \xi_i$，表示对每个松弛变量 ξ_i 支付一个代价 $C\xi_i$。其中 $C > 0$ 称为惩罚参数，当 C 值增大时，对误分类的惩罚增大，此时误分类点显得更重要；当 C 值减小时，对误分类的惩罚减小，此时误分类点显得不那么重要。

因此，线性支持向量机的原始问题转化为

$$\begin{cases} \min\limits_{\boldsymbol{w}, b, \boldsymbol{\xi}} \left\{ \dfrac{1}{2} \|\boldsymbol{w}\|_2^2 + C \sum\limits_{i=1}^{n} \xi_i \right\} \\ \text{s.t. } y_i \cdot (\boldsymbol{w} \cdot \boldsymbol{x}_i + b) \geqslant 1 - \xi_i \quad (\xi_i \geqslant 0, i = 1, 2, \cdots, n) \end{cases}$$

可以证明，$\boldsymbol{w}$ 的解是唯一的，b 的解不是唯一的，存在于某一个区域内。

假设求解软间隔最大化问题得到的分离超平面为 $\boldsymbol{w}^* \cdot \boldsymbol{x} + b^* = 0$，对应的分类决策函数为 $f(\boldsymbol{x}) = \text{sign}(\boldsymbol{w}^* \cdot \boldsymbol{x} + b^*)$，则 $f(\boldsymbol{x})$ 称为软间隔支持向量机。

7.3.2 对偶问题

同理，为了简化求解最优化问题，将原目标函数转化为其对偶函数。过程与线性可分对偶问题相似。

定义拉格朗日函数为

$$\mathcal{L}(\boldsymbol{w}, b, \boldsymbol{\xi}, \boldsymbol{\alpha}, \boldsymbol{\mu}) = \dfrac{1}{2} \|\boldsymbol{w}\|_2^2 + C \sum_{i=1}^{n} \xi_i - \sum_{i=1}^{n} \alpha_i \left[y_i (\boldsymbol{w} \cdot \boldsymbol{x}_i + b) - 1 + \xi_i \right] - \sum_{i=1}^{n} \mu_i \xi_i \quad (\alpha_i \geqslant 0; \mu_i \geqslant 0)$$

原始问题是拉格朗日函数的极小极大问题；对偶问题是拉格朗日函数的极大极小问题。

1. 求 $\mathcal{L}(\boldsymbol{w}, b, \boldsymbol{\xi}, \boldsymbol{\alpha}, \boldsymbol{\mu})$ 对 $\boldsymbol{w}, b, \boldsymbol{\xi}$ 的极小

根据偏导数为 0，有

$$\nabla_{\boldsymbol{w}} \mathcal{L}(\boldsymbol{w}, b, \boldsymbol{\xi}, \boldsymbol{\alpha}, \boldsymbol{\mu}) = \boldsymbol{w} - \sum_{i=1}^{n} \alpha_i y_i \boldsymbol{x}_i = \boldsymbol{0}$$

$$\nabla_{b} \mathcal{L}(\boldsymbol{w}, b, \boldsymbol{\xi}, \boldsymbol{\alpha}, \boldsymbol{\mu}) = -\sum_{i=1}^{n} \alpha_i y_i = 0$$

$$\nabla_{\xi_i} \mathcal{L}(\boldsymbol{w}, b, \boldsymbol{\xi}, \boldsymbol{\alpha}, \boldsymbol{\mu}) = C - \alpha_i - \mu_i = 0$$

得到

$$\boldsymbol{w} = \sum_{i=1}^{n} \alpha_i y_i \boldsymbol{x}_i$$

$$\sum_{i=1}^{n} \alpha_i y_i = 0$$

$$C - \alpha_i - \mu_i = 0$$

2. 求极大问题

将上面三个等式代入拉格朗日函数，得到

$$\max_{\alpha,\mu} \min_{w,b,\xi} L(w,b,\xi,\alpha,\mu) = \max_{\alpha,\mu} -\frac{1}{2}\sum_{i=1}^{n}\sum_{j=1}^{n}\alpha_i\alpha_j y_i y_j (x_i \cdot x_j) + \sum_{i=1}^{n}\alpha_i$$

于是对偶问题为

$$\begin{cases} \min_{\alpha} \dfrac{1}{2}\sum_{i=1}^{n}\sum_{j=1}^{n}\alpha_i\alpha_j y_i y_j (x_i \cdot x_j) - \sum_{i=1}^{n}\alpha_i \\ \text{s.t.} \sum_{i=1}^{n}\alpha_i y_i = 0 \quad (0 \leqslant \alpha_i \leqslant C; i=1,2,\cdots,n) \end{cases}$$

设 $\alpha^* = (\alpha_1^*, \alpha_2^*, \cdots, \alpha_n^*)^{\mathrm{T}}$ 是对偶问题的一个解。若存在 α^* 的某个分量 α_j^*（$0 < \alpha_j^* < C$），则线性支持向量机原始问题的解可以按照下式得到：

$$w^* = \sum_{i=1}^{n} \alpha^* y_i x_i$$

$$b^* = y_i - \sum_{i=1}^{n} \alpha^* y_i (x_i \cdot x_j)$$

于是分离超平面为

$$\sum_{i=1}^{n} \alpha^* y_i (x_i \cdot x) + b^* = 0$$

分类决策函数为

$$f(x) = \text{sign}\left\{\sum_{i=1}^{n} \alpha^* y_i (x_i \cdot x) + b^*\right\}$$

7.3.3 算法过程

下面对软间隔支持向量机学习算法的对偶算法进行描述。

➤ 输入。

输入待训练的样本数据集 $T = \{(x_1,y_1),(x_2,y_2),\cdots,(x_n,y_n)\}$ 和惩罚参数 C（$C>0$）。

➤ 输出。

输出软间隔最大化的分离超平面和分类决策函数。

➤ 算法过程。

（1）求解约束最优化问题

$$\begin{cases} \min_{\boldsymbol{\alpha}} \dfrac{1}{2}\sum_{i=1}^{n}\sum_{j=1}^{n}\alpha_i\alpha_j y_i y_j(\boldsymbol{x}_i \cdot \boldsymbol{x}_j) - \sum_{i=1}^{n}\alpha_i \\ \text{s.t.} \sum_{i=1}^{n}\alpha_i y_i = 0 \quad (0 \leqslant \alpha_i \leqslant C; i=1,2,\cdots,n) \end{cases}$$

求得最优解 $\boldsymbol{\alpha}^* = \left(\alpha_1^*, \alpha_2^*, \cdots, \alpha_n^*\right)^{\mathrm{T}}$ 。

（2）计算

$$\boldsymbol{w}^* = \sum_{i=1}^{n}\alpha^* y_i \boldsymbol{x}_i$$

同时选择 $\boldsymbol{\alpha}^*$ 的某个分量 α_j^*（$0 < \alpha_j^* < C$），计算

$$b^* = y_i - \sum_{i=1}^{n}\alpha^* y_i(\boldsymbol{x}_i \cdot \boldsymbol{x}_j)$$

（3）得到软间隔最大化的分离超平面为

$$\boldsymbol{w}^* \cdot \boldsymbol{x} + b^* = 0$$

分类决策函数为

$$f(\boldsymbol{x}) = \text{sign}(\boldsymbol{w}^* \cdot \boldsymbol{x} + b^*)$$

对偶问题的解 $\boldsymbol{\alpha}^* = \left(\alpha_1^*, \alpha_2^*, \cdots, \alpha_n^*\right)^{\mathrm{T}}$ 中对应于 $\alpha_i^* > 0$ 的样本点 $(\boldsymbol{x}_i, y_i)$ 的实例点 $\boldsymbol{x}_i$ 称为软间隔的支持向量，可能存在下列情形。

①若 $\alpha_i^* < C$，则松弛量 $\xi_i = 0$，支持向量恰好落在间隔边界上。

根据 $\nabla_{\xi_i}\mathcal{L}(\boldsymbol{w}, b, \boldsymbol{\xi}, \boldsymbol{\alpha}, \boldsymbol{\mu}) = C - \alpha_i - \mu_i = 0$，有

当 $\alpha_i^* < C$ 时，$\mu_i > 0$，由拉格朗日函数极值条件，必须有 $\xi_i = 0$；

②当 $\alpha_i^* = C$ 时，$\mu_i = 0$，于是 ξ_i 可能为任何正数。

（i）若 $\alpha_i^* = C$，且 $0 < \xi_i < 1$，则支持向量落在间隔边界与分离超平面之间，分类正确。

（ii） $\alpha_i^* = C$，且 $\xi_i = 1$，则支持向量落在分离超平面上。

（iii）若 $\alpha_i^* = C$，且 $\xi_i > 1$，则支持向量落在分离超平面误分类一侧。

7.4 非线性支持向量机

7.4.1 对偶问题

若给定训练样本数据集 $T = \{(\boldsymbol{x}_1, y_1), (\boldsymbol{x}_2, y_2), \cdots, (\boldsymbol{x}_n, y_n)\}$（ $\boldsymbol{x}_i = \left(x_i^{(1)}, x_i^{(2)}, \cdots, x_i^{(n)}\right)^{\mathrm{T}} \in \boldsymbol{X} = \mathbf{R}^n$ 为样本数据的特征向量；n 为空间维度；$i = 1, 2, \cdots, n$；$y_i \in \boldsymbol{y} = \{-1, +1\}$）是非线性的（如文本、图片等），则无法使用直线将正负实例完全分开，这时需要通过核技巧和软间隔最大化将训练样本数据点映射到一个高维特征空间，使其转化为在高维空间中线性可分，从而利用求解线性分类问题的方法求解非线性分类问题的支持向量机。

设 $\boldsymbol{x}_i = \left(x_i^{(1)}, x_i^{(2)}, \cdots, x_i^{(n)}\right)^{\mathrm{T}} \in \boldsymbol{X} = \mathbf{R}^n$ 是输入空间，$\boldsymbol{H}$ 为特征空间（希尔伯特（Hilbert）空间）。若存在从 $\boldsymbol{X}$ 到 $\boldsymbol{H}$ 的映射 $\phi(\boldsymbol{x}): \boldsymbol{X} \to \boldsymbol{H}$，使得所有的 $\boldsymbol{x}, \boldsymbol{z} \in \boldsymbol{X}$，函数 $K(\boldsymbol{x}, \boldsymbol{z}) = \phi(\boldsymbol{x}) \cdot \phi(\boldsymbol{z})$，

则称 $K(x,z)$ 为核函数。核函数将输入空间中的任意两个向量 x,z 映射为特征空间中对应的向量之间的内积 $\phi(x)\cdot\phi(z)$（$\phi(\cdot)$ 为从原始输入空间 X 到内积空间 H 的映射）。这种将内积替换成核函数的方式称为核技巧（kernel trick）[7]。

通常不关心这个映射的具体表达形式，而是直接给出 $K(x,z)$。

考虑到在线性支持向量机的对偶形式中，只涉及输入实例与实例之间的内积，因此可以将内积 x_i, x_j 替换成核函数 $K(x_i, x_j) = \phi(x_i)\cdot\phi(x_j)$，于是相应的对偶问题的目标函数改为

$$\begin{cases} W(\boldsymbol{\alpha}) - \dfrac{1}{2}\sum_{i=1}^{n}\sum_{j=1}^{n}\alpha_i\alpha_j y_i y_j K(x_i, x_j) - \sum_{i=1}^{n}\alpha_i \\ \text{s.t.}\ \sum_{i=1}^{n}\alpha_i y_i = 0 \quad (0\leqslant\alpha_i\leqslant C; i=1,2,\cdots,n) \end{cases}$$

分类决策函数改为

$$f(\boldsymbol{x}) = \text{sign}\left\{\sum_{i=1}^{n}\alpha_i^* y_i K(x_i, x) + b^*\right\}$$

在实际应用中，核函数通常先根据经验来确定，然后验证其有效性。下面给出常用的一些核函数。

（1）多项式核函数为

$$K(\boldsymbol{x},\boldsymbol{z}) = (\boldsymbol{x}\cdot\boldsymbol{z}+1)^p$$

它对应的非线性支持向量机是一个 p 次多项式分类器。此时分类决策函数为

$$f(\boldsymbol{x}) = \text{sign}\left\{\sum_{i=1}^{n}\alpha_i^* y_i(\boldsymbol{x}\cdot\boldsymbol{z}+1)^p + b^*\right\}$$

（2）高斯（Gauss）核函数为

$$K(\boldsymbol{x},\boldsymbol{z}) = \exp\left\{-\frac{\|x-z\|_2^2}{2\sigma^2}\right\}$$

它对应的非线性支持向量机是高斯径向基函数分类器（radial basis function）。此时的分类决策函数为

$$f(\boldsymbol{x}) = \text{sign}\left\{\sum_{i=1}^{n}\alpha_i^* y_i \exp\left\{-\frac{\|x_i-x\|_2^2}{2\sigma^2}\right\} + b^*\right\}$$

（3）sigmoid 核函数为

$$K(\boldsymbol{x},\boldsymbol{z}) = \tanh[\gamma(\boldsymbol{x}\cdot\boldsymbol{z})+r]$$

此时的分类函数成为

$$f(\boldsymbol{x}) = \text{sign}\left\{\sum_{i=1}^{n}\alpha_i^* y_i \tanh[\gamma(x_i\cdot\boldsymbol{x})+r] + b^*\right\}$$

7.4.2 算法过程

非线性支持向量机的算法总结如下。

➢　输入。

输入训练数据集 $T = \{(\boldsymbol{x}_1, y_1), (\boldsymbol{x}_2, y_2), \cdots, (\boldsymbol{x}_n, y_n)\}$ 和惩罚参数 $C > 0$。

➢　输出。

输出分类决策函数。

➢　算法过程。

（1）选择适当的核函数 $K(\boldsymbol{x}, \boldsymbol{z})$，求解约束最优化问题

$$\begin{cases} \min_{\boldsymbol{\alpha}} \dfrac{1}{2} \sum_{i=1}^{n} \sum_{j=1}^{n} \alpha_i \alpha_j y_i y_j K(\boldsymbol{x}_i, \boldsymbol{x}_j) - \sum_{i=1}^{n} \alpha_i \\ \text{s.t.} \sum_{i=1}^{n} \alpha_i y_i = 0 \quad (0 \leqslant \alpha_i \leqslant C; i = 1, 2, \cdots, n) \end{cases}$$

解得最优化解 $\boldsymbol{\alpha}^* = \left(\alpha_1^*, \alpha_2^*, \cdots, \alpha_n^*\right)^{\mathrm{T}}$。

（2）计算

$$\boldsymbol{w}^* = \sum_{i=1}^{n} \alpha_i^* y_i \boldsymbol{x}_i$$

同时选择 $\boldsymbol{\alpha}^*$ 的某个分量 α_j^* $(0 < \alpha_j^* < C)$，计算

$$b^* = y_j - \sum_{i=1}^{n} \alpha_i^* y_i K(\boldsymbol{x}_i, \boldsymbol{x}_j)$$

（3）分类决策函数为

$$f(\boldsymbol{x}) = \text{sign}\left\{ \sum_{i=1}^{n} \alpha_i^* y_i K(\boldsymbol{x}_i, \boldsymbol{x}_j) + b^* \right\}$$

7.5　实例：鸢尾花分类

7.2 节和 7.3 节中描述了 SVM 算法思想及实现过程，在实际运用过程中，通常不需要自己去构造 SVM 算法，转而采用直接调用 sklearn 库中的 SVM 模块和 Iris 数据集模块，如程序 7.1 所示。

程序 7.1

```
In[1]:    from sklearn import datasets  #导入数据集
          import numpy as np
          from sklearn.model_selection import train_test_ split
          #划分数据集为训练集和测试集
          from sklearn import svm  #导入SVM模块

          iris=datasets.load_iris()
          #导入鸢尾花数据集
          data_train,data_test,target_train,target_test=train_test_split(iris
      .data,iris.target,test_size=0.3)
```

```
#测试集占总数据集的 0.3
svm_classifier=svm.SVC(C=1.0,kernel='rbf',
decision_function_shape='ovr',gamma=0.01)
#定义一个 svm 对象
svm_classifier.fit(data_train, target_train)  #训练模型

score=svm_classifier.score(data_test,target_test)
#把测试集的数据传入即可得到模型的评分
predict=svm_classifier.predict([[0.1,0.2,0.3, 0.4]])
#预测给定样本数据对应的标签

print(score)
print(predict)
```

Out[1]:　　　0.9333333333333333

　　　　　　[0]

思 考 题

分析线性可分、线性不可分和非线性三种不同数据集情况下，SVM 的对偶问题有什么区别。

习 题

1. 体验 7.2.3 小节、7.3.3 小节和 7.4.2 小节中的算法在其他数据集中的分类效果。
2. 理解核函数在支持向量机中的重要作用。

本章参考文献

[1] 　CORTES C，VAPNIK V. Support-vector networks[J]. Machine Learning，1995，20（3）：273-297.

[2] 　HEARST M A，DUMAIS S T，OSMAN E，et al. Support vector machines[J]. IEEE Intelligent Systems，1998，13（4）：18-28.

[3] 　NOBLE W S. What is a support vector machine？[J]. Nature Biotechnology，2007，24（12）：1565-1567.

[4] 　STEINWART I，CHRISTMANN A . Support vector machines[J]. Information Science and Statistics，2008，158（18）：1-28.

[5] 　CRISTIANINT N，SHAWE-TAYOR J. An introduction to support vector machines and other kernel-based learning methods[M]. Cambridgeshire：Cambridge University Press，2000.

[6] 　HARRINGTON P. Machine learning in action[M]. Greenwich：Manning Publications，2012.

[7]　周志华. 机器学习[M]. 北京：清华大学出版社，2016：121-140.

[8]　李航. 统计学习方法[M]. 北京：清华大学出版社，2012：95-130.

[9]　华校专，王正林.Python 大战机器学习[M]. 北京：电子工业出版社，2017：156-170.

第 8 章　人工神经网络

自 20 世纪 50 年代起，人工智能学科正式成立，其主要问题在于：计算机是否能够"思考"？在之后的研究中，人们可以使用计算机进行简单的博弈、定理证明。然而，直到 20 世纪 70 年代，在人工智能方面的研究仍未取得预期进展。其根本原因不是计算能力的限制，而是在传统计算思维模式下，即便计算机拥有强大的处理器，也很难模拟大脑所能做的极其微小的事情。例如，著名的国际象棋程序深蓝（Deep Blue），早在 1997 年就战胜了当时的国际象棋冠军，这标志着当时人工智能领域的重大突破。然而，这距离真正的"智能"（如对象识别）还有很大的距离，因为国际象棋的棋盘是有限的（64 个格子和 32 个棋子），深蓝的思想只是基于设计者精心编写的一系列复杂的形式化的硬编码规则，并没有涉及让计算机自己获取知识（机器学习）。在这段时期内，学者普遍认为，只要编写足够多的规则，就可以实现对人类大脑的模拟。然而，事实上，即使是一只蜜蜂仅有零点几克的大脑，也拥有约 95 万个神经元，能够完成一系列复杂的任务。直到 20 世纪 80 年代，受到仿生智能计算技术的影响，神经网络（neural network）概念的出现，再一次为人工智能带来了新的机遇，神经网络也成为人工智能领域最为强大和实用的方法。以神经网络为基础的阿尔法围棋（AlphaGo）在人类历史上第一次击败了围棋大师。如今，神经网络在各领域得到广泛应用，如人脸识别、目标追踪等。

本章将重点讲解人工神经网络的基本概念及算法实现过程，并基于 sklearn 提供的手写数字数据集，利用 Python 3 编写代码对数字识别的过程进行实战训练。

8.1　神经网络的基本概念

人工神经网络（artificial neural network，ANN），简称神经网络。随着神经科学和脑科学等研究的深入，研究者对生物大脑的结构、组成部分、处理单元和工作过程的认识越来越充分，对生物大脑的信息处理过程越来越了解。在此基础上，研究者综合运用计算科学和认知科学等理论知识，对生物大脑的结构和外界刺激响应机制进行了抽象，并以网络拓扑知识为理论基础，对生物大脑神经系统的复杂信息处理机制进行了模拟。这种数学模型就是人工神经网络。该模型具备并行分布的处理能力、高容错性、智能化和自学习等能力特征，通过模拟大脑的信息处理过程，有效结合信息的加工和存储，模仿大脑的知识表示方式和智能化的自适应学习能力。人工神经网络实际上是一个模仿生物大脑的信息处理方式、由大量简单元件相互连接而成的复杂网络，具有高度的非线性，能够进行复杂的逻辑操作和非线性关系实现[1,2]。图 8.1 所示是一个用于图片分类的深度神经网络。深度神经网络通过一系列的数据变换（层）完成输入（如图像）到目标（如"猫"或"狗"）的映射。

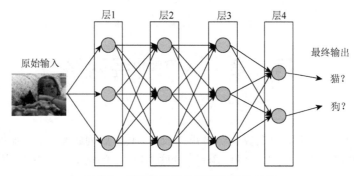

图 8.1　用于图片分类的深度神经网络

　　神经网络是一种运算模型，一般由输入层、隐含层和输出层组成，如图 8.1 所示。其隐含层为层 1、层 2、层 3 和层 4，每个层次中都包含了大量的神经元（即节点），相邻两层之间通过神经元相互连接构成。两个神经元（节点）之间的连接通过该连接信号的加权值表示，称为连接的权重（weight），人工神经网络通过这种方式来模拟大脑的记忆。权重有时也被称为该层的参数（parameter），神经网络中的每层以上一层节点传递的信息作为输入，对每一个输入数据的具体操作就保存在该层的权重中，各层实现的变换根据其权重来参数化（parameterize）[3]。如图 8.2 所示，一个深度神经网络可能包含多个层次，每层又具有数以千计的参数，要找到所有参数的正确取值是一项异常艰巨的任务。

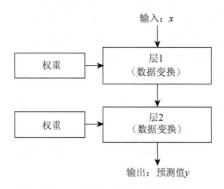

图 8.2　神经网络权重的功能

　　神经网络输出的结果是通过每一层的参数变化对目标进行预测，这种结果往往并不是百分之百正确。因此，需要对其结果的正确性进行度量，常用的方法是损失函数（loss function），也称目标函数[3]。如图 8.3 所示，其原理是计算输出的预测值与真实目标值之间的距离，以衡量该神经网络在该示例中的效果好坏。

　　权重的初始值通常是随机产生的，在训练过程中，通过各层之间的变换，产生的输出结果往往与真实目标值差别较大，即损失值较大，如图 8.4 所示。因此，仅仅依靠一次计算预测往往很难达到对目标识别的作用，还需通过优化器（optimizer）不断优化，即通过损失函数的计算来衡量神经网络效果，进而将计算结果（即损失值）作为反馈信号对前面各层节点连接的权重值进行微调，以降低损失值，提高预测精度。优化器通过实现反向传播（back propagation，BP）算法来实现其调整功能，该算法是训练多层神经网络的经典算法[3]。

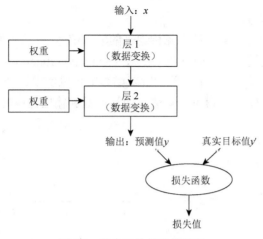

图 8.3　损失函数的计算过程

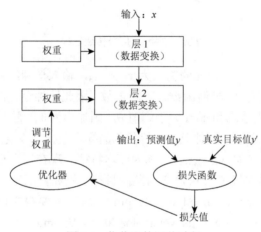

图 8.4　优化器的调节过程

在给出预测结果之前，往往需要根据真实目标值进行多次微调来优化网络权重，使得最终结果不断向真实目标值靠近，以逐步降低相应的损失值，这个过程称为训练循环（training loop）[3]。在实际训练过程中，这种训练循环往往需要重复多次，才能获得较为满意的权重值，使预测精度得到提高，得到一个训练好的人工神经网络。

8.2　神经网络的发展过程

8.2.1　神经元

神经元是神经网络中最基本的组成部分，一般情况下，神经元会接收一个电信号输入，输出另一个电信号。值得注意的是，神经元在接收一个电信号输入时，不会立即做出反应，而是会抑制输出，直到输入的电信号持续增强到一定程度，即神经元的电位超过一个阈值，该神经元才会被激活，进而触发输出。换句话说，神经元不希望传递微小的噪声信号，而是传递有意识的明显信号。

每个神经元都接收上一层各神经元传递来的输入信号,并将这些输入信号的总和与其阈值进行比较,当超过阈值时,通过激活函数(activation functions)处理,以产生神经元的输出,如图 8.5(a)所示。一个简单的阶跃函数就可以实现这个效果,如图 8.5(b)所示。每个神经元都是由输入、权重、阈值、激活函数和输出组成的。

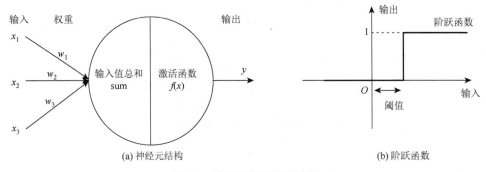

图 8.5　神经元信号传递过程

如图 8.5(a)所示,该神经元的输入为 x_1, x_2, x_3,输入与神经元之间的连接上的权重分别为 w_1, w_2, w_3,阈值为 θ,激活函数为阶跃函数,因此该神经元的输出为 $y = f(x_1 \cdot w_1 + x_2 \cdot w_2 + x_3 \cdot w_3)$。若输入值总和 sum 大于阈值 θ,则输出为 1;否则为 0。

神经元模型的工作原理是:对于一个待预测的样本数据,该数据具有四个属性值,其中三个属性值是已知的(如 x_1, x_2, x_3),称为样本特征。现在需要根据三个已知的属性值来预测另一个未知的属性值(如 y),称为预测目标。例如,已知一个鸢尾花数据的三个属性值(sepallength、sepalwidth 和 petallength),现在需要根据已知的属性值来预测另一个属性值(类别:Iris Setosa、Iris Versicolor 和 Iris Virginica)。对于一个给定的样本数据集,如果其样本特征与预测目标之间存在某种线性关系,且权重已知,就可以通过神经元模型预测新样本的目标。

可以进一步对阶跃函数进行改进,如图 8.6 所示的 S 形函数称为 S 函数(sigmoid functions),该函数相对阶跃函数更为平滑,更接近现实。除 S 函数外,还有一些其他的激活函数(如 tanh 和 relu 等)。

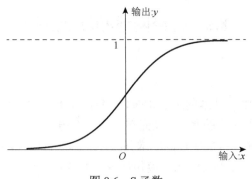

图 8.6　S 函数

S 函数有时也称为逻辑函数，其形式为

$$y = f(x) = \frac{1}{1+e^{-x}}$$

如图 8.6 所示，神经元是一个具有存储和计算能力的基本处理单元。在接收到上一层所有节点输入的数据之后，神经元首先对其进行求和，然后根据相应的激活函数对输入的数据进行计算处理；同时，神经元将计算的结果暂时先保存下来，再传到下一层节点。

在具备多个神经元的神经网络中，通常会使用图论中节点的概念来表示神经元。

8.2.2　单层神经网络（感知器）

1943 年，心理学家麦卡洛克（McCulloch）和数学家皮茨（Pitts）结合生物神经元的结构及工作原理构造出麦卡洛克-皮茨（M-P）模型，为神经网络的发展奠定了基础[4]。但是在 M-P 模型中，连接上的权重是预先设置的，无法学习和改变。

1958 年，计算科学家罗森布拉特（Rosenblatt）提出了由两层神经元组成的神经网络。他将其命名为感知器（perceptron），这是首个可以学习的人工神经网络[5]。感知器的出现极大地激发了研究者对人工智能的兴趣，他们认为感知器让神经网络具备了学习的能力，反映了"智能"的真谛。感知器的出现，使人们开始投入新一轮的神经网络研究热潮中。

与 M-P 模型不同的是，感知器需要在神经元之前添加神经元，作为输入节点。感知器结构如图 8.7 所示。感知器包含输入层和输出层两个层次：输入层的功能较为简单，仅将样本数据的特征值通过输入节点传递给下一层（即输出层）的节点，在该层不做任何计算处理，所有的计算工作都由输出层完成；输出层节点在收到输入层节点传递来的数据之后，分别对其进行计算处理，因此也被称为计算层。把这种拥有一个计算层的神经网络称为单层神经网络。输入节点与输出节点之间的连线称为连接，通常将权重标注在相应的连接上。

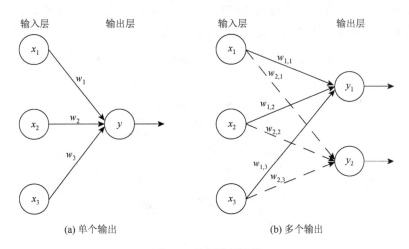

(a) 单个输出　　　　　　　　　(b) 多个输出

图 8.7　单层神经网络

单层神经网络的输出可以是一个值，只需要一个输出节点，如图 8.7（a）所示；也可以是一个向量，如[5,6]，需要两个输出节点 y_1 和 y_2，如图 8.7（b）所示。从图中可以发现，输出节点 y_1 和 y_2 的输入随着连接上权重的不同而不同，但是其计算方法是一致的。同时，由于输出节点增加，为了更清晰地表达权重与前后两层节点之间连接的关系，这里采用二维下标的形式（如 $w_{1,2}$）表示后一层节点 y_1 与前一层节点 x_2 的连接上的权重。

如图 8.7（b）所示，设神经网络的输入变量为 $\boldsymbol{x}=(x_1,x_2,x_3)^{\mathrm{T}}$，输出为 $\boldsymbol{y}=(y_1,y_2)^{\mathrm{T}}$，连接的权重为 $\boldsymbol{w}=\begin{bmatrix} w_{1,1} & w_{1,2} & w_{1,3} \\ w_{2,1} & w_{2,2} & w_{2,3} \end{bmatrix}$，激活函数为 $y=f(x)$，于是可以将输出改写为

$$\boldsymbol{y}=f(\boldsymbol{w}\cdot\boldsymbol{x})$$

该公式也被称为神经网络中根据前一层计算后一层的矩阵乘法运算[6]。在 8.2.3 小节和 8.2.4 小节中将应用矩阵乘法来计算节点权重与反向传播的误差。

感知器与传统的神经元模型的区别在于，传统的神经元模型需要预先设置权重，而感知器中的权重是通过训练得到的，类似一个逻辑回归模型，可以做线性分类任务。

1969 年，明斯基（Minsky）在《感知机（Perceptron）》一书中指出了单层神经网络的缺陷，它能做一些简单的线性分类，甚至对"异或"这样的分类任务都无法完成，并给出了详细的计算证明。他还进一步指出，如果将计算层增加一层，虽然可以解决非线性分类问题，但是计算量过于庞大，缺少有效的学习算法。这将神经网络的研究又一次带进了冰河期（AI winter）。

8.2.3　两层神经网络（多层感知器）

1986 年，鲁梅尔哈特（Rumelhart）和麦克利兰（McClelland）等提出了反向传播（back propagation，BP）算法，为两层神经网络中的复杂计算提供了解决方案，再一次掀起了神经网络的高潮。

两层神经网络是在单层神经网络的基础上增加了一个计算层，一共包含两个计算层。为了更好地理解，在原有单层神经网络的右侧增加一层，只包含一个节点，如图 8.8 所示。除输入层和输出层外的中间各层，通常被称为隐藏层。

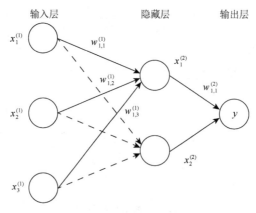

图 8.8　两层神经网络

由于层次增加了，为了更好地识别，这里采用上标和下标来区分不同层次之间的变量，例如，$x_i^{(j)}$ 表示第 j 层的第 i 个节点。原有在单层神经网络中的两个输出层节点 y_1 和 y_2 变成了中间层的节点 $x_1^{(2)}$ 和 $x_2^{(2)}$。

根据之前的计算方法可以得到

$$\boldsymbol{x}^{(1)} = \left(x_1^{(1)}, x_2^{(1)}, x_3^{(1)} \right)^{\mathrm{T}}$$

$$\boldsymbol{x}^{(2)} = \left(x_1^{(2)}, x_2^{(2)} \right)^{\mathrm{T}} = f\left(\boldsymbol{w}^{(1)} \cdot \boldsymbol{x}^{(1)} \right)$$

$$\boldsymbol{y} = \left(y_1, y_2 \right)^{\mathrm{T}} = f\left(\boldsymbol{w}^{(2)} \cdot \boldsymbol{x}^{(2)} \right)$$

式中：$\boldsymbol{w}^{(1)}$ 和 $\boldsymbol{w}^{(2)}$ 分别为第一层和第二层的权重矩阵；$\boldsymbol{x}^{(1)}$ 为训练样本数据中的一个样本数据，$\left(x_1^{(1)}, x_2^{(1)}, x_3^{(1)} \right)$ 表示该数据的特征数量，这里样本数据的特征维度为 3，因此有 3 个输出节点；$\boldsymbol{x}^{(2)}$ 为隐藏层的数据向量，其维度即为隐藏层节点的个数；$\boldsymbol{y} = \left(y_1, y_2 \right)^{\mathrm{T}}$ 为输出的目标值，这里有 1 个目标值，因此有 1 个输出节点。需要注意的是，这里使用向量表示输出的目标值，是因为通常目标值并不只有 1 个。

在神经网络中还存在另一种节点，即偏置节点（bias unit），这些节点是默认存在的，拥有固定的输入 1，对应连接上的权重为 b。除输出层外的每一层都默认包含一个偏置节点，如图 8.9 所示。

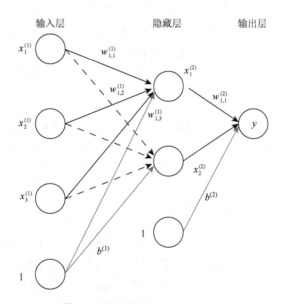

图 8.9　带偏置节点的两层神经网络

在添加偏置节点之后，神经网络的矩阵运算变为

$$\boldsymbol{x}^{(1)} = \left(x_1^{(1)}, x_2^{(1)}, x_3^{(1)}, 1 \right)^{\mathrm{T}}$$

$$\boldsymbol{x}^{(2)} = \left(x_1^{(2)}, x_2^{(2)}, 1 \right)^{\mathrm{T}} = f\left(\boldsymbol{w}^{(1)} \cdot \boldsymbol{x}^{(1)} + \boldsymbol{b}^{(1)} \right)$$

$$\boldsymbol{y} = f\left(\boldsymbol{w}^{(2)} \cdot \boldsymbol{x}^{(2)} + \boldsymbol{b}^{(2)} \right)$$

两层神经网络中的激活函数 $f(x)$ 一般不再使用阶跃函数，通常采用更为平滑的 S 函数。神经网络的本质就是通过参数与激活函数来拟合特征与目标之间的真实函数关系。

下面用一个示例来展示其计算过程。如图 8.10 所示，该神经网络包含输入层、隐藏层和输出层，每层分别有 3 个节点。为了方便讨论问题，这里忽略偏置节点。

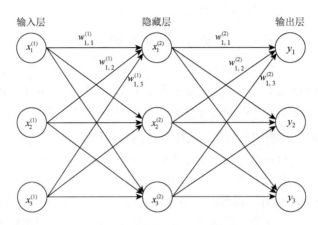

图 8.10　两层神经网络运算示例

定义第一层的输入为

$$\boldsymbol{x}^{(1)} = \begin{bmatrix} 0.9 \\ 0.3 \\ 0.8 \end{bmatrix}$$

第一层的权重矩阵为

$$\boldsymbol{w}^{(1)} = \begin{bmatrix} w_{1,1}^{(1)} & w_{1,2}^{(1)} & w_{1,3}^{(1)} \\ w_{2,1}^{(1)} & w_{2,2}^{(1)} & w_{2,3}^{(1)} \\ w_{3,1}^{(1)} & w_{3,2}^{(1)} & w_{3,3}^{(1)} \end{bmatrix} = \begin{bmatrix} 0.9 & 0.3 & 0.4 \\ 0.2 & 0.8 & 0.2 \\ 0.1 & 0.5 & 0.6 \end{bmatrix}$$

激活函数为 S 函数，$f(x) = \dfrac{1}{1+\mathrm{e}^{-x}}$，则

$$\boldsymbol{x}^{(2)} = f\left(\boldsymbol{w}^{(1)} \cdot \boldsymbol{x}^{(1)}\right) = f\left(\begin{bmatrix} 0.9 & 0.3 & 0.4 \\ 0.2 & 0.8 & 0.2 \\ 0.1 & 0.5 & 0.6 \end{bmatrix} \cdot \begin{bmatrix} 0.9 \\ 0.1 \\ 0.8 \end{bmatrix} \right) = f\left(\begin{bmatrix} 1.16 \\ 0.42 \\ 0.62 \end{bmatrix} \right) = \begin{bmatrix} 0.76 \\ 0.60 \\ 0.65 \end{bmatrix}$$

设第二层的权重矩阵为

$$\boldsymbol{w}^{(2)} = \begin{bmatrix} w_{1,1}^{(2)} & w_{1,2}^{(2)} & w_{1,3}^{(2)} \\ w_{2,1}^{(2)} & w_{2,2}^{(2)} & w_{2,3}^{(2)} \\ w_{3,1}^{(2)} & w_{3,2}^{(2)} & w_{3,3}^{(2)} \end{bmatrix} = \begin{bmatrix} 0.3 & 0.7 & 0.5 \\ 0.6 & 0.5 & 0.2 \\ 0.8 & 0.1 & 0.9 \end{bmatrix}$$

则

$$y = f\left(\boldsymbol{w}^{(2)} \cdot \boldsymbol{x}^{(2)}\right) = f\left(\begin{bmatrix} 0.3 & 0.7 & 0.5 \\ 0.6 & 0.5 & 0.2 \\ 0.8 & 0.1 & 0.9 \end{bmatrix} \cdot \begin{bmatrix} 0.76 \\ 0.60 \\ 0.65 \end{bmatrix}\right) = f\left(\begin{bmatrix} 0.96 \\ 0.89 \\ 1.25 \end{bmatrix}\right) = \begin{bmatrix} 0.72 \\ 0.71 \\ 0.78 \end{bmatrix}$$

观察前面的矩阵运算，矩阵与向量相乘，本质上是对向量的坐标空间进行变换，通过隐藏层的参数矩阵使数据的原始坐标空间从线性不可分转化成线性可分。由此可以发现，两层神经网络使用两层线性模型模拟数据真实的非线性函数，其本质就是复杂函数拟合[6]。

另外，输入层的节点数是由样本特征的维度确定的，输出层的节点数是由预测目标的维度确定的，那么隐藏层的节点数是如何确定的呢？通常情况下，隐藏层的节点数由神经网络的设计者根据经验来确定。一般先确定几个备选数，然后分别比较不同数量情况下的模型预测效果，进而确定最终数量。

8.2.4　神经网络训练（反向传播）

两层神经网络的重要优势在于，在对网络模型进行训练的时候，可以通过使用机器学习的相关技术获得更好的预测效果。通常采用的方法是损失函数，首先给所有参数随机赋值，然后计算预测目标 y 与真实目标 y' 之间的距离（这里以均方误差为例，即欧几里得距离），即损失值（loss），通过微调参数最终求得损失值最小的参数。对于某训练样本 $(\boldsymbol{x}, \boldsymbol{y})$，其总误差为

$$\text{loss} = E_y = \frac{1}{2}\sum_{j=1}^{m}(y'_j - y_j)^2$$

式中：$j = 1, 2, \cdots, m$ 为预测目标的个数。如图 8.10 所示，$m = 3$。

如果将先前的预测矩阵公式代入 y 中，损失值就变成了一个关于参数的函数，这个函数即损失函数（loss function）。现在的问题是求解使得损失值最小的参数。

设在两层神经网络中，有 n 个输入节点、p 个隐藏层节点和 m 个输出层节点。在权重更新的过程中，需要确定的参数如下。

（1）输入层与隐藏层之间连接的 $p \times n$ 个权重 $w_{k,i}^{(1)}$（$i = 1, 2, \cdots, n$；$k = 1, 2, \cdots, p$）。

（2）隐藏层与输出层之间连接的 $m \times p$ 个权重 $w_{j,k}^{(2)}$（$k = 1, 2, \cdots, p$；$j = 1, 2, \cdots, m$）。

（3）隐藏层神经元的 p 个阈值 $\theta_k^{(2)}$（$k = 1, 2, \cdots, p$）。

（4）输出层神经元的 m 个阈值 $\theta_j^{(3)}$（$j = 1, 2, \cdots, m$）。

这里参数较多，求导运算量较大，因此对于该优化问题通常采用梯度下降（gradient descent）算法。梯度下降算法是迭代的一种，它是一种常用的最优化算法，通过不断迭代，求解使损失函数最小化的参数。

在实际计算过程中，神经网络的节点数量较多，结构往往较为复杂，如果每次都计算梯度会造成较大的开销，因此还需要使用反向传播算法。该算法的特点在于，并不是一次把所有参数的梯度都计算出来，而是沿着与输出相反的方向（从输出层到输入层），依次计算每一层的梯度。

这里目标是最小化 E_y，基于梯度下降算法，以目标的负梯度方向对参数进行调整。

（1）输出层与隐藏层的权重更新，即为

$$\Delta w_{j,k}^{(2)} = -\eta \frac{\partial E_y}{\partial w_{j,k}^{(2)}}$$

（2）隐藏层与输入层的权重和阈值更新，即为

$$\Delta w_{k,i}^{(1)} = -\eta \frac{\partial E_y}{\partial w_{k,i}^{(1)}}$$

式中：η 为学习率。

下面以图 8.10 的网络结构及运算结果为例，来演示上面公式的推导过程。如图 8.11 所示，图中圆圈（即节点）中的数表示的是该节点的输出值，连线上表示的是其权重值。

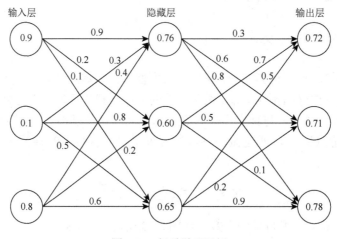

图 8.11　权重学习示例

设学习率 $\eta = 0.5$，网络运算的输出值为 y，网络输出的真实目标值 $y' = (0.2, 0.4, 0.9)^{\mathrm{T}}$，则可以得到总误差为

$$E_y = \frac{1}{2}\sum_{j=1}^{m}(y_i' - y_i)^2$$

$$E_{y_1} = \frac{1}{2}\sum_{j=1}^{m}(y_1' - y_1)^2 = \frac{1}{2}(0.2 - 0.72)^2 = 0.1352$$

$$E_{y_2} = \frac{1}{2}\sum_{j=1}^{m}(y_2' - y_2)^2 = \frac{1}{2}(0.4 - 0.71)^2 = 0.0481$$

$$E_{y_3} = \frac{1}{2}\sum_{j=1}^{m}(y_3' - y_3)^2 = \frac{1}{2}(0.9 - 0.78)^2 = 0.0072$$

$$E_y = E_{y_1} + E_{y_2} + E_{y_3} = 0.1905$$

输出层与隐藏层的权重更新（以 $w_{1,1}^{(2)}$ 更新为例）如下。

设各层节点输入值（即加权和）为 $\alpha_j^{(i)}$，表示第 i 层第 j 个节点的输入值，则第 3 层第 1 个节点的运算过程如图 8.12 所示。

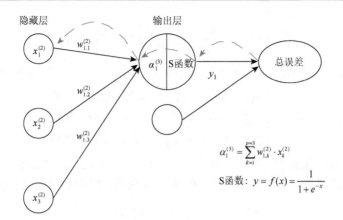

图 8.12　输出层到隐藏层的传播过程

如图 8.12 所示，图中的虚线表示反向传播过程。根据 $\boldsymbol{y} = f\left(\boldsymbol{w}^{(2)} \cdot \boldsymbol{x}^{(2)}\right)$ 和 E_y 的计算过程，$w_{1,1}^{(2)}$ 首先影响的是输出层第 1 个节点的输出值 $\alpha_1^{(3)} = \sum_{k=1}^{p=3} w_{1,k}^{(2)} \cdot x_k^{(2)}$，然后影响的是输出值 $y_1 = f\left(\sum_{k=1}^{p=3} w_{1,k}^{(2)} \cdot x_k^{(2)}\right)$，最后才是影响总误差 E_y。因此，根据导数的链式法则，可以将其分解为总误差关于输出的偏导、输出关于加权和的偏导，以及加权和关于权重的偏导三者的乘积。

以 $w_{1,1}^{(2)}$ 更新为例，总误差 E_y 关于权重 $w_{1,1}^{(2)}$ 的偏导为

$$\frac{\partial E_y}{\partial w_{1,1}^{(2)}} = \frac{\partial E_y}{\partial y_1} \cdot \frac{\partial y_1}{\partial \alpha_1^{(3)}} \cdot \frac{\partial \alpha_1^{(3)}}{\partial w_{1,1}^{(2)}}$$

总误差关于节点输出的偏导为

$$\frac{\partial E_y}{\partial y_1} = \frac{\partial\left[\dfrac{1}{2}\sum_{j=1}^{m}(y_i' - y_i)^2\right]}{\partial y_1} = 2 \cdot \frac{1}{2}(y_1' - y_1)^{2-1} \cdot (-1) + 0 = -(y_1' - y_1) = -(0.2 - 0.72) = 0.52$$

节点输出关于加权和（即输入）的偏导为

$$\frac{\partial y_1}{\partial \alpha_1^{(3)}} = \frac{\partial f\left(\alpha_1^{(3)}\right)}{\partial \alpha_1^{(3)}} = y_1(1 - y_1) = 0.72 \times (1 - 0.72) = 0.20$$

加权和关于权重的偏导为

$$\frac{\partial \alpha_1^{(3)}}{\partial w_{1,1}^{(2)}} = \frac{\partial \sum_{k=1}^{p=3} w_{1,k}^{(2)} \cdot x_k^{(2)}}{\partial w_{1,1}^{(2)}} = x_1^{(2)} = 0.76$$

因此，总误差 E_y 关于权重 $w_{1,1}^{(2)}$ 的偏导为

$$\frac{\partial E_y}{\partial w_{1,1}^{(2)}} = 0.52 \times 0.20 \times 0.76 = 0.079$$

于是更新后新的权重 $w_{1,1}^{(2)}$ 为

$$w_{1,1}^{(2)} = w_{1,1}^{(2)} - \eta \frac{\partial E_y}{\partial w_{1,1}^{(2)}} = 0.3 - 0.5 \times 0.079 = 0.26$$

同理，可以求得隐藏层与输出层之间连接上的其他权重，更新后的权重矩阵 $w^{(2)}$ 为

$$w^{(2)} = \begin{bmatrix} w_{1,1}^{(2)} & w_{1,2}^{(2)} & w_{1,3}^{(2)} \\ w_{2,1}^{(2)} & w_{2,2}^{(2)} & w_{2,3}^{(2)} \\ w_{3,1}^{(2)} & w_{3,2}^{(2)} & w_{3,3}^{(2)} \end{bmatrix} = \begin{bmatrix} 0.26 & 0.67 & 0.47 \\ 0.58 & 0.48 & 0.18 \\ 0.81 & 0.11 & 0.91 \end{bmatrix}$$

更新输入层与隐藏层之间连接上的各个权重值，其方法与上述方法相同，同样按照链式求导准则，计算总误差关于权重的偏导。如图 8.13 所示，图中的虚线表示反向传播过程。

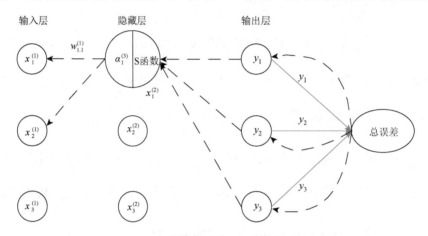

图 8.13　隐藏层到输入层的传播过程

同样以 $w_{1,1}^{(1)}$ 为例，总误差 E_y 关于权重 $w_{1,1}^{(1)}$ 的偏导为

$$\frac{\partial E_y}{\partial w_{1,1}^{(1)}} = \frac{\partial E_y}{\partial x_1^{(2)}} \cdot \frac{\partial x_1^{(2)}}{\partial \alpha_1^{(2)}} \cdot \frac{\partial \alpha_1^{(2)}}{\partial w_{1,1}^{(1)}}$$

同时，从图 8.13 可以发现，隐藏层节点 $x_1^{(2)}$ 的输出受输出层所有节点传来误差的影响，因此总误差 E_y 关于隐藏层节点 $x_1^{(2)}$ 输出的偏导数为

$$\frac{\partial E_y}{\partial x_1^{(2)}} = \frac{\partial E_{y_1}}{\partial x_1^{(2)}} + \frac{\partial E_{y_2}}{\partial x_1^{(2)}} + \frac{\partial E_{y_3}}{\partial x_1^{(2)}}$$

输出层节点 y_1 的误差关于隐含层节点 $x_1^{(2)}$ 输出的偏导为

$$\frac{\partial E_{y_1}}{\partial x_1^{(2)}} = \frac{\partial E_{y_1}}{\partial \alpha_1^{(3)}} \cdot \frac{\partial \alpha_1^{(3)}}{\partial x_1^{(2)}}$$

根据前面的推导过程有

$$\frac{\partial E_{y_1}}{\partial \alpha_1^{(3)}} = \frac{\partial E_{y_1}}{\partial y_1} \cdot \frac{\partial y_1}{\partial \alpha_1^{(3)}} = -(y_1' - y_1) \cdot y_1(1 - y_1) = -(0.2 - 0.72) \times 0.72 \times (1 - 0.72) = 0.104\,832$$

$$\frac{\partial \alpha_1^{(3)}}{\partial x_1^{(2)}} = \frac{\partial \sum_{k=1}^{p=3} w_{1,k}^{(2)} \cdot x_k^{(2)}}{\partial x_1^{(2)}} = w_{1,1}^{(2)} = 0.3$$

因此，有

$$\frac{\partial E_{y_1}}{\partial x_1^{(2)}} = \frac{\partial E_{y_1}}{\partial \alpha_1^{(3)}} \cdot \frac{\partial \alpha_1^{(3)}}{\partial x_1^{(2)}} = 0.104\,832 \times 0.3 = 0.031\,449\,6$$

同理，输出层节点 y_2 和 y_3 的误差关于隐含层节点 $x_1^{(2)}$ 输出的偏导分别为

$$\frac{\partial E_{y_2}}{\partial x_1^{(2)}} = \frac{\partial E_{y_2}}{\partial \alpha_2^{(3)}} \cdot \frac{\partial \alpha_2^{(3)}}{\partial x_1^{(2)}} = \left(\frac{\partial E_{y_2}}{\partial y_2} \cdot \frac{\partial y_2}{\partial \alpha_2^{(3)}} \right) \cdot \frac{\partial \sum_{k=1}^{p=3} w_{2,k}^{(2)} \cdot x_k^{(2)}}{\partial x_1^{(2)}} = -(y_2' - y_2) \cdot y_2(1-y_2) \cdot w_{2,1}^{(2)}$$

$$= -(0.4 - 0.71) \times 0.71 \times (1 - 0.71) \times 0.6 = 0.038\,297\,4$$

$$\frac{\partial E_{y_3}}{\partial x_1^{(2)}} = \frac{\partial E_{y_3}}{\partial \alpha_3^{(3)}} \cdot \frac{\partial \alpha_3^{(3)}}{\partial x_1^{(2)}} = \left(\frac{\partial E_{y_3}}{\partial y_3} \cdot \frac{\partial y_3}{\partial \alpha_3^{(3)}} \right) \cdot \frac{\partial \sum_{k=1}^{p=3} w_{3,k}^{(2)} \cdot x_k^{(2)}}{\partial x_1^{(2)}} = -(y_3' - y_3) \cdot y_3(1-y_3) \cdot w_{3,1}^{(2)}$$

$$= -(0.9 - 0.78) \times 0.78 \times (1 - 0.78) \times 0.8 = -0.016\,473\,6$$

因此总误差关于隐藏层输出的偏导数为

$$\frac{\partial E_y}{\partial x_1^{(2)}} = \frac{\partial E_{y_1}}{\partial x_1^{(2)}} + \frac{\partial E_{y_2}}{\partial x_1^{(2)}} + \frac{\partial E_{y_3}}{\partial x_1^{(2)}} = 0.031\,449\,6 + 0.038\,297\,4 - 0.016\,473\,6 = 0.053\,273\,4$$

隐含层输出关于加权和的偏导为

$$\frac{\partial x_1^{(2)}}{\partial \alpha_1^{(2)}} = x_1^{(2)} \cdot \left(1 - x_1^{(2)} \right) = 0.76 \times (1 - 0.76) = 0.182\,4$$

加权和关于权重的偏导为

$$\frac{\partial \alpha_1^{(2)}}{\partial w_{1,1}^{(1)}} = \frac{\partial \sum_{i=1}^{m=3} w_{1,k}^{(1)} \cdot x_k^{(1)}}{\partial w_{1,1}^{(1)}} = x_1^{(1)} = 0.9$$

因此总误差关于权重的偏导数为

$$\frac{\partial E_y}{\partial w_{1,1}^{(1)}} = \frac{\partial E_y}{\partial x_1^{(2)}} \cdot \frac{\partial x_1^{(2)}}{\partial \alpha_1^{(2)}} \cdot \frac{\partial \alpha_1^{(2)}}{\partial w_{1,1}^{(1)}} = 0.053\,273\,4 \times 0.182\,4 \times 0.9 = 0.008\,745\,361$$

于是更新后新权重 $w_{1,1}^{(1)}$ 为

$$w_{1,1}^{(1)} = w_{1,1}^{(1)} - \eta \frac{\partial E_y}{\partial w_{1,1}^{(1)}} = 0.9 - 0.5 \times 0.008\,753\,61 = 0.895\,63$$

同理，可以求得隐藏层与输出层之间连接上的其他权重，更新后的权重矩阵 $\boldsymbol{w}^{(1)}$ 为

$$\boldsymbol{w}^{(1)} = \begin{bmatrix} w_{1,1}^{(1)} & w_{1,2}^{(1)} & w_{1,3}^{(1)} \\ w_{2,1}^{(1)} & w_{2,2}^{(1)} & w_{2,3}^{(1)} \\ w_{3,1}^{(1)} & w_{3,2}^{(1)} & w_{3,3}^{(1)} \end{bmatrix} = \begin{bmatrix} 0.895\,63 & 0.299\,51 & 0.396\,11 \\ 0.188\,85 & 0.798\,76 & 0.190\,09 \\ 0.095\,22 & 0.499\,47 & 0.595\,75 \end{bmatrix}$$

根据以上的推导过程，可以归纳出以下内容。

（3）输出层与隐藏层的权重更新为

$$\Delta w_{j,k}^{(2)} = -\eta \cdot \frac{\partial E_y}{\partial w_{j,k}^{(2)}} = \eta \cdot y_j(1-y_j)(y_j' - y_j)x_k^{(2)}$$

（4）隐藏层与输入层的权重和阈值更新为

$$\Delta w_{k,i}^{(1)} = -\eta \frac{\partial E_y}{\partial w_{k,i}^{(1)}} = \eta \cdot \sum_{j=1}^{m=3} \left[y_j(1-y_j)(y_j'-y_j) \cdot w_{j,k}^{(2)} \right] \cdot x_k^{(2)} \left(1-x_k^{(2)}\right) \cdot x_i^{(1)}$$

至此，已经完成了反向传播算法的推导过程。需要注意的是，以上是在全连接网络结构下根据激活函数是 S 函数、误差计算方式是均方误差、网络结构是全连接网络、梯度下降算法是随机梯度下降优化算法推导出的训练规则。在实际的神经网络训练过程中，可以根据不同的网络结构模型选择不同的激活函数（如 S 函数、tanh 函数、ReLU 函数或 softmax 函数）、误差计算方式（如均方误差 mse、均方根误差 rmse、平均绝对值误差 mae、平均绝对百分比误差 mape 或均方对数误差 msle）和梯度下降优化算法（如全量梯度下降法（batch gradient descent，BGD）、随机梯度下降法（stochastic gradient descent，SGD）、小批量梯度下降法（mini-batch gradient descent，MBGD）、动量梯度下降法（gradient descent with momentum，GDM）或加速梯度下降法（Nesterov's accelerated gradient descent，NAGD）等）。算法的不同仅影响推导过程的计算方式，但反向传播的推导方式都是一致的，都是利用链式求导法则进行推导。

8.3　实例：mnist 手写数字识别

8.2 节中描述了神经网络的算法思想及实现过程，在实际使用过程中，通常不需要自己去构造神经网络算法，转而采用另一种实现方法，即直接调用 tensorflow 库中的 models 模块、layers 模块和 mnist 数据集模块。此时模型属于多分类任务，可识别数字 0～9，如程序 8.1 所示。

程序 8.1

```
In[2]:    from tensorflow.keras.datasets import mnist
          #导入 mnist 数据集模块
          from tensorflow.keras import models,layers
          #导入 models 和 layers 模块,用于模型搭建
          from tensorflow.keras.utils import to_categorical
          #用于对数据集类别 one-hot 编码
          (x_train,y_train),
          (x_test,y_test)=mnist.load_data(path='mnist.npz')
          #训练数据像素值压缩到 0～1 范围
          x_train=x_train/255.0
          x_test=x_test/255.0
          #one-hot 编码
          y_train=to_categorical(y_train)
          y_test=to_categorical(y_test)
          model=models.Sequential([  #模型构建
              layers.Flatten(),  #将图像转换成一维向量
              layers.Dense(512,activation = 'relu'),
```

```
        #神经元数目为 512 个
        layers.Dense(10,activation='sigmoid')
        #输出多分类,使用 sigmoid 激活函数
    ])

    model.compile(
        optimizer='adam',  #Adam 优化器
        loss='categorical_crossentropy',
        #采用交叉熵损失函数进行模型训练
        metrics=['accuracy'] #采用精确度做模型效果判断
    )

    train_history=model.fit(
        x_train,y_train,epochs=10  #采用 10 次 epochs
    )

    test_history=model.evaluate(x_test,y_test)  #在测试集评估模型
    print('train_accuracy:{:.2f}%'.format(train_history.history
            ['accuracy'][-1]*100))
    print('test_accuracy:{:.2f}%'.format(test_history[-1]*  100))
```

```
Out[2]:  Train on 60000 samples
        Epoch 1/10
        32/60000[.............................]-ETA:15:25-loss:2.3122-
          accuracy:0.0938
        352/60000[.............................]-ETA:1:32-loss:1.9820-
          accuracy:0.4574
        672/60000[.............................]-ETA:52s-loss:1.5246-
          accuracy:0.5908.............................
        train_accuracy:99.96%
        test_accuracy:98.13%
```

思 考 题

参考 mnist 手写数字识别的实例过程，尝试应用不同的激活函数。

习　　题

1. 根据 8.2 节反向传播过程，实现反向传播的推导。

2. 采用 8.3 节中使用库函数的方法，实现更多层次的神经网络。

本章参考文献

[1] HECHT-NIELSEN R. Theory of the backpropagation neural network[C]. International 1989 Joint Conference on Neural Networks，1989：593-605.

[2] 董军，胡上序. 混沌神经网络研究进展与展望[J]. 信息与控制，1997，26（5）：360-368，378.

[3] 弗朗索瓦·肖莱. Python 深度学习[M]. 张亮，译. 北京：人民邮电出版社，2018：3-15.

[4] MCCULLOCH W S，PITTS W. A logical calculus of the ideas immanent in nervous activity [J]. Bulletin of Mathematical Biophysics，1943，10（5）：115-133.

[5] ROSENBLATT F. The perceptron：A probabilistic model for information storage and organization in the brain[J]. Psychological Review，1958，65：386-408.

[6] 塔里克·拉希德. Python 神经网络编程[M]. 林赐，译. 北京：人民邮电出版社，2018：84-156.

第 9 章 聚 类 分 析

在前面几章，主要讨论了数据挖掘中的一些分类模型，分类模型主要处理数据挖掘中的分类问题。在分类问题中，每个样本会有一个标签，标记了这个样本属于哪一类，这类数据挖掘的目的是挖掘出样本数据与标签之间的关系，因此这种学习模型被称为监督学习。本章将讨论另一类数据挖掘方法——聚类分析。聚类分析处理的数据没有标签，因此被称为无监督学习方法。

聚类分析是指根据数据内部的相互关系将数据样本划分为不同的集合[1]。在聚类分析中，这些集合通常被称为簇。对于好的分簇结果，同一个簇中各样本的相似度较大，来自不同簇的样本之间的相似度较小。

在很多情况下，数据的分类情况没有给出，很难预先给样本确定类别。此时，聚类分析就发挥出无需标签的优势。下面简单列举一些聚类分析的应用场景。

（1）客户分析。客户分析是指基于客户的购买记录、客户背景和消费习惯等信息，对客户进行分簇，找出不同类别的客户群体，从而可以针对不同类别的客户采用不同的营销策略。

（2）文本聚类。一方面，文本聚类可以自动地将相似的文档划分在同一个话题之下；另一方面，文本聚类可以将一个较长的文档缩减为一个较短的文档，从而快速理解并概括长文档的核心内容。

（3）异常检测[2]。一般来说，正常的数据样本会聚集在一起，而异常的样本会分散在其他地方或者聚集在另外的簇中。使用聚类技术可以将正常样本与异常样本区分开来，如电信诈骗识别和网络广告点击欺诈识别等。

除此之外，聚类分析还经常用于数据挖掘中的数据预处理阶段。例如，聚类分析可以用于减少样本数量，当问题中样本数量太多时，可以使用聚类分析先将相似的样本划分到同一个簇中，然后从每个簇中选取一些样本作为代表，这样就可以很大限度上减少样本的数量，同时又不失代表性。

9.1 聚 类 问 题

9.1.1 聚类问题的定义

直观来说，聚类分析的结果是将相似的样本划分在同一个簇中，差别较大的样本划分到不同的簇中。

这里，给出聚类问题的形式化定义[3]：对于包含了 n 个样本的样本集 $D = \{x_1, x_2, \cdots, x_n\}$（$x_i = \{x_{i1}, x_{i2}, \cdots, x_{in}\}$），聚类任务的目标是将样本集 D 划分为 k 个互不相交的簇

$$\{C_l \ (l=1,2,\cdots,k)\} \left(C_l \bigcup C_{l'} = \varnothing (l \neq l') \text{且} D = \bigcup_{l=1}^{k} C_l \right).$$

9.1.2 聚类的依据：距离的定义

对样本进行聚类的依据是样本之间的相似度,样本之间的相似度通常使用样本距离来衡量。使用不同的距离定义对聚类结果有很大影响,实际上使用什么样的距离定义应该根据具体的问题而定。下面介绍几种常见的距离定义[4]。

对于函数 $\text{dist}(x_i,x_j)$,若其满足下列几个性质,则可以表示为一种距离度量。

（1）非负性： $\text{dist}(x_i,x_j) \geqslant 0$;

（2）同一性： $\text{dist}(x_i,x_j) = 0$ 当且仅当 $x_i = x_j$;

（3）对称性： $\text{dist}(x_i,x_j) = \text{dist}(x_j,x_i)$;

（4）传递性： $\text{dist}(x_i,x_j) \leqslant \text{dist}(x_i,x_k) + \text{dist}(x_k,x_j)$ 。

虽然对样本之间距离进行度量的 $\text{dist}(x_i,x_j)$ 很多,实际上最常用的是闵可夫斯基距离。对于样本 $\boldsymbol{x}_i = (x_{i1},x_{i2},\cdots,x_{in})$ 和 $\boldsymbol{x}_j = (x_{j1},x_{j2},\cdots,x_{jn})$,它们之间的闵可夫斯基距离定义为

$$\text{dist}_{\text{mk}}(\boldsymbol{x}_i,\boldsymbol{x}_j) = \left(\sum_{u=1}^{n} | x_{iu} - x_{ju} |^p \right)^{1/p} \tag{9.1}$$

式中： $p \geqslant 1$ 。

当 $p = 1$ 时,距离公式（9.1）表示为曼哈顿距离,即

$$\text{dist}_{\text{man}}(\boldsymbol{x}_i,\boldsymbol{x}_j) = | x_{iu} - x_{ju} |_1 = \sum_{u=1}^{n} | x_{iu} - x_{ju} | \tag{9.2}$$

当 $p = 2$ 时,距离公式（9.1）表示为大家所熟悉的欧几里得距离,即

$$\text{dist}_{\text{os}}(\boldsymbol{x}_i,\boldsymbol{x}_j) = | x_{iu} - x_{ju} |_2 = \sqrt{\sum_{u=1}^{n} | x_{iu} - x_{ju} |^2} \tag{9.3}$$

当样本中不同属性对问题的重要程度不同时,可以对闵可夫斯基距离进行修正,使用加权闵可夫斯基距离,即

$$\text{dist}_{\text{mk}}(\boldsymbol{x}_i,\boldsymbol{x}_j) = \left(\sum_{u=1}^{n} \omega_u | x_{iu} - x_{ju} |^p \right)^{1/p} \tag{9.4}$$

式中：权重 $\omega_u \geqslant 0 \ (u=1,2,\cdots,n)$ 代表不同属性对问题的重要性,其值越大,说明对应的属性越重要,通常有 $\sum_{u=1}^{n} \omega_u = 1$ 。

对于文本数据,通常使用余弦距离来度量两个文本之间的相似度。文本数据中不同的属性表示不同的词在文本中出现的次数或频率,两个不同文本词向量 $\boldsymbol{x}_i = (x_{i1},x_{i2},\cdots,x_{in})$ 和 $\boldsymbol{x}_j = (x_{j1},x_{j2},\cdots,x_{jn})$ 的余弦距离定义为

$$\text{dist}_{\text{cos}}(\boldsymbol{x}_i,\boldsymbol{x}_j) = \cos(\boldsymbol{x}_i,\boldsymbol{x}_j) \frac{\boldsymbol{x}_i \cdot \boldsymbol{x}_j}{| \boldsymbol{x}_i || \boldsymbol{x}_j |} \tag{9.5}$$

式中： $x_i \cdot x_j$ 为向量 x_i 与 x_j 的内积； $|x_i|$ 和 $|x_j|$ 分别为向量 x_i 和 x_j 的长度。

9.2 基于原型的聚类方法： k-均值聚类

常见的聚类方法主要有三种，即基于原型的聚类方法、基于密度的聚类方法和基于层次的聚类方法。

基于原型的聚类方法通常假设聚类结构能够通过 组原型来刻画。所谓原型 般是指簇的中心点，簇中所有的样本都与这个中心点具有相似的特征。k-均值聚类是一种既典型又简单的基于原型的聚类方法，也是目前在许多领域中广泛应用的聚类方法之一。k-均值聚类假设所有的样本可以划分为 k 个簇，每个样本属于当中的某个簇。k-均值聚类的目标是寻找各个簇的质心，这个质心可以是某个样本点，也可以是虚拟的一个点，它能够最大限度地代表它所在簇的特征。

9.2.1 k-均值聚类的原理和过程

k-均值聚类方法[5]的基本思想是：给定一个样本集 $D = \{x_1, x_2, \cdots, x_n\}$，寻找一个分为 k 个簇的簇划分 $C = \{C_1, C_2, \cdots, C_k\}$，使得所有样本点到它所在簇质心距离的误差平方和（sum of squared error，SSE）最小。

SSE 的计算公式为

$$SSE = \sum_{i=1}^{k} \sum_{x \in C_i} \text{dist}(x, \mu_i)^2 \tag{9.6}$$

式中： $\mu_i = \dfrac{1}{|C_i|} \sum_{x \in C_i} x$ ，表示簇 C_i 的质心。

对于给定的分簇数目 k，求得式（9.6）的理论最小值是一个十分复杂的问题。实际应用过程中，通常也不需要付出昂贵的代价去寻求最优解，一般采用迭代优化的方法得到近似解即可。k-均值聚类方法的基本步骤如下。

（1）初始化质心。使用抽样的方法从样本点中随机选取 k 个互不相同的样本点作为 k 个簇的初始质心。

（2）样本分簇。分别计算每个样本点到 k 个质心的距离，样本距离哪个簇的质心最近，就将样本点划分到那个簇中，最终将所有样本点分别划分到 k 个簇中。

（3）计算簇的质心。根据上一步簇的划分结果，计算所有簇的新质心 μ_i。

（4）判断结束条件。若新的质心没有发生改变，则结束计算，返回当前的分簇结果；否则，使用新的质心返回步骤（2）继续执行。

对于一些问题，迭代到新的质心不发生改变往往需要很大的计算量。在实际计算过程中，往往设定一个最大迭代次数或者规定质心的变化小于某个限定值即结束。

下面用一个例子来说明 k-均值聚类方法的计算过程，如图 9.1 所示。图 9.1（a）是原数据；图 9.1（b）是随机分配初始质心后，所有样本的分簇结果；图 9.1（c）是某次迭代过程中所有样本的分簇情况；图 9.1（d）是最终的聚类结果。图中较大的圆点是簇质心的位置，它在 k-均值聚类计算过程中不断变化。

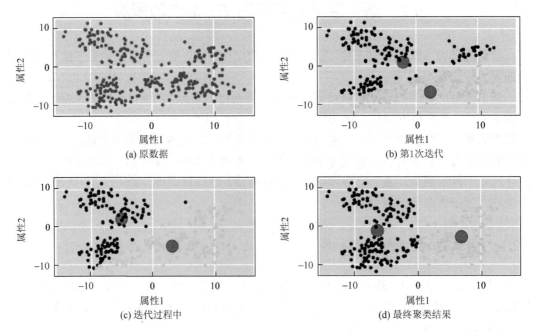

图 9.1　　k-均值聚类示例

9.2.2　　k-均值聚类的特点

k-均值聚类虽然简单易用，但并不是没有缺点，在使用时还需注意如下几个方面。

（1）k 的选取。使用不同的 k 值对数据进行聚类，得到的结果通常是不一样的，如图 9.2 所示。当 k 的取值与样本数目相同时，SSE 的最小值为 0，虽然可以达到理想最优解，但并没有任何实际意义。由此可见，k 的不同对 SSE 的最优解有影响，但单纯追求 SSE 最优化在实际意义上并不重要。对于实际问题，通常更加追求聚类结果的现实解释意义，要在充分理解问题的基础上设定合适的 k 值。

（2）随机产生的初始质心。k-均值聚类方法的运算过程采用的是迭代逼近算法，这种算法十分容易受到初始化点的影响，不同的初始质心可能得到不同的结果。为避免较差的初始质心带来聚类效果不好的后果，可以多生成几组初始质心，产生多个聚类结果，从中选取聚类效果最好的。

（3）计算过程中的空簇。在计算过程中，有可能会出现所有的样本点都不属于某个簇的情况，此时这个簇成为空簇。如果直接把这个簇删去，那么聚类簇的数目就会发生改变。通常的方法是为空簇指定一个质心，使其不为空。

（4）离群点。离群点是指和其他样本点相距较远的点，离群点产生的原因十分复杂，有可能是一些异常点，也有可能是测量误差等原因导致的。k-均值聚类中 SSE 的计算涉及所有样本点，离群点会导致簇的质心偏离真实的质心，从而影响分簇结果。

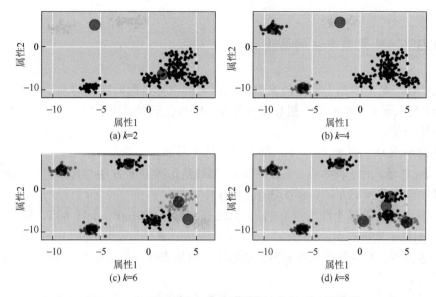

图 9.2　k 取不同值时 k-均值聚类算法获得不同的结果

（5）异形数据。当样本真实的簇具有非球形形状或者具有不同尺寸或密度时，k-均值聚类方法的效果较差，通常难以检测到"自然的"簇。图 9.3 所示为常见的异形数据的例子。从图 9.3（a）中的原数据可以看出，数据自然聚集在两个半圆上。在使用 k-均值聚类方法对其进行聚类时（k 取 2），得到如图 9.3（b）所示的结果。显然，这个分簇结果并不符合实际。

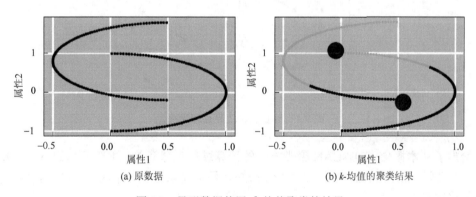

图 9.3　异形数据使用 k-均值聚类的结果

9.3　基于密度的聚类方法：DBSCAN

从另一个角度看，簇其实就是样本点高密度聚集的区域，簇之外的区域是低密度样本点区域或空白区域。基于密度的聚类方法就是从这一视角出发，分析样本空间内样本点的密度分布情况，将高密度的区域寻找出来。不同于 k-均值聚类方法，基于密度的聚类方法无须事先指定 k 值，更加适合难以确定 k 值的聚类问题。

9.3.1　DBSCAN 聚类方法的原理

DBSCAN[6]是一种基于密度的聚类方法，它的全称是面向噪声的基于密度的空间聚类。DBSCAN 聚类方法基于一组邻域参数 $(\varepsilon, \text{MinPts})$ 来刻画样本分布的紧密程度，并以此作为分簇依据。

给定数据集 $D = \{x_1, x_2, \cdots, x_m\}$，定义如下几个概念。

（1）ε - 邻域。对于样本点 $x_i \in D$，其 ε - 邻域是指数据集 D 中与样本点 x_i 的距离不大于 ε 的样本点，即 $N_\varepsilon(x_i) = \{x_j \in D \mid \text{dist}(x_i, x_j) \leqslant \varepsilon\}$。

（2）核心点。若某个样本点 x_i 的 ε - 领域至少包含了 MinPts 个样本点，即 $|N_\varepsilon(x_i)| \geqslant$ MinPts，则称 x_i 为核心点。

（3）边界点。若某个样本点 x_i 不是核心点，但是正好与某个核心点的距离为 ε，则称 x_i 为边界点。

（4）噪声点。若数据集 D 中某个样本点既不属于核心点又不属于边界点，则称该点为噪声点。

如图 9.4 所示的数据集中，假设 MinPts 的值取 5，则样本点 A 为核心点，样本点 B 为边界点，样本点 C 为噪声点。

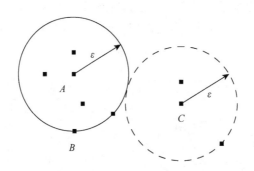

图 9.4　核心点、边界点和噪声点

给定了基本概念，DBSCAN 聚类方法的计算过程十分简单，主要分为如下三个步骤。

（1）设置 ε 和 MinPts。邻域参数 $(\varepsilon, \text{MinPts})$ 是定义高密度样本区域的特征，用户需首先设定好这两个参数。

（2）计算样本点的种类。基于设定的 ε 和 MinPts，将数据集中的所有样本分别标记为核心点、边界点或噪声点。

（3）聚类。首先将核心点各自成簇，然后将距离小于 ε 的核心点合并为一个簇，将边界点合并到与之关联的核心点的簇中，噪声点不聚集为任何簇。

下面使用一个例子来说明 DBSCAN 聚类方法的聚类结果。针对图 9.3（a）中的数据，选取合适的参数，使用 DBSCAN 聚类方法进行聚类，聚类的结果如图 9.5 所示。可以发现，DBSCAN 可以准确地将两个半圆上的数据分别聚类在一起，这个结果更加符合实际。

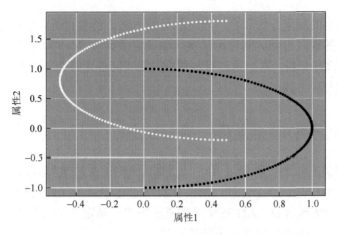

图 9.5　DBSCAN 聚类方法的效果

9.3.2　DBSCAN 聚类方法的特点

DBSCAN 聚类方法的优点之一是无须提前制定聚类问题簇的个数，它会根据所设邻域参数自动生成不同的簇划分。与 k-均值聚类方法相比，DBSCAN 聚类方法得到的簇的形状不再限定于球形，可以是任意分布的形状；该方法也不容易受到离群点的影响，它把离群点标记为噪声点，不为其分配任何簇，因此它具有较强的抗噪性。

但是，DBSCAN 聚类方法对 ε 和 MinPts 的依赖较强，特别是高维数据，定义出合适的 ε 和 MinPts 下的高密度区域是一个比较困难的问题。此外，DBSCAN 聚类方法对一个数据集采用同一个邻域参数，如果数据集中真实的簇的密度不一样，聚类就不能给出正确结果。如图 9.6 所示，区域 1 属于高密度区域，区域 2 属于低密度区域，区域 3 属于中等密度区域。如果 DBSCAN 的邻域参数只考虑区域 1，那么区域 3 将与区域 2 一同被识别为噪声区域，虽然区域 3 明显地可以形成一个簇。

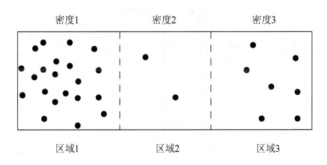

图 9.6　数据集中的簇具有不同的密度

9.4　基于层次的聚类方法：AGNES

基于层次的聚类方法是对数据集基于不同层次进行簇的划分。基于层次的聚类方法有两类，即自底向上的凝聚方法和自顶向下的分裂方法。前者将所有的样本点作为个体簇，合并两个最接近的簇，直到达到目标层次（如设定的簇数目）；后者认为所有样本点都属于某个簇，对簇进行分裂，直到达到目标层次。在实际应用过程中，采用自底向上的凝聚策略是较常见的一种方式。

9.4.1　AGNES 聚类方法的原理

AGNES[7]聚类方法是一种采用自底向上凝聚策略的层次聚类方法。它首先将数据集中的每个样本点都视为一个个体簇，然后在算法过程中逐步找到最接近的两个簇进行合并，直到达到预设的簇数目。ANGEN 聚类方法的关键是定义出两个簇的距离，可以根据两个簇中样本之间的距离来定义两个簇的距离。

给定两个簇 C_i 和 C_j，常用的簇的距离定义如下。

（1）最小距离为

$$d_{\min}(C_i, C_j) = \min_{x_i \in C_i, x_j \in C_j} \text{dist}(x_i, x_j) \tag{9.7}$$

（2）最大距离为

$$d_{\max}(C_i, C_j) = \max_{x_i \in C_i, x_j \in C_j} \text{dist}(x_i, x_j) \tag{9.8}$$

（3）平均距离为

$$d_{\text{avy}}(C_i, C_j) = \frac{1}{|C_i||C_j|} \sum_{x_i \in C_i} \sum_{x_j \in C_j} \text{dist}(x_i, x_j) \tag{9.9}$$

显然，采用不同的簇距离定义，最终得到的簇划分结果可能有很大的差别。基于最小距离、最大距离和平均距离的 AGNES 聚类方法分别被称为单链接、全链接和均链接方法。

AGNES 聚类方法的计算过程是逐步合并距离最近的两个簇。下面以表 9.1 中的样本数据为例，演示 AGNES 聚类算法使用不同簇距离的聚类结果。

表 9.1　样本数据

样本编号	属性 1	属性 2	样本编号	属性 1	属性 2
0	24	7	8	41	46
1	33	41	9	23	37
2	9	47	10	46	23
3	39	29	11	45	32
4	46	15	12	20	6
5	2	10	13	42	22
6	14	29	14	40	39
7	42	30	15	33	37

图 9.7～9.9 分别是使用单链接、全链接和均链接方法生成的树状聚类结果图。在树状图中，每一层链接一组聚类簇，用户可以根据自己的需要选择需要聚类的簇数。

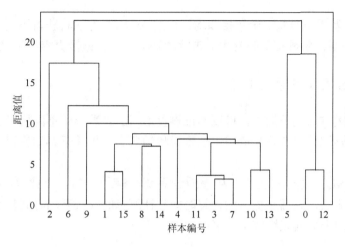

图 9.7 单链接 AGNES 方法生成的树状图

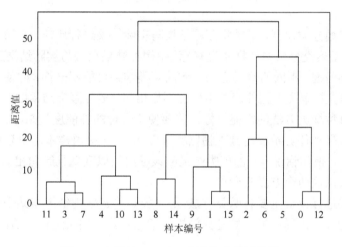

图 9.8 全链接 AGNES 方法生成的树状图

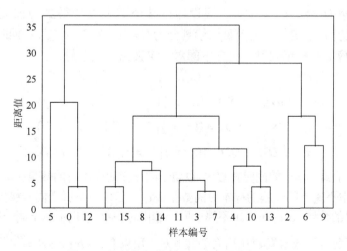

图 9.9 均链接 AGNES 方法生成的树状图

由此可见，基于单链接、全链接和均链接的 AGNES 方法将获得不同的聚类结果。大量的实验结果表明，单链接更容易生成带状的聚类簇，全链接更容易生成紧凑的簇。

9.4.2　AGNES 聚类方法的特点

AGNES 聚类方法使用简单，可以通过设置不同的参数得到不同粒度上多层级的聚类结果。在聚类结果上，AGNES 适用于任意形状的聚类，相较于 k-均值聚类，它受到离群点的影响更小。

但是，AGNES 聚类方法需要频繁地计算两个簇的距离，相比 k-均值聚类方法和 DBSCAN 聚类方法，它需要更多的计算时间和计算空间（较高的时间复杂度和空间复杂度），因此通常用于数据规模较小的聚类问题。

9.5　聚类结果的评价

对于数据挖掘分类模型，常常将预测结果与实际结果进行比较，来衡量分类数据挖掘模型的性能。由于聚类分析中的样本没有标签，聚类结果无法与实际结果进行对比。显然，对于同样的聚类问题，不同的聚类方法得到的聚类结果可能不一样；即使是同样的聚类方法，采用不同的参数聚类得到的聚类结果也不尽相同。多种聚类结果中，到底哪种聚类结果更好，或者哪种聚类方法的性能更好，需要使用合理的性能度量来进行评价。

直观上看，聚类任务希望达到"物以类聚"，即同一簇内样本尽量聚集在一起，不同簇之间尽量远离。换句话说，好的聚类结果应该簇内相似度高且簇间相似度低。对聚类结果的评价主要就从这两个方面来衡量。

对聚类结果进行评价主要有两类方法[8]：一类是构建聚类结果与某个给定的参考模型对比指标，称为外部指标；另一类是直接构建指标对聚类结果进行评估，称为内部指标。

1. 外部指标

对于数据集 $D = \{x_1, x_2, \cdots, x_m\}$，假设通过某个聚类方法得到的聚类结果为簇划分 $C = \{C_1, C_2, \cdots, C_k\}$，给定的参考模型的簇划分为 $C = \{C_1^*, C_2^*, \cdots, C_k^*\}$；同时，令 λ 和 λ^* 分别为 C 和 C^* 对应的簇标记向量。将样本配对，定义如下几个量。

$$a = |SS|, \qquad SS = \{(x_i, x_j) \mid \lambda_i = \lambda_j, \lambda_i^* = \lambda_j^*, i < j\} \qquad (9.10)$$

$$b = |SD|, \qquad SD = \{(x_i, x_j) \mid \lambda_i = \lambda_j, \lambda_i^* \neq \lambda_j^*, i < j\} \qquad (9.11)$$

$$c = |DS|, \qquad DS = \{(x_i, x_j) \mid \lambda_i \neq \lambda_j, \lambda_i^* = \lambda_j^*, i < j\} \qquad (9.12)$$

$$d = |DD|, \qquad DD = \{(x_i, x_j) \mid \lambda_i \neq \lambda_j, \lambda_i^* \neq \lambda_j^*, i < j\} \qquad (9.13)$$

式中：a 为在 C 中属于同一簇同时在 C^* 中也属于同一簇的样本对的数量；b 为在 C 中属于同一簇但是在 C^* 中不属于同一簇的样本对的数量；c 为在 C 中不属于同一簇但是在 C^* 中属于同一簇的样本对的数量；d 为在 C 中不属于同一簇同时在 C^* 中也不属于同一簇的样本对的数量。这四种情况包含了数据集 D 中所有的样本对，所以有 $a + b + c + d = \dfrac{m(m-1)}{2}$。

基于式（9.10）～（9.13）定义如下聚类结果的几个外部评价指标。

（1）杰卡德（Jaccard）系数为

$$JC = \frac{a}{a+b+c} \tag{9.14}$$

（2）FM 指数为

$$FMI = \sqrt{\frac{a}{a+b} \cdot \frac{a}{a+c}} \tag{9.15}$$

（3）兰德（Rand）指数为

$$RI = \frac{2(a+d)}{m(m-1)} \tag{9.16}$$

聚类方法得到的结果与参考模型给出的簇分类结果越吻合越好，因此这几个指标的值越大说明聚类的效果越好。

2. 内部指标

仅考虑经过聚类后的分簇结果。对数据集 D，假设得到簇划分 $C = \{C_1, C_2, \cdots, C_k\}$，定义如下几个量。

（1）簇内样本平均距离为

$$avg(C) = \frac{2}{|C|(|C|-1)} \sum_{1 \leqslant i \leqslant j \leqslant |C|} dist(x_i, x_j) \tag{9.17}$$

（2）簇内样本间最远距离为

$$diam(C) = \max_{1 \leqslant i \leqslant j \leqslant |C|} dist(x_i, x_j) \tag{9.18}$$

（3）簇间样本最近距离为

$$d_{min}(C_i, C_j) = \min_{x_i \in C_i, x_j \in C_j} dist(C_i, C_j) \tag{9.19}$$

（4）簇间中心点距离为

$$d_{cen}(C_i, C_j) = dist(\mu_i, \mu_j) \tag{9.20}$$

式中：μ 为簇的中心点。

基于式（9.17）～（9.20），定义如下聚类结果的几个内部评价指标。

（1）DB 指数为

$$DBI = \frac{1}{k} \sum_{i=1}^{k} \max_{j \neq i} \left[\frac{avg(C_i) + avg(C_j)}{d_{cen}(\mu_i, \mu_j)} \right] \tag{9.21}$$

（2）Dunn 指数为

$$DI = \min_{1 \leqslant i \leqslant k} \left\{ \min_{j \neq i} \frac{d_{min}(C_i, C_j)}{\max\limits_{1 \leqslant l \leqslant k} diam(C_l)} \right\} \tag{9.22}$$

显然，DBI 的值越小，DI 的值越大，聚类方法的分簇结果越好。

9.6　使用 Python 进行聚类分析

　　Scikit-Learn 中提供了丰富的聚类算法接口，读者可以很方便地借助 Scikit-Learn 实现本章中的各类聚类方法。

　　下面介绍 Scikit-Learn 中如何使用 k-均值聚类方法。

　　导入 Scikit-Learn 中的 KMeans 函数，将其赋给变量 kmeans，设定 k-均值聚类的目标簇数为 4，如程序 9.1 所示。

程序 9.1

```
from sklearn.cluster import KMeans
kmeans=KMeans(n_clusters=4)
```

　　对数据集 X 进行聚类。X 为一个二维数组，或者为 Numpy 的数组，或者为 Pandas 的 DataFrame 对象，X 中的列表示该数据的属性，行表示该数据的样本。下列 X 表示相同格式的数据。

程序 9.2

```
kmeans.fit(X)
```

　　返回聚类结果。kmeans.labels_ 输出数据集 X 中每个样本的分簇结果；kemans.cluster_centers_ 输出聚类后簇的中心点（质心）的位置。

程序 9.3

```
y=kmeans.labels_
centers=kemans.cluster_centers_
```

　　可以将经过数据集 X 训练好的聚类模型用于新的数据集，改程序将聚类模型对新数据集 X1 中每个样本的预测分簇结果，X1 的数据格式同 X。

程序 9.4

```
labels=kmeans.predict(X1)
```

　　Scikit-Learn 中也提供了基于密度聚类的方法 DBSCAN 的实现，具体用法如程序 9.5 所示。

程序 9.5

```
from sklearn.cluster import DBSCAN
dbscan=DBSCAN(eps=0.3,min_samples=5)
dbscan.fit(X)
y=kmeans.labels_
```

　　DBSCAN 聚类需要设定的参数有两个：eps 为 ε 的值；min_samples 为 MinPts 的值。

　　对于基于层次的聚类方法，Scikit-Learn 中使用 AgglomerativeClustering 来实现，如程序 9.6 所示。

程序 9.6

```
from sklearn.cluster import AgglomerativeClustering
```

```
agg=AgglomerativeClustering(n_clusters=4,linkage='single')
agg.fit(X)
y=agg.labels_
```

层次聚类方法有两个十分重要的参数：n_clusters 为拟聚类的簇数；linkage 为基于哪种簇间距离进行聚类，"single"表示单链接，"complete"表示全链接，"average"表示均链接。

9.7　实例：城市发展潜力评估

本节将使用聚类方法对某省省内几个城市城区发展潜力进行分析，以此来展示聚类分析的常见用法。

从某省的调查年鉴和统计年鉴中收集到相关数据，将经济潜力、环境潜力、科技潜力和人口潜力四个指标作为衡量城市城区发展潜力的指标。其中，经济潜力使用固定资产投资增长率和 GDP 年增长率两个特征来表示，环境潜力使用生活污水处理率这个特征来表示，科技潜力使用科技投入占 GDP 比重和万人高等教育在校生人数两个特征来表示，人口潜力使用教育经费占 GDP 比重来表示。不同城市的详细数据如表 9.2 所示（本数据的统计时间为 2014 年）。

表 9.2　各城市详细数据

城市	固定资产投资 增长率/%	GDP 年增长率/%	生活污水 处理率/%	科技投入 占 GDP 比重/%	万人高等教育 在校人数/人	教育经费 占 GDP 比重/%
城市 1	19.29	9.26	96	1.56	967.4	1.84
城市 2	19.45	9.43	93	1.28	263.9	2.78
城市 3	17.80	4.75	98	1.61	188.5	2.42
城市 4	17.55	6.90	98	0.97	159.5	2.96
城市 5	19.00	2.94	97	0.60	62.70	2.81
城市 6	22.12	7.15	88	2.04	96.90	3.62
城市 7	18.16	10.36	90	0.25	117.5	4.70
城市 8	17.55	7.52	89	0.32	118.9	4.47
城市 9	16.78	11.24	90	0.27	52.70	4.54

首先将数据归一化到[−1, 1]，然后使用 k-均值聚类方法进行聚类，设置聚类簇数为 3。得到的聚类结果如表 9.3 所示。各簇的中心点如图 9.10 所示（图中各特征数值为标准化后的值）。其中：特征 1 为固定资产投资增长率；特征 2 为 GDP 年增长率；特征 3 为生活污水处理率；特征 4 为科技投入占 GDP 比重；特征 5 为万人高等教育在校人数；特征 6 为教育经费占 GDP 比重。

表 9.3 聚类结果

城市编号	城市 1	城市 2	城市 3	城市 4	城市 5
类型	类型 1	类型 1	类型 3	类型 3	类型 3
城市编号	城市 6	城市 7	城市 8	城市 9	—
类型	类型 1	类型 2	类型 2	类型 2	—

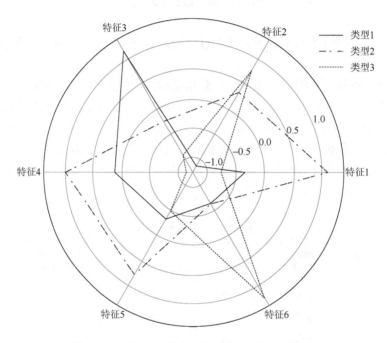

图 9.10 各类型聚类中心点（归一化后）雷达图

通过表 9.3 和图 9.10 可以发现，k-均值聚类方法将这些城市聚为不同的簇，每个簇代表不同的类别，不同簇之间有较大的差别。基于这些分簇结果，结合相关业务知识，可以进行深入的分析。

9.8 本 章 小 结

聚类分析旨在找到数据集中不同种类的数据，特别适用于无法提前知道数据如何分类的情况。它经常被用于市场营销、信息检索、生物学和医学等诸多领域，也经常被用于数据挖掘过程中对数据进行预处理。

常用的聚类分析方法主要有基于原型的聚类方法、基于密度的聚类方法和基于层次的聚类方法三类。本章分别介绍了它们的典型方法，分别是 k-均值聚类方法、DBSCAN 和 AGNES。相对于监督数据挖掘模型，聚类分析结果的优劣并不是特别明确。在实际使用聚类分析进行数据挖掘的时候，往往更加看重对聚类结果是否有合理的解释，并不把聚类结果的性能评价作为最终目标。

思 考 题

1. k-近邻和 k-均值有什么区别？
2. 分析各种聚类分析方法的特点，分别说明其适用范围。
3. 对数据进行聚类分析之前如何对数据做预处理？
4. 聚类分析的结果如何评估？

习 题

1. 假设有 8 个点：$(3, 1)(3, 2)(4, 1)(4, 2)(1, 3)(1, 4)(2, 3)(2, 4)$，使用 k-均值方法对其进行聚类。假设初始聚类质心分别为 $(0, 4)$ 和 $(3, 3)$，则最终的簇质心为 (___, ___) 和 (___, ___)。

2. 关于 DBSCAN，以下说法错误的是（　　　）。

A. 密度相连的样本被划分在同一个簇中

B. 需要指定聚类后簇的个数

C. 基于邻域参数 $(\varepsilon, MinPts)$ 来刻画样本分布的紧密程度

D. 是一种基于密度的聚类方法

3. 以下关于聚类方法的描述中，不正确的是（　　　）。

A. 基本的层次聚类方法分为凝聚式层次聚类和分裂式层次聚类

B. k-均值方法的数目是事先给定的，而 DBSCAN 在聚类完成前不知道具体的聚类数目

C. k-均值方法很难处理非球形和不同大小的簇，DBSCAN 可以处理不同大小和不同形状的簇

D. k-均值方法丢弃被它识别为噪声的对象，而 DBSCAN 一般聚类所有对象

本章参考文献

[1] ESTIVILL-CASTRO V. Why so many clustering algorithms: A position paper[C]. Knowledge Discovery and Data Mining, 2002, 4 (1): 65-75.

[2] CHANDOLA V, BANERIEE A, KUMAR V. Anomaly detection: A survey[J]. ACM Computing Surveys, 2009, 41 (3) 1-58.

[3] JAIN A K, MURTY M N, FLYNN P J. Data clustering: A review[J]. ACM Computing Surveys, 1999, 31 (3): 264-323.

[4] DEZA M M, DEZA E. Encyclopedia of distances[M]. Berlin Encyclopedia of distances. 2009: 1-583.

[5] LLOYD S. Least squares quantization in PCM[J]. IEEE Transactions on Information Theory, 1982, 28 (2): 129-137.

[6] ESTER M, KRIEGEL H P, SANDER J, et al. A density-based algorithm for discovering clusters in large spatial databases

with noise[C]. Knowledge Discovery and Data Mining，1996：226-231.

[7] FISHER D. Iterative optimization and simplification of hierarchical clusterings[J]. Journal of artificial intelligence research，1996，4（1）：147-179.

[8] 周志华. 机器学习[M]. 北京：清华大学出版社，2016：197-199.

第 10 章 关 联 分 析

"啤酒和尿不湿"的故事是关联分析领域流传最为广泛的故事之一。这个故事讲的是一家超市通过分析顾客购物清单，发现很多顾客在购买尿不湿的同时购买了啤酒，于是这家超市将啤酒和尿不湿放在了相邻的购物架上，这一奇怪的举动竟然促使尿不湿和啤酒的销售率均大幅提升。尿不湿和啤酒之间的关系直观上很难发现，但是这种关系往往具有巨大的价值。能够将这种关系从大量纷杂的数据中挖掘出来的一个主要手段，就是本章即将介绍的关联分析。

关联分析主要挖掘不同事件同时出现的可能性[1]，但并不关注两者同时出现的原因（因果关系）。关联分析也是一种无监督学习模型，它处理的数据不需要被打上类别标签，而是一种类似购物清单的购物篮数据。

关联分析常用的应用场景包括但不限于以下几种。

（1）商品销售，即通过分析顾客购买商品的购物清单，分析同时选择不同商品的可能性，从而针对性地设计商品营销策略，提高商品销量。

（2）行为分析[2]，即根据用户的行为（如在互联网上的行为），分析其潜在的行为习惯。

（3）故障诊断[3]。大型复杂的系统也可以尝试使用关联分析进行故障诊断，根据故障产生的历史信息，分析哪些故障之间具有较强的关联关系，即某个故障一旦发生，另一个故障就有较大的可能性也将发生。

10.1 关联分析的基本概念

10.1.1 问题定义

下面以网络媒体微博为例说明关联规则挖掘问题。微博内容种类是多样性的，包括新闻、科普、财经、明星、电视剧、音乐、体育、健康、养生和历史等，可以按照微博用户（大 V）发布内容的种类为微博用户标记标签。这种场景下"交易"的意义是微博用户（普通用户）关注的大 V，即一个普通用户同时关注了不同种类的大 V。一个用户关注的许多大 V 类似于传统实体交易的一份订单，他所关注的每个大 V 就等价于订单中选购的不同商品。这里的"商品"就是用户关注的新闻、科普、财经、明星、电视剧、音乐等类别的大 V。假设收集到几位普通用户所关注大 V 的信息如表 10.1 所示，使用关联分析可以找出微博用户关注不同信息板块之间的关联关系。

表 10.1　微博用户关注大 V 类别数据集

用户 ID	关注大 V 的类别
1	新闻、财经、体育
2	新闻、养生
3	财经、明星
4	体育
5	财经、新闻、养生
6	新闻、财经、明星
7	明星、新闻
8	新闻、财经、体育

在关联分析中，表 10.1 的数据需要转化为二元形式进行表示。如表 10.2 所示，每行对应一个事务，每列对应一个项。

表 10.2　微博关注数据集的二元表示

事务 ID	新闻	财经	体育	明星	养生
1	1	1	1	0	0
2	1	0	0	0	1
3	0	1	0	1	0
4	0	0	1	0	0
5	1	1	0	0	1
6	1	1	0	1	0
7	1	0	0	1	0
8	1	1	1	0	0

基于以上问题的描述，下面介绍关联分析的基本概念。

1. 项集

令 $I = \{i_1, i_2, \cdots, i_d\}$ 是数据中所有项的集合，$T = \{t_1, t_2, \cdots, t_n\}$ 是所有事务的集合。每个事务 t_i 包含的项集都是 I 的子集。在关联分析中，包含 0 个或多个项的集合被称为项集。若一个项集包含 k 个项，则称它为 k-项集。仅包含 0 个项的项集称为空集。

2. 关联规则

关联规则是形如 $X \rightarrow Y$ 这样的形式，其中 X 和 Y 是不相交的项集。这个关联规则表示的意义是：基于历史数据，X 出现了，Y 同时出现的可能性很高。对应以上微博的例子，关联规则{新闻, 财经}→{体育}表示的意义是：若用户关注了新闻和财经，则有很大的可能性也关注了体育。

形如 $X \rightarrow Y$ 的关联规则非常多，所感兴趣的是 X 和 Y 的伴随发生是一个比较强的规律。实际中，一般使用支持度和置信度来衡量关联规则的强度。

3. 支持度

项 X 的支持度定义为

$$s(X) = \frac{\sigma(X)}{N}$$

式中：N 为事务集中事务的个数；$\sigma(X)$ 为 X 在事务集中出现的次数。如表 10.2 中的例子，"新闻"在 8 次交易中出现了 6 次，该项的支持度为 6/8，即 0.75；"新闻"和"养生"同时出现了 2 次，该 2-项集的支持度为 2/8，即 0.25。

支持度还可以表示一条关联规则在历史数据中出现的频率，即该关联规则中所有项同时出现的比例。对于形如 $X \rightarrow Y$ 的关联规则，其支持度定义为

$$s(X \rightarrow Y) = \frac{\sigma(X \cup Y)}{N}$$

式中：$\sigma(X \cup Y)$ 为 X 和 Y 同时出现的次数。例如，{新闻,财经}→{体育}，"新闻""财经""体育"同时出现的次数为 2，因此该关联规则的支持度为 2/8，即 0.25。

支持度反映了关联规则中所有项在整个数据集中出现的频繁程度，如果某个关联规则的支持度很低，说明该关联规则所包含的项集并不经常出现，有可能只是偶然出现或者是异常数据，并不是一般规律；如果某个关联规则的支持度很高，说明它经常出现，这条关联规则有可能具有普遍性，并且蕴含着一般规律。在关联分析中，主要关注支持度较高的、具有普遍性的关联规则。在实际分析中，通常会设置一个支持度阈值，关注高于这个支持度阈值的关联规则，这些关联规则的项集被称为频繁项集。

4. 置信度

关联规则 $X \rightarrow Y$ 的置信度定义为

$$c(X \rightarrow Y) = \frac{\sigma(X \cup Y)}{\sigma(X)}$$

置信度表示项集 Y 在包含 X 中出现的频繁程度。以关联规则{新闻,财经}→{体育}为例，其置信度为 2/4，即 0.5。这说明在关注了"新闻""财经"板块的用户中，有 50%的用户还同时关注了"体育"板块。

置信度越高的关联规则 $X \rightarrow Y$，说明 Y 在 X 出现的情况下出现的可能性越大，这条关联规则的可靠程度越高，越有可能是一般规律。实际分析中，通常也会设置一个置信度阈值，高于这个置信度阈值的规则被称为强关联规则，也就是关联分析中感兴趣的关联规则。

5. 关联规则挖掘

关联规则挖掘问题是指，给定事务集 T，运用关联分析寻找那些满足同时高于支持度阈值和置信度阈值的强关联规则。

10.1.2 关联分析的基本步骤

进行关联分析的一种蛮力方法是列出所有可能的关联规则，在其中找出支持度和置信

度满足条件的关联规则。然而，这种方法计算量十分庞大，在实际应用中并不可行。为了降低关联分析的计算量，通常将关联规则挖掘问题分为两个步骤：第一步寻找出频繁项集；第二步，在频繁项集中生成关联规则，并判断哪些是强关联规则。

1. 寻找频繁项集

对于有 n 个项组成的事务集，排除无法产生有效关联规则的空集和 1-项集，候选的频繁项集个数为 $2^n - n - 1$，这些项集都有可能是产生关联规则的频繁项集。候选频繁项集的个数随 n 的增加而急剧增加，在很多实际问题中，n 的值是一个比较大的数，如一个超市的商品有可能上千种。为了快速找到关联规则，需要设计高效的方法剔除无法生成强关联规则的项集，尽快找到满足条件的频繁项集。

2. 生成关联规则

对于一个 k-项集的频繁项集 Y，它可能产生关联规则 $X \rightarrow Y - X$，其中 X 和 $Y - X$ 为 Y 的非空子集。一个 k-项集可能生成的关联规则的个数为 $2^k - 2$，当 k 的值比较大时，$2^k - 2$ 的值将十分庞大。因此，如何从数目庞大的候选关联规则中快速找到有意义的强关联规则，是关联分析中的重要步骤。

10.2　Apriori 关联分析算法

Apriori 关联分析[4]算法也称先验原理关联分析算法，它主要是利用先验原理来寻找频繁项集并判断是否为强关联规则。

10.2.1　寻找频繁项集

给出这样一条先验原理。

定理 10.1　若一个项集是频繁的，则它的所有子集一定也是频繁的。

这个定理很容易给出证明。假设一个项集 X 是频繁的，即 $s(X) = \dfrac{\sigma(X)}{N} > s_0$（$s_0$ 为支持度阈值）。令 X' 为 X 的任意子集，因为当 X 中的所有项同时在事务集中出现的时候，X' 的所有项也必定出现，所以有 $\sigma(X') \leqslant \sigma(X)$，进而可以得到 $s(X') = \dfrac{\sigma(X')}{N} \leqslant \dfrac{\sigma(X)}{N} < s_0$，于是 $s(X') < s_0$ 成立。

如表 10.1 中的例子，设置支持度阈值为 0.24，项集{新闻, 财经, 体育}的支持度为 0.25，它是一个频繁项集。根据定理 10.1，其子集{新闻, 财经}（支持度为 0.5）、{新闻, 体育}（支持度为 0.25）、{财经, 体育}（支持度为 0.25）、{新闻}（支持度为 0.75）、{财经}（支持度为 0.625）和 {体育}（支持度为 0.375）都是频繁项集。

定理 10.1 反过来也是成立的。

定理 10.2　若一个项集是非频繁的项集，则它的超集（父集）一定也是非频繁的项集。

假设一个项集 X 是非频繁的项集，即 $s(X) = \dfrac{\sigma(X)}{N} < s_0$（$s_0$ 为支持度阈值）。假设 X'' 为包含 X 的所有项集的超集，则 $\sigma(X'') \leqslant \sigma(X)$，从而得到 $s(X'') = \dfrac{\sigma(X'')}{N} \leqslant \dfrac{\sigma(X)}{N} < s_0$，于是 $s(X'') < s_0$ 成立。

仍然以表 10.1 为例，这里设置支持度阈值为 0.3，项集{新闻, 养生}的支持度为 0.25，是一个非频繁项集。根据定理 10.2，其超集{新闻, 养生, 财经}（支持度为 0.125）、{新闻, 养生, 体育}（支持度为 0）、{新闻, 养生, 明星}（支持度为 0）和{新闻, 养生, 明星, 体育}（支持度为 0）都是非频繁项集。

Apriori 关联分析算法利用定理 10.2 快速将非频繁项集找到，排除了非频繁项集，剩余的就是要寻找的频繁项集。显然，Apriori 算法的复杂度与需要处理的事务集大小、事务集中项的平均长度、事务集中项的最大长度和所设定的支持度阈值等因素有关。

10.2.2　生成关联规则

频繁项集中关联规则的数目仍然十分庞大，一个 k-项集就有可能包含 $2^k - 2$ 个关联规则，因此从频繁项集中寻找关联规则仍然是一件十分困难和烦琐的事情。如果使用穷举法将所有可能的关联规则列出，分别判断它们的置信度是否大于置信度阈值，这将是一个十分耗时的工作。

可以利用置信度的一些性质来尽量把无效的关联规则剔除掉，从而降低关联规则生成的难度。

定理 10.3　对于频繁 k-项集 Y，若规则 $X \to Y - X$ 的置信度小于置信度阈值，则规则 $X' \to Y - X'$ 的置信度也一定小于置信度阈值（X' 是 X 的子集）。

规则 $X \to Y - X$ 的置信度小于置信度阈值，即

$$c(X \to Y) = \frac{\sigma(X \cup (Y - X))}{\sigma(X)} = \frac{\sigma(Y)}{\sigma(X)} < c_0$$

式中：c_0 为所设定的置信度阈值。由于 X' 是 X 的子集，有 $\sigma(X') \geqslant \sigma(X)$。那么规则 $X' \to Y - X'$ 的置信度为

$$c(X' \to Y) = \frac{\sigma(X' \cup (Y - X'))}{\sigma(X')} = \frac{\sigma(Y)}{\sigma(X')} < \frac{\sigma(Y)}{\sigma(X)} < c_0$$

利用定理 10.3 将无效的关联规则快速排除，只需关注有可能满足置信度阈值的关联规则，有效缩减了算法的搜索空间，能够加快寻找全部强关联规则的速度。

显然，对于同样的事务集，频繁项集获得的难度和数目取决于所设置的支持度阈值，关联规则获得的难度和数目取决于所设置的置信度阈值。支持度阈值设置得越小，找到的频繁项集越多；置信度阈值设置得越小，生成的关联规则数目越多，也需要更多的执行时间来判断强关联规则。反之，支持度阈值和置信度阈值设置得越大，满足条件的强关联规则数目就越少。对于实际问题，希望所得到的关联规则能够揭示出某种有用的关系。因此，重点不在于找到的关联规则数目的多少，而在于这些关联规则是偶然的，还是反映了某种隐含的信息和知识。

10.3　FP 增长算法

本节将介绍另外一种寻找频繁项集的方法——FP 增长（frequent pattern growth）算法[5]。FP 增长算法将事务集编码为 FP 树的一种数据结构，并基于 FP 树来获得频繁项集。首先介绍如何将事务集编码为 FP 树，然后介绍如何根据 FP 树寻找频繁项集。

10.3.1　生成 FP 增长树

对于一个事务集，可以使用如下几个步骤将其编码为一棵 FP 树。

（1）扫描事务集，计算每个项在事务集中出现的次数。

（2）将项在事务集中出现的次数按照从大到小的次序对每一条事务中的项进行排序。

（3）从 FP 树的根节点"NULL"出发，依次将每一条事务编入 FP 树中，每个项在 FP 中代表一个节点，每一条事务在 FP 中表示一条从"NULL"出发的路径。若两个事务的路径在 FP 树中有相交的地方，则将相交的项编在同一个路径上，FP 中每个节点的值为经过该节点的事务集数量。

下面以表 10.1 为例来说明如何针对一个事务集生成 FP 树。

首先计算每个项在事务集中出现的次数，"新闻"出现 6 次，"财经"出现 5 次，"体育"出现 3 次，"明星"出现 3 次，"养生"出现 2 次；然后按照这个次序对表 10.1 中的事务集重新排序。结果如表 10.3 所示。

表 10.3　按照项出现的次数进行排序后的事务集

事务 ID	项
1	新闻，财经，体育
2	新闻，养生
3	财经，明星
4	体育
5	新闻，财经，养生
6	新闻，财经，明星
7	新闻，明星
8	新闻，财经，体育

依次将所有事务编入 FP 树的过程如下。

（1）将事务 1 编入 FP 树。FP 树此时为空，事务 1 从 FP 树的根节点出发。如图 10.1 所示，节点名称旁边的数字表示经过该节点事务的数目。

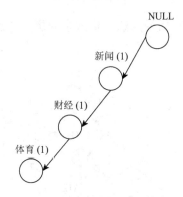

图 10.1 生成 FP 树且编入事务 1

（2）将事务 2 编入 FP 树。事务 2{新闻, 养生}与现在的 FP 树的节点有重合。"新闻"这一项有重合，因此事务集 2 从 FP 的"新闻"节点编码；"养生"这一项又不重合，因此在此产生一个分支，如图 10.2 所示。同时，还需要更新节点名称旁边的数字。

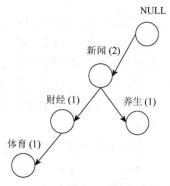

图 10.2 生成 FP 树且编入事务 2

（3）将事务 3 编入 FP 树。事务 3 在 FP 树的路径应该是{NULL, 财经, 明星}，在 FP 树中无法与任何路径共享，因此需要从"NULL"另起一个分支。如图 10.3 所示，虽然这里添加的"财经"节点与原来 FP 树中的"财经"节点不属于同一个分支，但它们都是"财经"节点，因此使用一条虚线将它们联系起来。

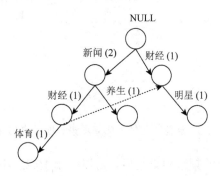

图 10.3 生成 FP 树且编入事务 3

（4）依照上述事务编入 FP 树的方法，将剩余的事务全部编入 FP 树，结果如图 10.4 所示。

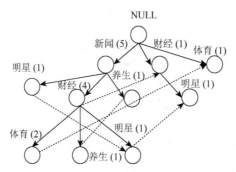

图 10.4　生成 FP 树且将所有事务编入 FP 树

10.3.2　寻找频繁项集

在生成了事务集的 FP 树之后，寻找频繁项集就变得很容易了。FP 树中的任意一条路径，越靠近根节点的节点在事务集中出现的次数越多，越靠近叶子节点的节点在事务集中出现的次数越少。因此，自底向上对 FP 树的节点进行判定：若某分支中出现了一个节点旁边的数字满足所设定的支持度阈值，则说明该节点上溯到根节点，其中的节点任意组成的项集都是频繁项集；若同一个叶子节点旁边的数字之和不满足支持度阈值，则可以将其从 FP 树中删除，以减小 FP 树的规模。

以图 10.4 所示的 FP 树为例，在某个支持度阈值下，{NULL, 新闻, 财经, 体育} 这一分支中的节点"体育"满足支持度阈值，则"体育"节点上溯到根节点中所有节点任意组合成的项集都是频繁项集，即{体育,财经}、{体育,新闻}、{财经,新闻}、{体育,财经,新闻}（忽略 1-项集）都是频繁项集。若在某个支持度阈值下，叶子节点"养生"旁边的数字之和不满足支持度阈值，说明包含该节点的所有项集都不是频繁项集，则可以将其删除，更新为如图 10.5 的 FP 树。

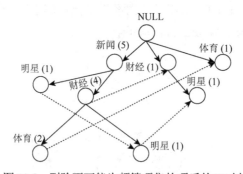

图 10.5　删除不可能为频繁项集的项后的 FP 树

在根据 FP 树获得所有的频繁项集之后，可以使用 10.2.2 小节中所介绍的方法寻找强关联规则。

10.4 使用 Python 进行关联分析

前几章常用的 Scikit-Learn 没有提供关联分析算法相关的功能接口。这里使用另一个 Python 第三方数据挖掘工具包 mlxtend 来进行关联规则挖掘。

首先在命令行环境下（以 Windows 10 为例）使用命令"pip install mlxtend"安装 mlxtend 数据挖掘工具包。下面具体分析如何使用 mlxtend 进行关联规则挖掘。

导入 pandas 工具和 mlxtend 中的相关函数。函数 TransactionEncoder 用于对数据进行处理，将数据格式转化为 mlxtend 便于处理的形式；apriori 函数用于生成频繁项集；association_rules 函数用于生成关联规则，如程序 10.1 所示。

程序 10.1

```
from pandas as pd
from mlxtend.preprocessing import TransactionEncoder
from mlxtend.frequent_patterns import apriori
from mlxtend.frequent_patterns import association_ rules
```

对数据集 X 进行编码，X 为一个列表，表示整个事务集合；X 列表中的每个元素也是一个列表，表示每一个项集。该代码可以将数据集 X 编码为二元形式，将数据转化为 DataFrame 格式，为后续处理做准备，如程序 10.2 所示。

程序 10.2

```
Encoder_X=TransactionEncoder.fit_transform(X)
X_df=pd.DataFrame(Encoder_X)
```

对编码后的事务集 X_df 使用 apriori 算法生成频繁项集，support 为所设置的支持度阈值，如程序 10.3 所示。

程序 10.3

```
frequent_itemsets=apriori(X_df,min_support=0.6)
```

从生成的频繁项集 frequent_itemsets 中生成关联规则，其中 min_threshold 为所设置的置信度阈值，返回的 ass_rule 包含该关联规则的前项和后项等内容，如程序 10.4 所示。

程序 10.4

```
ass_rule=association_rules(frequent_itemsets,min_threshold=0.7)
```

10.5 实例：电影观看记录信息挖掘

本节将使用关联分析技术对用户的电影观看记录进行分析，尝试发现用户观看电影的规律。这里使用 MovieLens 电影数据库[①]，该数据库是由美国明尼苏达大学创建的。这个数据集包含用户观看了哪些电影及其对这些电影的评分。

为了方便计算，本节使用较小的数据集（ml-latest-small）来演示。这个数据集中有超

---

① https://grouplens.org/datasets/movielens/。

过 600 位用户对 9000 多部电影进行的评分，时间跨度为 1996~2018 年。这里，仅考虑用户对哪些电影进行评分，暂不考虑用户对电影的喜好。

首先对数据进行预处理，将同一个用户观看的电影构成一个事务，形成用户观看电影的事务集。因为电影数目较多，用户数目较少，所以设置支持度阈值为 0.2，使用 Apriori 算法或 FP 增长算法得到 412 个频繁项集。然后使用 Apriori 算法在频繁项集中生成关联规则，设置置信度阈值为 0.9，一共获得 49 个关联规则。部分结果如表 10.4 所示。

表 10.4　用户观看电影记录关联分析结果

关联规则 ID	前项	后项	支持度	置信度
1	Mrs. Doubtfire（1993）	Forrest Gump（1994）	0.221	0.937
2	Seven（1995） The Shawshank Redemption（1994）	Pulp Fiction（1994）	0.226	0.926
3	Forrest Gump（1994） The Sixth Sense（1999）	The Matrix（1999）	0.206	0.900
4	Raiders of the Lost Ark（1981） Star Wars: Episode VI-Return of the Jedi（1983）	Star Wars: Episode IV-A New Hope（1977） Star Wars: Episode V-The Empire Strikes Back（1980）	0.200	0.961
5	The Matrix（1999） The Lord of the Rings: The Fellowship of the Ring（2001） The Lord of the Rings: The Return of the King（2003）	The Lord of the Rings: The Two Towers（2002）	0.213	0.949

表 10.4 蕴含了用户观看电影的行为：由第一个关联规则可见，若一个用户观看了电影 Mrs. Doubtfire（1993），那么他有很大的可能性（0.9375）也观看了电影 Forrest Gump（1994）。

10.6　本 章 小 结

关联分析并不关心各项之间的因果关系，旨在从大量数据中发现感兴趣的项之间的关联关系（即前项出现后，后项也很可能会出现）。这种关联关系是直观上难以发现的，但它却蕴含了宝贵的信息。

本章首先介绍了关联分析的基本概念，然后详细介绍了两种常见的关联分析方法——Apriori 算法和 FP 增长算法，借助于这些算法，可以比较快速地找到事务集中的强关联规则。然而，随着事务集规模越来越庞大，这些算法的执行效率也越来越不能适应大规模关联分析问题，还需要设计更加高效的关联分析算法。同时，本章所考虑的关联分析问题仍然十分简单和初级，如没有考虑各项产生的时序、新增事务对原来的关联规则有什么样的影响等。关联规则挖掘具有很高的现实意义和理论价值，有待进一步探索。

思 考 题

1. 关联分析生成的关联规则表示一种因果关系吗？是否存在其他含义？

2. Apriori 算法得到的频繁项集与 FP 增长算法得到的频繁项集是否一致？分析这两种算法各自的特点。

3. 关联分析中支持度阈值和置信度阈值应该怎么设定？

习 题

1. 判断题：关联分析得到的关联规则蕴含着前项和后项之间的因果关系。（　　）

2. 关联规则 $A \rightarrow B$ 与 $B \rightarrow A$ 的支持度相同，它们的置信度的关系是（　　）。

A. 相等　　　　　　　　B. 不相等　　　　　　　　C. 不确定

3. 以下情景中不适合用关联分析的是（　　）。

A. 分析一部分群体观看电影的规律

B. 分析患者确诊某一疾病时患其他疾病的可能性

C. 挖掘部分罪犯在犯某种罪的同时可能犯有的其他罪行

D. 根据历史房价预测今后的房价走势

本章参考文献

[1] AGRAWAL R，SWAMI A N，et al. Mining association rules between sets of items in large databases[C]. International Conference on Management of Data，1993，22（2）：207-216.

[2] 张晖，王敏. 基于移动社交环境的用户行为最优关联预测[J]. 北京邮电大学学报，2017，（6）：50-56.

[3] 刘涵. 水电机组多源信息故障诊断及状态趋势预测方法研究[D]. 武汉：华中科技大学，2019.

[4] AGRAWAL R，SRIKANT R. Fast algorithms for mining association rules[C]. Very Large Data Bases，1998：580-592.

[5] HAN J，PEI J，YIN Y W，et al. Mining frequent patterns without candidate generation[C]. International Conference on Management of Data，2000，29（2）：1-12.

第 11 章　Web 挖掘

11.1　Web 挖掘概述

根据全球互联网数据中心统计报告，互联网上的数据年增长率为 50%，数据量已经达到十万万亿字节级别。世界正处于移动互联时代，Web 所产生的数据呈现爆发式增长，Web 数据主要涉及各个领域，如新闻行业、广告行业、消费行业、金融行业、教育行业、政府部门、电子商务行业和社交媒体等。对 Web 中的数据进行挖掘可以使得大数据产业持续发展并产生巨额的经济收益，Web 中所产生的价值已逐渐成为国家和企业的无形资产与财富，从 Web 数据中挖掘知识和抽取有价值的信息已成为国家战略的一个重要环节，同时也是实现经济与社会可持续性发展的重要条件。Web 上的数据不同于传统文档数据，其数据量大、异构、动态且分布不规范，因此在 Web 数据中挖掘有效资源和知识具有一定的挑战性。本章将从 Web 挖掘的概念、特点、分类、技术实现，以及 Web 数据的爬取和 Web 数据挖掘的评价标准等方面对 Web 挖掘进行介绍。

11.1.1　Web 挖掘的概念

Web 挖掘也称 Web 数据挖掘（Web data mining），最早由埃奇奥尼（Etzioni）于 1996 年提出[1]。Web 挖掘主要通过数据挖掘技术，如分类、关联、聚类和深度学习等，从网页文本、网页图像、网页视频、网站超链接、用户行为日志及记录等形式的 Web 数据中挖掘数据内在的关系，从数据中抽取并获得有价值的信息、有用的模式及潜在隐含信息[2]。

11.1.2　Web 挖掘的特点

传统的数据挖掘方法主要基于结构化数据进行挖掘，如关系型数据库中的二维表格、电子表格或已经处理好的纯文本文档,这些数据具有结构单一、噪声小和复杂性低等特点。然而，Web 中的数据不同于传统数据，它具有如下特点[3]。

（1）复杂性。随着云计算、移动互联网和通信技术的高速发展，Web 数据挖掘越来越趋向于多元化、多样化、复杂化、交叉化和融合化。由于 Web 中的数据形式各不相同，如文本类型、视频类型、音频类型、图像类型和多媒体融合类型等，如何从这些复杂的数据中准确地获取需要的信息，为企业或政府提供决策，成为 Web 挖掘的首要问题。

（2）动态性。Web 数据的动态性主要是指网页数据无时无刻不在更新和变化，如社交媒体用户数据上传、企业或媒体行业新闻发布，以及行业动态发布等。随着物联网技术的发展，传感器及智能设备的大量普及，每时每刻都会有大量新的数据不断涌入互联网。

信息的更新迭代成为 Web 信息中不可忽视的一个关键因素，互联网上的数据每时每刻都以增量形式暴涨，数据的时效性也成为 Web 数据挖掘的难点之一。

（3）异构性。Web 中的数据存储在数据库中，每个 Web 页面的布局和结构设计都存在差异性，要想从 Web 挖掘中发现知识和有价值的信息，需要解决异构网站结构问题。

因为 Web 中的数据具有以上三个特点，所以在对 Web 进行挖掘前必须先熟悉数据挖掘的方法，了解数据的特征，然后将其应用到 Web 挖掘任务中。实际上，Web 挖掘比传统的数据挖掘要复杂得多，并且 Web 挖掘实际应用场景中会出现许多新的算法。

11.1.3　Web 挖掘的分类

根据 Web 挖掘对象的不同，目前 Web 挖掘可以分为三类，即 Web 内容挖掘（Web content mining）、Web 结构挖掘（Web structure mining）和 Web 使用挖掘（Web usage mining），如图 11.1 所示[4]。

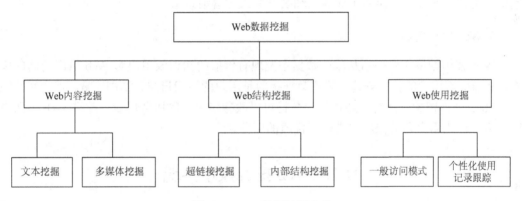

图 11.1　Web 数据挖掘分类

1. Web 内容挖掘

Web 内容挖掘主要是指从 Web 数据资源中识别并提取有价值的信息和知识，如网站新闻、产品简介描述、产品图像、社交媒体用户评论信息和视频等，进而对这些采集的数据使用数据挖掘算法，经过关联、聚类和分类，抽取数据中的潜在信息，分析、挖掘用户的潜在需求，这也是不同于传统数据挖掘任务的地方。

根据挖掘数据的内容格式不同，Web 内容挖掘又可细分为如下两类。

（1）文本挖掘。Web 文本挖掘主要是指通过自然语言处理的方法对 Web 文本特征进行提取，通过机器学习方法从特征获取知识或模式的过程。由于 Web 文本挖掘数据对象通常是结构化的 html 格式文档，这样的数据结构本身不利于进行信息组织和信息获取，会对其进行一定的特征提取以方便获取需要的内容，并组合成结构化清晰的数据格式。首先，在提取数据特征的过程中往往会遇到一个共同的难题，即数据本身存在多种维度的属性，如何选择有效的特征降低数据维度成为 Web 文本挖掘的重要环节。目前特征提取的方法很多，常用的方法有 TF、TF-IDF、信息增益方法、互信息方法、

χ^2 统计和深度学习方法等。其次，在文本挖掘中数据库的选择和数据结构的设计也至关重要。如何高效地对采集的数据进行增删改查成为数据挖掘性能判断的标准之一。最后，文本挖掘模型的选择及效果的评估也是非常重要的，模型的选择将直接影响文本挖掘的效率和结果。

（2）多媒体挖掘。Web 多媒体数据挖掘的主要对象是网络上的图像、音频和视频等。目前，Web 多媒体挖掘方法与文本挖掘方法类似，唯一不同之处在于多媒体生成的特征与文本特征在算法上有些区别，图像和视频特征比文本特征抽取和表示更为复杂。

2. Web 结构挖掘

Web 结构主要指 Web 中的超链接，通过相关算法，如 PageRank 算法和 HITS 算法等，可以抽取到超链接中有用的知识或模式。同时，Web 结构挖掘还可以发现网页的类别和重要程度。Web 结构挖掘的主要目的是发现页面之间的内在联系来改善网站链接关系，通过优化链接路径改进网站导航效果并增加被搜索引擎收录的概率，这样可以为 Web 页面引入更多的流量，从而为企业提高知名度并改善营销策略。

3. Web 使用挖掘

Web 使用挖掘主要是指从隐式数据中发现有价值的知识或用户对 Web 页面访问的模式，从而探索用户的行为规律。隐式数据指的是用户的访问日志，如浏览量、点击率及观测 Web 页面停留的时间等，通过以上数据可以改善对用户的服务质量，改进 Web 页面内容，为个性化用户和潜在用户提供更优质的服务。

11.2　Web 挖掘技术实现

关联规则挖掘、序列模式挖掘、分类挖掘和聚类挖掘被广泛应用于 Web 挖掘任务中，机器学习的很多挖掘算法主要应用于 Web 内容挖掘和 Web 使用挖掘。

11.2.1　关联规则挖掘技术

关联规则实际上是一种聚类的方法，它通过对频繁项集的挖掘进行聚类，是无监督学习算法的一种。关联分析概念及挖掘技术在 1.3.3 小节和 10.2 节中已经进行了详细介绍。关联规则实际上与每个人的生活息息相关，原因在于网上购物已成为人们生活的一个部分。在电子商务网站购物时，用户进入购物页面，看到琳琅满目的商品，会将某些商品加入购物车，并购买其中一些物品。这些用户的购物行为日积月累，形成大量的购物行为数据，通过关联规则算法可以发现它们之间的联系或规则，如用户买了面包可能会购买牛奶、买了牙膏可能会购买牙刷等。在超市经营或电子商务活动中，关联规则算法更多的是想找到商品之间的隐藏关联，通过运用商品定价、市场营销及促销活动、存货管理和物品摆放等一系列细微环节来增加网店或超市的营业收入。关联规则在 Web 数据挖掘中主要揭示数据之间的内在联系，发现用户与站点各页面的访问关系。

　　常用的关联规则算法主要有 Apriori 和 FP 增长算法。在电子商务场景下通过 Apriori 关联规则算法对 Web 数据库中用户关系进行挖掘时,首先会扫描整个用户原始 ID 数据集,生成一张用户项集列表;然后扫描每个用户的访问记录,留下满足最小支持度的集合,将这些集合进行组合生成二项集;再扫描二项集,生成三项集,直到找到所有的频繁项集。Apriori 关联规则算法的缺点是,在实际应用环境中每次增加用户兴趣频繁项集的内容或大小,都需要重新扫描用户关系事务数据库,当用户关系事务数据量增加时,就会影响其效率。也就是说,发现频繁项集的速度变慢,会导致生成强关联规则的速度也变慢,这对于用户关联推荐效果会有很大的影响。FP 增长算法主要是通过扫描用户关系数据集,获得每个用户出现的频数,通过删除不满足最小支持度的元素项并扫描频繁元素项来构建 FP 树,最终抽取频繁项集。FP 增长算法只需要对用户关系数据进行两次扫描即可,虽然 FP 增长算法在频繁项集抽取效率上明显高于 Apriori 算法,但 FP 增长算法无法发现关联规则,这样就无法向用户推荐其感兴趣的产品。FP 增长算法在实际应用过程中很大程度上受到系统内存的限制,随着数据库项集的增加,FP 增长算法会出现内存不够的情况。这两种算法都有各自的优缺点,根据场景及业务需求的不同,可选择不同的算法。

　　关联规则算法一般分为两个阶段:第一阶段是寻找并记录高频数据;第二阶段是根据高频数据分析数据之间的内联关系。

　　Python 程序实现 Apriori 算法如程序 11.1 所示。

程序 11.1

```
In[1]:    import pandas as pd
          from apriori import *  #导入自己编写的 Apriori 函数
          data=pd.read_excel("menu_orders.xls",header=None)
          print(u'\n 转换原始数据为 0-1 矩阵')
          ct=lambda x:pd.Series(1,index=x[pd.notnull(x)])
          #转换 0-1 矩阵的过渡函数
          b=map(ct,data.as_matrix())  #用 map 方式执行
          data=pd.DataFrame(list(b)).fillna(0)
          #实现矩阵转换,空值用 0 填充
          print(u'\n 转换完毕。')
          del b  #删除中间变量 b,节省内存
          support=0.2 #最小支持度
          confidence=0.5 #最小置信度
          ms='---' #连接符
          find_rule(data,support,confidence,ms).to_excel ('1.xls')
```

　　关联规则挖掘主要挖掘 Web 数据中常见且共同出现的数据对象,该挖掘技术主要用来分析用户浏览网页的特征和模式。实际上,关联规则挖掘存在一个问题,它不考虑用户在购买商品时的先后顺序。为了解决这个问题就诞生了序列模式挖掘,序列模式挖掘可以解决用户购买商品的次序问题。在 Web 挖掘商品关联过程中,对用户商品购买的顺序挖掘是重要且有用的,产品的序列挖掘能够发现用户的购物喜好和购物习惯,这样能够为用

户推荐更多其感兴趣的商品，增加商家的营业额和利润。

11.2.2 序列模式挖掘技术

序列模式挖掘这一概念最早是由阿格拉瓦尔（Agrawal）和斯里坎特（Srikant）于 1995 年提出的[5]。序列模式挖掘是指从序列数据库中发现相对时间或其他顺序所出现的高频率子序列[6]。序列是指一组有先后关系的元素组成，每一个元素对应一个或多个项集，这里的项集可以指每次购物的一个商品，也可以指每次购物的多个商品。实际上，每位用户在电子商务网站上每天买商品的过程可以称为一个序列，用户的购物行为有时间顺序，而用户购买的商品，也有一个商品的先后顺序，商品购买的先后顺序对用户来说意味着商品的重要程度。前面所讲的关联规则挖掘是没有顺序这一说法的。序列模式挖掘应用领域主要有银行、电子商务、保险、生物、投资和零售营销等，主要分析顾客的购买习惯、偏好和兴趣等。该挖掘技术应用于 Web 挖掘领域，主要用来分析服务器日志中用户访问并点击页面次数和流量、浏览页面时长，以及购买产品的特征和模式。关联模式挖掘不考虑数据对象之间的时间和次序维度，然而在很多实际场景或业务需求中需要考虑这些因素。

通过表 11.1 给出的电子商务网站用户商品购买序列数据提出问题：给定一个表 11.2 事物数据库中序列的集合，其中每个序列都是由事件（或元素）的列表组成的，而每个事件都是由一个项集组成的，给定由用户指定的最小支持度阈值 min-sub，用序列模式挖掘找出所有的频繁子序列，即在序列集合中出现频率不小于 min-sub 的子序列。

表 11.1 事物数据库

用户 ID	购买时间	商品编码
1	09：30	01,02,03
2	09：30	01,03
3	10：05	01,04
1	10：10	01,13
1	10：30	09,14
5	10：30	30,21,13,29,17
2	10：30	19,21
4	11：00	01,04
3	11：25	01,04,08,06
6	11：30	01,05,12,09

表 11.2 序列数据库

SID 序列号	序列 S
1	<(01,02,03)(01,13)(09,14)>
2	<(01,03)(19,21)>

续表

SID 序列号	序列 S
3	<(01,04)(01,04,08,06)>
4	<01,04>
5	<30,21,13,29,17>
6	<01,05,12,09>

按下来将结合表 11.1 中所描述的事务数据库与表 11.2 中所描述的序列数据库详细地介绍有关序列模式的基本概念。

定义 11.1　事务数据库记为 D，$D = \{t_1, t_2, t_3, \cdots, t_k, \cdots, t_n\}$，其中 $k = 1, 2, 3, \cdots n$。例如，表 11.1 中的每一个记录就是一个事务。

定义 11.2　序列数据库记为 S，它是元组<SID, ID>的集合，其中 SID 是序列 ID，且 ID 在数据库中是唯一的，S 表示一个序列。

例如，表 11.2 中所描述的数据库，每位用户购买商品的次序就可以构成一个购买序列。具体来说，对于用户 1 共有三个事件：事件一(01,02,03)，事件二(01,13)，事件三(09,14)，在将其转换为序列数据库后就可以表示为<(01,02,03)(01,13)(09,14)>。

定义 11.3　项是序列中的最小单位，可以用来表示一件商品（或物品）及其是否被购买。若该项存在于事务中，则表明该商品被购买。

定义 11.4　全项集表示的是所有项的集合，它是一个非空集合。

例如，$l = \{01,02,03,04,05,06,08,09,12,13,14,17,19,21,29,30\}$ 为表 11.1 中所表示出的全项集。

定义 11.5　项集是项的非空集合，表示的是全项集的一个子集，记为 $(x_1, x_2, x_3, \cdots, x_b, \cdots, x_a)$，$x_b$ 表示其中的一项，$0 < b < a$。如果在项集中只有一个项，可以省去括号，记为 x。在项集中的项是不存在先后顺序的，也就是说在项集中的项是无序的。

例如，表 11.1 中第一位顾客在 09：30 发生的第一个事件(01,02,03)就可以称为全项集的一个项集，也就是全项集的一个子集。对(01,02,03)这个项集来说里面的项是无序的，即在该项集中不存在项之间的先后次序问题。

定义 11.6　事件也称项集，是由项组成的集合。

具体的描述可以参考上述对项集的描述。

定义 11.7　序列是事件的有序列表，是由事件（项集）组成的集合。在该集合中，事件与事件之间存在先后次序，也就是说在序列中的事件是有序的。

一般情况下使用 S 表示某个单序列，表 11.2 的序列数据库中共有 6 个序列，即 $S_1 = <(01,02,03)(01,13)(09,14)>$，$S_2 = <(01,03)(19,21)>$，$S_3 = <(01,04)(01,04,08,06)>$，$S_4 = <01,04>$，$S_5 = <30,21,13,29,17>$，$S_6 = <01,05,12,09>$。

定义 11.8　序列中项的实例数目即为序列长度。存在这样一种现象：因为序列中的事件是有序的，所以对于序列中的项，若一个项在该序列中重复出现，则每出现一次序列长度值加 1。长度为 l 的序列称为 l 序列。

例如，表 11.2 中序列 1 的序列长度可记为 $l = 7$。

定义 11.9　通常情况下用序列中所包含事件的个数来表示序列的大小。但是，序列大小与序列长度所表示的意义是不一样的。序列长度表示的是实例数目，而序列大小表示的是在该序列中所包含事件的个数。

例如，对于表 11.2 序列数据库中序列 1 来说，序列大小为 3，这是与序列长度不一样的一个概念。

定义 11.10　如果存在一个序列是另一个序列的子序列，那么用数学方式来表示就是，该序列包含于另一个序列。

定义 11.11　若存在序列 a 是 S 的子序列，则序列 a 的支持度为数据库中包含 a 的元组的个数。

例如，假设存在序列 $S = \text{<01>}$，则该序列在序列数据库中的支持度为 3，虽然在序列 1 中出现了两次，但其真正对 S 的支持度只增加 1 位。

定义 11.12　最小阈值（最小支持度）是由用户指定的值 min-sup。

定义 11.13　当序列 a 的支持度大于用户给定的最小阈值时，序列 a 就可以记为序列模式（频繁模式）。

定义 11.14　一个长度为 l 的序列模式称为 l 模式。

序列模式挖掘中的经典算法有很多，如基于 Apriori 算法的改进 Apriori AII 算法[7]、GSP 算法[8]、SPADE 算法[9]、Free Span 算法[10]和 Prefix Span 算法[11]等，每种算法都有其优缺点，可以分别应用于不同的场景和环境。

11.2.3　分类挖掘技术

分类实际上是通过从数据的特征中学习得到一个目标函数，把数据中的每个属性集映射到预先定义的类标号中的过程。分类概念及其各种算法在 1.3.1 小节和其他章节均有详细介绍。在 Web 挖掘中，分类挖掘一般属于有监督学习，它利用 Python 将 Web 的文本数据抽取出来，把数据分为训练集和测试集，训练集数据是由相应的特征和标签组成的，通过测试集数据来评测训练集训练模型的效果。基于网页的分类挖掘基本思路如下。

（1）一般通过 Python 中的第三方包 Beautiful Soup 网页解析库，从网页中提取出目标网页的文本。Python 有四种网页解析器：①正则表达式进行模糊匹配解析；②html.parser 进行结构化解析；③Beautiful Soup 进行结构化解析；④lxml 进行结构化解析。其中 Beautiful Soup 功能很强大，有 html.parse 和 lxml 的解析器。

（2）利用 Python 中的第三方 Jieba、NLTK、Pattern 和 Gensim 等文本特征提取包，对 Web 中抽取出来的文本部分进行分词、去停用词和特征提取等操作，并产生目标网页的初始特征向量。

（3）利用 Python Scikit-learn 库中自带的分类器，如向量空间模型、逻辑回归模型、k-近邻、贝叶斯概率、决策树、神经网络和支持向量机等，根据 Web 文本中抽取的特征向量进行分类，确定文本中标签的类别。

在实际电子商务应用场景中，Web 分类挖掘技术还可以根据各种预定义的规则进行用户建模。例如，对一个用户事务集合，可以计算每个用户在特定期间内的购物记录总和。

基于这些丰富的数据,可以建立一个分类模型,将用户分成具有高购买倾向和低购买倾向两类,除考虑以上用户购物行为的特征外,还可以对用户的个人属性信息和购物导航信息的特征进行提取,构建分类模型,最终对用户兴趣进行分类。

Web 中的文本分类是 Web 内容挖掘的重要研究方向,根据不同的实际应用环境和场景,还可以对 Web 使用挖掘进行进一步研究,如电子商务的用户行为信息分类挖掘和用户属性信息分类挖掘等。Web 中的文本内容分类具体操作流程因不同的场景和环境而不同,但是,基本上所有的分类算法过程都包括训练集、测试集和分类结果评测三个步骤。一般情况下,训练数据越多对于分类的准确度越有保证,但也并不是训练数据越多越好,有时数据越多,噪声越大,反而降低了分类效果。

11.2.4 聚类挖掘技术

聚类概念在 1.3.2 小节和第 9 章进行了详细介绍,聚类的本质就是将相似性质的项聚集到一起。聚类挖掘属于无监督学习,在应用场景或领域方面,它主要分为两类,即 Web 内容聚类和 Web 用户行为或属性聚类。

目前,用户行为或属性聚类是 Web 内容挖掘和 Web 使用挖掘中最为常见的任务。把用户行为或用户属性聚类统称为用户聚类,用户聚类的目的是构建在同一环境或场景下拥有相同浏览模式(行为或习惯)的用户分组。这种模式在判断用户信息(行为信息和属性信息)方面较为有用,特别是在电子商务应用场景下进行市场营销或市场划分时,可以对用户进行相似度计算聚类,并对相似用户群体进行兴趣推荐,这对于电子商务企业非常有应用价值。

给出用户事务到多维空间的映射即页面访问向量,图 11.2 所示为用户页面访问矩阵。图中每个页面(A~F 页面)访问的权重是用户(用户 1~8)在这些页面上访问停留的时间(单位:s)。在实际应用场景或环境中,考虑不同用户在页面访问中时间的差异性,通常要将权重进行归一化处理。

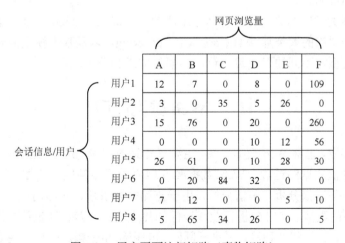

	A	B	C	D	E	F
用户1	12	7	0	8	0	109
用户2	3	0	35	5	26	0
用户3	15	76	0	20	0	260
用户4	0	0	0	10	12	56
用户5	26	61	0	10	28	30
用户6	0	20	84	32	0	0
用户7	7	12	0	0	5	10
用户8	5	65	34	26	0	5

图 11.2 用户页面访问矩阵(事物矩阵)

　　图 11.2 描述的用户页面访问矩阵中给出的事务集合，可以用于大量无监督学习技术中的发现模式。一些技术，如事务（或会话）的聚类，可以用于发现重要的用户或访问者分割；另一些技术，如项目（或页面访问）聚类和关联或序列模式挖掘，可以找到基于用户在站点的导航模式的项目之间的重要关系。

　　标准的聚类算法，如 k-means，可以根据向量间距离或相似度的计算将这个空间分成相似的事务组。对用户事务进行聚类的最终目的是能够对每个分割进行分析以导出商业情报或应用到个性化的任务中去。

　　一个建立每个簇的聚合视图的方法是计算每个簇的质心（或平均向量）。如果在原始事物中页面访问的权重是二值的，那么在簇质心中的页面访问 p 的维值代表了包含页面访问 p 的事务在簇中的比例。因此，p 的质心维值提供了一种衡量其在该簇中的重要页面性的标准。可以根据这些权值对质心中的页面访问进行排序，低权值的页面访问可以被过滤掉。由此得到的页面访问-权重对的结果集合可以视为用户组的兴趣或行为的"聚合使用记录档案"。

　　更加正式地，给出一个事务簇 cl，可以通过计算 cl 的质心建立聚合档案 $\mathrm{pr_{cl}}$，并以页面访问-权重对的集合表示为

$$\mathrm{pr_{cl}} = \{(p,\mathrm{weight}(p,\mathrm{pr_{cl}})|)\mathrm{weight}(p,\mathrm{pr_{cl}}) \geqslant \mu\}$$

式中：聚合档案 $\mathrm{pr_{cl}}$ 中的页面 p 的重要性权重 $\mathrm{weight}(p,\mathrm{pr_{cl}})$ 为

$$\mathrm{weight}(p,\mathrm{pr_{cl}}) = \frac{1}{|\mathrm{cl}|}\sum_{s\in\mathrm{cl}} w(p,s)$$

式中：$|\mathrm{cl}|$ 为簇 cl 中事务的数量；$w(p,s)$ 为簇 cl 的事务向量 s 中页面 p 的权重；阈值 μ 用以保证只考虑那些在簇中足够数量的向量中出现的页面。

　　每个这种聚合档案，反过来可以表示成原来 n 维页面访问空间中的向量。这种聚合的表示方法可以直接用于预测模型或诸如推荐系统的应用：给出一个已经访问的一套页面 P_u 的用户 u，可以计算 P_u 与所发现档案的距离，并给用户推荐那些在匹配档案中但还没有被用户访问的页面。

　　Web 内容聚类常用的典型算法有基于距离的聚类算法 k-means、基于密度的聚类算法 DBSCAN、基于层次的聚类算法 Hierarchical Clustering，以及基于模型的聚类算法概率模型和神经网络模型，不同的聚类算法针对不同的需求和业务场景。

11.3　Web 数据爬取

　　Web 数据爬取，也称 Web 数据采集，主要是指通过对 Web 网页结构和内容进行分析，获取网页中有价值数据的过程。Web 数据爬取运用于很多领域，例如：商务智能，主要用于企业竞争对手情报分析；舆情分析，用于监测搜索引擎、新闻门户、论坛、博客、微博、微信和视频的舆情，实时分析行业或地区的热点事件追踪；知识信息储备和管理，用于获取学术报告、文献和期刊等，采集不同网站的视频和音频。也有一些第三方数据爬取工具，如火车头和八爪鱼等。

11.3.1　Web 数据爬虫简介

随着互联网的发展和网民规模的日益增大,大量的数据在网络上不停涌现,不同领域、不同背景的企业和用户对信息的获取有不同的需求。信息采集和需求分析是一项重要的工作,如果单纯靠人力或搜索引擎来完成,不仅低效烦琐,搜集的成本也会较高。当企业或用户无法在海量信息中及时、有效地获取有价值或极具针对性的信息时,网络爬虫(spider)应运而生。

网络爬虫也称网页蜘蛛或机器人,它是指通过设定好的规则,在网络上进行信息抓取的一组程序或一种脚本。网络爬虫分四类[12],即通用网络爬虫(general purpose Web crawler)、聚焦网络爬虫(focused Web crawler)、增量式网络爬虫(incremental Web crawler)和深层网络爬虫(deep Web crawler)。通用网络爬虫(搜索引擎技术)和聚焦网络爬虫(自行构建爬虫)使用得比较多,百度和谷歌都是通用网络爬虫,通用网络爬虫实际上就是将网上的数据爬取到数据库里,通过规则来建立排序,如竞价规则和点击率等。实际上,在爬取网页时爬虫还需遵照相应的规则获取页面内容,如 Robots 网络协议。Robots 网络协议主要告诉爬虫哪些页面可以爬,哪些页面不能。在实际应用场景中,通常是将这几种爬虫结合起来使用。一般情况下,一个基础的爬虫架构有五个模块,它们分别是爬虫调度器、URL 管理器、HTML 下载器、HTML 解析器和数据存储器,每个模块都有相应的功能对网页中的信息进行处理。

图 11.3 是一个简单的爬虫算法工作流程图。

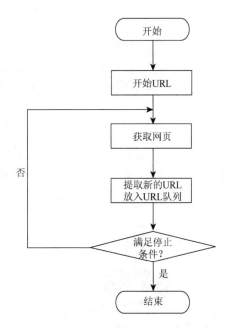

图 11.3　一个简单的爬虫算法工作流程图

在 Python 中爬虫算法的具体实现原理如下。

（1）使用 Requests 库可以对某些 HTML 页面进行相关内容的爬取，并在网络上提交相关请求，在网络爬虫构建过程中一定要注意网络爬虫的规则，合理合法地使用网络爬虫。

（2）使用 Beautiful Soup 库可以对网络爬虫爬取的页面进行 HTML 解析，并对页面进行相关内容的提取。

（3）使用正则表达式可以对页面局部内容中的最关键部分进行文本内容的提取。

综上所述，使用 Python 中的第三方库可以爬取网页并提取特定的页面信息，爬取的页面可以存放到本地硬盘中。

当然，Python 中有一个强大的 Scrapy 爬虫框架，该框架可以增大对页面的爬取规模和爬取速度。Scrapy 爬虫框架安装方法为 pip install scrapy，在安装的过程中如果报错，一般情况下是有些关联插件未安装，如 pip install-upgrade incremental 和 pip install twisted。实际上，incremental 和 twisted 是 Scrapy 框架的底层模型。安装完成后通过 scrapy-h 命令可以检测安装效果。

Scrapy 不是一个简单的函数功能库，它是一个强大的爬虫框架，是能够实现爬虫功能的一类软件架构和功能组件的集合，它能够根据用户的需求快速地帮助用户实现一个比较专业的网络爬虫。Scrapy 强大的功能得益于它的框架，整个框架总共由五个主体部分组成，分别是 Scrapy 引擎（scrapy engine）模块、调度器（scheduler）模块、爬取项管道（item pipeline）模块、爬虫（spiders）模块和下载器（downloader）模块。另外，在 Scrapy 引擎模块与下载器模块之间包含一个爬虫中间件（spider middlewares）模块，在 Scrapy 引擎模块与爬虫模块之间包含一个下载器中间件（downloader middlewares）模块，如图 11.4 所示。

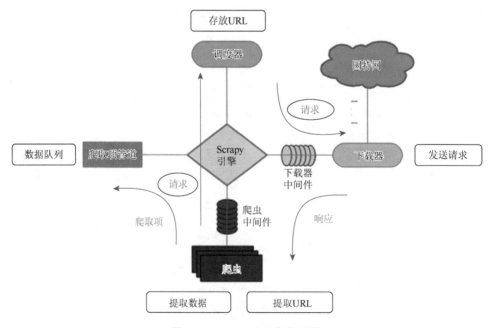

图 11.4　Scrapy 爬虫框架结构

这五个模块之间的数据包括用户提交的网络爬虫请求以及从网络上获取的相关内容等，这些数据在模块的结构之间流动，形成相关数据流。从图 11.4 中可以得知，Scrapy 爬虫框架包含以下三条主要的数据流路径。

第一条数据传输路径是从爬虫模块经过 Scrapy 引擎模块到达调度器模块。首先，Scrapy 引擎模块从爬虫模块中获取用户爬取请求（requests），通常用户爬取请求指的是 URL，也就是超链接；然后，Scrapy 引擎模块将爬虫模块中获取的用户爬取请求传递给调度器模块，调度器模块主要对爬取请求进行调度。

第二条数据传输路径是调度器模块通过 Scrapy 引擎模块到达下载器模块，并且数据最终会返回到爬虫模块。这条路径主要通过 Scrapy 引擎模块从调度器模块中获取下一个要爬取的网络请求，这时网络请求是真实且有效的，Scrapy 引擎模块在真实的网络请求下通过中间件将请求信息发送给下载器模块，下载器模块收到 Scrapy 引擎模块的请求后，对互联网进行连接，并对相关请求网页进行爬取。爬取到网页后下载器模块将获得的内容形成一个对象，这个对象称为响应（response）。将所有爬取的内容封装后，响应通过中间件发送给 Scrapy 引擎模块，并最终发送给调度器模块。在这条路径中，一个真实的爬取 URL 请求，经过调度器模块、Scrapy 引擎模块和下载器模块，最终返回相关内容到达爬虫模块。

第三条数据传输路径是从爬虫模块首先到达 Scrapy 引擎模块，然后到达爬取项管道模块，最后达到调度器模块。爬虫模块处理从下载器模块获得的响应，这个过程的响应指的是从网页中爬取的相关内容，通过处理产生两个数据类型：一个是爬取项（items），另一个是一个新的爬取请求。爬虫从网络上获取网页后，如果该网页有其他链接，并且这个新的链接也是用户的需求，那么可以在 Scrapy 框架中添加新的功能，对新链接发送再次爬取的请求。爬虫模块生成两个数据类型后将它们发送给 Scrapy 引擎模块，Scrapy 引擎模块收到两个数据类型之后，将其中的爬取项发送给爬取项管道模块，将爬取请求发送给调度器模块进行调度，从而为后期的数据处理及再次启动网络爬虫请求提供新的数据来源。

通过对以上五个模块的理解及三个数据流过程的分析可知，Scrapy 引擎模块控制着各个模块的数据流，并且它不断地从调度器模块获得真实的数据请求，并将这个请求发送给下载器模块；整个 Scrapy 框架的执行是从向 Scrapy 引擎模块发送第一个请求开始的，直到获得所有链接的内容，并将所有内容处理后放到爬取项管道模块。这个框架的入口是爬虫模块，出口是爬取项管道模块，其中 Scrapy 引擎模块、调度器模块和下载器模块是三个已实现的功能模块，用户不需要去编写它，这三个模块会按照既定的功能完成执行中的任务；用户需要编写的是爬虫模块和爬取项管道模块，实际上这种代码编写过程很简单，只需要用户对两个模块进行配置，就可以实现这个框架的运行功能，并最终完成用户的爬取需求。

11.3.2　Web 数据处理过程

1. Web 数据预处理

该阶段将对获取到的数据进行下一步处理，通过有效的算法和分析方式对数据进行

"修整"，主要包括数据清理、数据降噪、维规约和离散化等。通过预处理，数据质量将会有较大提高，有效地减少数据挖掘分析的时间，降低分析成本。

2. 数据转换和集成

该阶段是将预处理后的数据进行格式化处理并存入数据库中，待后续数据挖掘使用。根据设计好的数据仓库结构，将预处理后的数据载入数据库，可以更加方便地对采集的数据进行增删改查，以提高后续数据挖掘效率。

3. 模式识别

该阶段已经拥有了采集好的结构化清晰的数据集。在此基础上，运用前面章节中提到的较为成熟的机器学习技术，可以对存储在本地硬盘上的 Web 数据进行数据挖掘，得到潜在的知识、数据挖掘模式或模型等。

4. 模式分析

该阶段使用现有的数据挖掘工具和技术进行下一步的模式分析，分析结果转为可视化的图表形式供分析人员更直观地解析挖掘结果，并对挖掘结果做出合理的阐述。

11.3.3　Web 爬虫性能及策略

从规模爬取 Web 页面单个视角来评价爬虫的性能，主要是从爬虫速度和数据质量两方面来进行。通常从 Web 页面数据量的需求来看，爬虫在时间上是有限制的，规模爬取页面既要抓取速度快又要数据质量高，这对爬虫性能具有一定挑战性。特别是在大规模爬取电子商务网页时，电子商务网页格式和结构每天都在发生变化，页面也会递增或更新，挑战性更大。因此，爬虫在性能和策略上要解决架构问题，一个性能良好的爬虫在面对不同的 Web 页面爬取任务时应该具有可伸缩性架构，在数据爬取吞吐量性能方面一定要有良好的硬件资源。

除爬虫速度和数据质量外，一个性能良好的爬虫还必须解决反爬的问题，如 IP 限制、时间间隔限制和验证码限制等，这些问题都会让爬虫无法正常工作。对于 IP 限制问题一般采用代理 IP 来解决，通过 IP 更换的方式可以很好地解决页面反爬的问题。在互联网上有很多免费的 IP 代理，如果需要大规模爬取 Web 页面，可以购买性能稳定的 IP 代理服务。除使用 IP 代理外，还可以使用分布式爬虫。分布式爬虫部署在多台服务器上，每台服务器上的爬虫统一设置好后会从固定机器上获取 URL。这种方法可以降低服务器对网站访问的频率，因此分布式爬虫爬取 Web 页面会更加稳定和高效。

对于一个普通或较为常用的网站，若某个 IP 在短时间内进行多次访问或不停发送请求，则该网站可能会检测到这个访问 IP 并认为它是爬虫，一旦某个 IP 被检测到是爬虫，这个 IP 可能会在短时间内无法访问该网站甚至被封。很多大型门户网站或公共网站的后台都有反爬功能，其反爬功能很可能就是利用公式计算某一 IP 地址在一段时间内发送请求的次数，因为一个正常人在一定时间内的请求是有限的。对于这种情况，在爬取页面的过程中，可以通过设置对程序进行适当的延时，或者在 Python 中调用 time.sleep()函数来解决。这样既可以让爬虫不会过快地访问网页，又可以避免使对方服务器产生沉重负担，从而防止爬虫程序被迫中止。

很多大型门户网站都有验证码反爬机制，如新浪微博、中国铁路 12306 和携程旅游网等。验证码反爬一般有输出式验证码、滑动式验证码、点击式图文验证码，以及图标选择和宫格验证码四种验证码机制。Python 中的第三方库可以很好地解决这四种验证码机制。例如，tesserocr 库可以对输出式验证码中的 OCR 图像验证码进行识别；selenium 库可以滑动验证码、点击式图文验证码，以及图标选择和宫格验证码反爬机制。

上述所说的规模爬取 Web 页面是评价爬虫性能的一个方面外，更为关键的另一个方面是，网络爬虫是搜索引擎的重要组成部分，也就是说，能够在既定时间内高效且损耗较少地在互联网上获取与主题相关的页面对于爬虫来说是非常重要的。这对于网络爬虫技术的不断发展以及搜索引擎的应用和发展都有着非常重要的意义。

11.4　Web 挖掘评价标准

Web 挖掘通常采用三种标准在不同的方面来评价 Web 挖掘效果：①查准率（precision）；②查全率（recall）；③F1 值。一般用 R 表示查全率，P 表示查准率，F1 值综合了精度和查全率，对两者赋予同样的重要性来考虑。这三个标准都只用于分类器在单个类别上分类准确度的评价。实际上，这些评价标准在 4.6 节已经介绍过，但在 Web 实际应用场景中它们需要与 Web 检索应用相关联。例如，用户对一个 Web 页面查询需要返回一个查询页面和查询的相似度排名。本节将主要从 Web 检索角度对 Web 挖掘进行评价。

11.4.1　查准率与查全率

Web 页面数据集为 D，D 中所有 Web 页面总数为 N。用户一个查询为 q，检索算法首先计算 Web 页面所有 D 中页面与查询的相似度分数，然后根据查询相似度分数产生相似度排名 $R_q: <d_1^q, d_2^q, \cdots, d_N^q>$（$d_1^q \in D$ 为与 q 最相关的页面，$d_N^q \in D$ 为与 q 最不相关的页面）。令 D_q 为 D 中与 q 查询实际相关的页面的数目，可以对排序中的每个 d_i^q 计算查准率和查全率。在排序中，排在第 i 个位置的页面的查全率记为 $r(i)$，是 d_1^q 到 d_i^q 中相关页面的数目比 R_q 中从 d_1^q 到 d_i^q 中相关页面的数目 $s_i (s_i \leqslant |D_q|$，$|D_q|$ 为 D_q 的大小)，即

$$r(i) = \frac{s_i}{|D_q|} \tag{11.1}$$

排在第 i 个位置的页面 d_i^q 的查准率记为 $p(i)$，是 d_1^q 到 d_i^q 中相关页面的数目比当前的排名 i，即

$$p(i) = \frac{s_i}{i} \tag{11.2}$$

11.4.2　F1 值

F1 值在 4.6.2 小节中已经详细介绍。在 Web 检索应用中主要计算每个 Web 页面排名 i 上的 F1 值，得到的 F1 值是查全率和查准率的调和平均数，即

$$F(i) = \frac{2}{\dfrac{1}{r(i)} + \dfrac{1}{p(i)}} = \frac{2p(i)r(i)}{p(i) + r(i)} \tag{11.3}$$

因此，查全率和查准率的平衡也常常被用来评估 Web 页面检索和各种信息检索系统。

11.4.3　其他评价标准

1. 平均查准率

有些场景下需要一个简单的查准率去比较相同的查询 q 下使用不同的 Web 页面检索算法的效果。这时可以使用一个评价指标——平均查准率（average precision），表示为 p_{avg}。平均查准率通过序列中每个相关页面的查准率计算，即

$$p_{\text{avg}} = \frac{\displaystyle\sum_{d_i^q \in D_q} p(i)}{|D_q|} \tag{11.4}$$

例 11.1　假设一个 Web 页面数据集为 D，它包含 16 个页面，有一个查询 q。假设其中有 10 个页面与查询 q 是相关的，通过检索算法产生页面排名情况如表 11.3 所示。

表 11.3　Web 页面查全率和查准率排名

排名 i	$+/-$	$p(i)$	$r(i)$
1	+	1/1 = 100%	1/10 = 10%
2	+	2/2 = 100%	2/10 = 20%
3	−	2/3 = 67%	2/10 = 20%
4	+	3/4 = 75%	3/10 = 30%
5	+	4/5 = 80%	4/10 = 40%
6	+	5/6 = 83%	5/10 = 50%
7	+	6/7 = 86%	6/10 = 60%
8	−	6/8 = 75%	6/10 = 60%
9	−	6/9 = 67%	6/10 = 60%
10	+	7/10 = 67%	7/10 = 70%
11	+	8/11 = 73%	8/10 = 80%

续表

排名 i	+/-	$p(i)$	$r(i)$
12	+	9/12 = 75%	9/10 = 90%
13	+	10/13 = 77%	10/10 = 100%
14	−	10/14 = 71%	10/10 = 100%
15	−	10/15 = 67%	10/10 = 100%
16	−	10/16 = 63%	10/10 = 100%

例 11.1 中，平均查准率为

$$p_{avg} = \frac{100\% + 100\% + 75\% + 80\% + 83\% + 86\% + 67\% + 73\% + 75\% + 77\%}{10} = 82\%$$

在表 11.3 中，第 1 行代表最高排名，第 16 行代表最低排名。第 2 列中的"＋"和"－"表示 Web 页面是否与查询相关。第 3 列和第 4 列分别列出了查准率 $p(i)$和查全率 $r(i)$的值。

2. 查准率–查全率曲线（PR 曲线）

根据排序中每个文档的查全率和查准率，可以得到一条查准率–查全率曲线，其中 x 轴表示查全率，y 轴表示查准率。需要注意的是，这里并不是利用每对（查全率–查准率）点作图，而是使用 11 个标准的查全率 $(0,10\%,20\%,\cdots,100\%)$作图。

因为在这些查全率上并没有准确的数据，所以需要通过差值去得到这些点上的查准率，具体方法为：令 r_i $(i \in \{0,1,2,\cdots,10\})$是一个查全率，$p(r_i)$是对应的查准率，则 $p(r_i) = \max_{r_i \leqslant r \leqslant r_{10}}$。可见，对应查全率的查准率，是介于 r_i与 r_{10}之间对应查准率的最大值。

例 11.2　例 11.1 插值后的 11 个查准率值如表 11.4 所示，查准率–查全率曲线如图 11.5 所示。

表 11.4　11 个查准率值

i	$p(i)$	$r(i)$
0	100%	0
1	100%	10%
2	100%	20%
3	75%	30%
4	75%	40%
5	80%	50%
6	83%	60%
7	86%	70%
8	67%	80%

续表

i	$p(i)$	$r(i)$
9	67%	90%
10	67%	100%

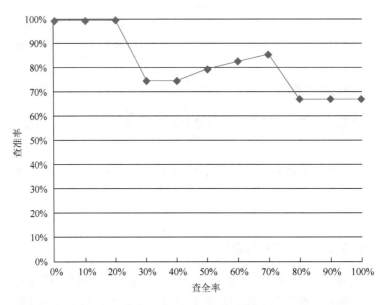

图 11.5　查准率-查全率曲线

从理论上讲，查全率与查准率相互不依赖，但在实际中，高查全率往往会导致低查准率，高查准率也往往会导致低查全率。因此，在查准率与查全率之间得有一个取舍，可根据实际情况来选择。

11.5　实例：Web 日志挖掘

本章通过用户访问 Web 所产生的 Web 日志，对 Web 进行日志挖掘。Web 日志挖掘主要分析六点：①网站中最受用户欢迎的内容排名，如程序 11.2 和图 11.6 所示；②网站中访问最多的用户排名，如程序 11.3 和图 11.7 所示；③网络流量月度分配分析，如程序 11.4 和图 11.8 所示；④Web 流量每日分布，如程序 11.5 和图 11.9 所示；⑤使用 k-means 肘部方法，对 Web 月初访问用户、月中旬访问用户、月末访问用户、目标用户和特殊用户进行聚类分析，如程序 11.6、11.7 和图 11.10、11.11 所示；⑥根据用户请求访问的月份对其进行分类，将数据分解成训练集（4692 条数据）和测试集（1174 条数据），并通过测试集数据来验证训练模型的准确率、召回率和 F1 值，如程序 11.8 和图 11.12 所示。

程序 11.2

```
In[2]:  #引入一些包
        import numpy as np
```

```
import pandas as pd
import matplotlib.pyplot as plt
import seaborn as sns

#读取数据集
data=pd.read_csv("C:/Users/Administrator/web_log_data.csv")
#得到数据条数和字段个数
data.shape
#(5866,6)

#encoding:utf-8
plt.rcParams['font.sans-serif']=['SimHei']
plt.rcParams['axes.unicode_minus']=False
plt.rcParams['figure.figsize']=(18,7)
color=plt.cm.copper(np.linspace(0,1,40))
data['request'].value_counts().head(40).plot.bar(color=color)
plt.xlabel('网站访问需求排名',fontsize=15)
plt.ylabel('网站受用户欢迎程度',fontsize=15)
plt.title('网站中最受用户欢迎的需求',fontsize=20)
plt.show()
```

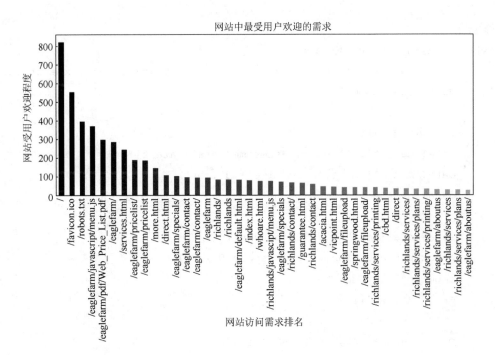

图 11.6　网站中最受用户欢迎的需求

程序 11.3

```
In[3]:    plt.rcParams['figure.figsize']=(18,7)
          color=plt.cm.magma(np.linspace(0,1,40))
          data['session'].value_counts().head(40).plot.bar(color=color)
          plt.title('网站中访问最多的用户 Session 进行排名',fontsize= 20)
          plt.xlabel('用户 Session 排名',fontsize=15)
          plt.ylabel('用户 Session 访问次数',fontsize=15)
          plt.show()
```

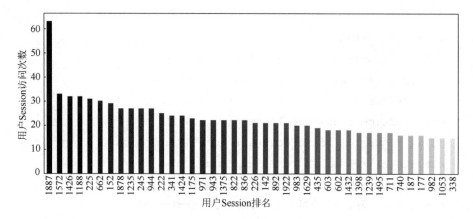

图 11.7　网站中访问最多的用户 Session 排名

程序 11.4

```
In[4]:    #从 data_time 中提取一些新特征
          data['date_time']=data['date_time'].str.split(':',n=1,expand=True)
          data['date_time']

          #字段数据格式转换
          data['date_time']=pd.to_datetime(data['date_time'])
          data['month']=data['date_time'].dt.month
          data['day']=data['date_time'].dt.day

          size=data['month'].value_counts()
          color=plt.cm.rainbow(np.linspace(0,1,2))
          labels="四月","五月"
          explode=[0,0.1]

          plt.rcParams['figure.figsize']=(7,7)
          plt.pie(size,colors=color,labels=labels,explode=explode,shadow=True)
```

```
plt.title('网络流量月度分配',fontsize=20)
plt.tight_layout()
plt.legend()
plt.show()
```

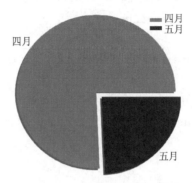

图 11.8　网络流量月度分配

程序 11.5

```
In[5]:  plt.rcParams['figure.figsize']=(18,8)
        sns.countplot(data['day'],palette='viridis')
        plt.title('Web 流量每日分布',fontsize=20)
        plt.show()
```

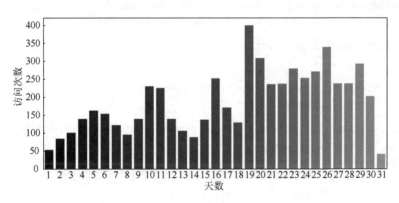

图 11.9　Web 流量每日分布

程序 11.6

```
In[6]:  #删除不需要的列
        data=data.drop(['date_time'],axis=1)

        #将 ip 字段和 request 字段进行编码转换
        from sklearn.preprocessing import LabelEncoder
        le=LabelEncoder()
```

```
data['ip']=le.fit_transform(data['ip'])
data['request']=le.fit_transform(data['request'])


#使用 kmeans 聚类分析,寻找最佳簇数(k值)的肘部法
x=data.iloc[: ,[2,6]].values

from sklearn.cluster import KMeans
wcss=[]
for i in range(1,11):
    km=KMeans(n_clusters=i,init='k-means++',max_iter=300,n_init=10,
random_state=0)
    km.fit(x)
    wcss.append(km.inertia_)
plt.plot(range(1,11),wcss)
plt.title('聚类簇数 k 的曲线图',fontsize=20)
plt.xlabel('类别',fontsize=15)
plt.ylabel('簇内平方和',fontsize=15)
plt.show()
```

程序 11.7

```
In[7]:   km=KMeans(n_clusters=5,init='k-means++',max_
              iter=300,n_init=10,random_state=0)
         y_means=km.fit_predict(x)


         plt.scatter(x[y_means==0,0],x[y_means==0,1],s=100,c='pink',label='月初
              的用户')
         plt.scatter(x[y_means==1,0],x[y_means==1,1],s=100,c='yellow',label=
              '月末的用户')
         plt.scatter(x[y_means==2,0],x[y_means==2,1],s=100,c='cyan',label='月中
              旬的用户')
         plt.scatter(x[y_means==3,0],x[y_means==3,1],s=100,c='magenta',label
              ='目标用户')
         plt.scatter(x[y_means==4,0],x[y_means==4,1],s=100,c='lightblue',label
              ='特殊用户')
         plt.scatter(km.cluster_centers_[: ,0],km.cluster_centers_[: ,1],s=50,
              c='blue',label='构建中心点')


         plt.title('用户访问次序 vs 时间聚类',fontsize=20)
```

```
plt.ylabel('Days')
plt.xlabel('Steps')
plt.ylabel('访问天数',fontsize=15)
plt.xlabel('访问次序',fontsize=15)
plt.legend()
plt.show()
```

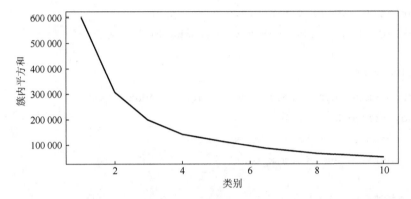

图 11.10　聚类簇数 k 的曲线图

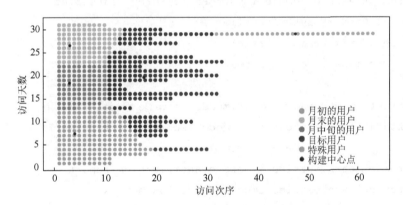

图 11.11　用户访问次序与时间聚类图

程序 11.8

```
In[8]:   #根据用户请求访问的月份对其进行分类
         y=data['month']
         data=data.drop(['month'],axis=1)
         x=data
         print("Shape of x:",x.shape)
         print("Shape of y:",y.shape)

         #将数据分解成训练集(4692 条数据)和测试集(1174 条数据)
```

```
from sklearn.model_selection import train_test_split
#训练集为 80%,测试集为 20%
x_train,x_test,y_train,y_test=train_test_split(x,y,test_size=0.2,
    random_state=0)
print("Shape of x_train:",x_train.shape)
print("Shape of x_test:",x_test.shape)
print("Shape of y_train:",y_train.shape)
print("Shape of y_test:",y_test.shape)


#归一化处理
from sklearn.preprocessing import StandardScaler
sc=StandardScaler()
x_train=sc.fit_transform(x_train)
x_test=sc.transform(x_test)


#选择随机森林分类器
from sklearn.ensemble import RandomForestClassifier
model=RandomForestClassifier()
model.fit(x_train,y_train)
y_pred=model.predict(x_test)


print("Training Accuracy:",model.score(x_train,y_train))
print("Testing Accuracy:",model.score(x_test,y_test))


from sklearn.metrics import classification_report
from sklearn.metrics import confusion_matrix
```

Out[8]: Training Accuracy: 1.0
        Testing Accuracy: 1.0

	precision	recall	f1-score	support
4	1.00	1.00	1.00	324
5	1.00	1.00	1.00	850
accuracy			1.00	1174
macro avg	1.00	1.00	1.00	1174
weighted avg	1.00	1.00	1.00	1174

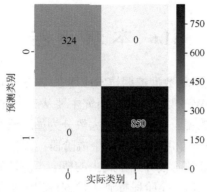

图 11.12　分类结果图

本次数据来源于国外某网站真实访问数据，数据共分为 6 列，特征字段描述如表 11.5 所示。

表 11.5　数据表

特征列	特征描述
ip	用户 IP
data_time	用户访问时间
request	用户访问页面需求
step	用户访问页面次序
session	用户主机标识
user_id	用户 ID

本实例中共有 5866 条用户访问网站日志数据记录，存储在 Web_log_data.csv 文件中，如图 11.13 所示。

	A	B	C	D	E	F
1	ip	data_time	request	step	session	user_id
2	c210-49-32-6.rochd2.	18/Apr/2016:21:25:07	/	1	3	3
3	visp.inabox.telstra.	19/Apr/2016:08:24:28	/	1	12	12
4	dsl-61-95-54-84.requ	19/Apr/2016:08:33:01	/	1	13	13
5	d220-236-91-52.dsl.n	19/Apr/2016:09:16:06	/	1	15	15
6	allptrs.eq.edu.au	19/Apr/2016:09:47:54	/	1	22	22
7	cpe-144-136-135-38.q	19/Apr/2016:10:13:37	/	1	23	23
8	225-145-222-203.rev.	19/Apr/2016:11:48:32	/	1	25	25
9	cpe-138-130-198-54.q	19/Apr/2016:12:31:54	/	1	26	26
10	203-219-44-170-qld.t	19/Apr/2016:12:33:49	/	1	29	29
11	cpe-138-130-198-54.q	19/Apr/2016:12:42:51	/	1	30	30
12	cpe-144-136-135-38.q	19/Apr/2016:13:25:52	/	1	36	36
13	cpe-138-130-247-7.ql	19/Apr/2016:13:54:06	/	1	38	38
14	cpe-144-137-164-66.q	19/Apr/2016:15:31:13	/	1	40	40
15	225-145-222-203.rev.	19/Apr/2016:16:35:38	/	1	44	44
16	60-240-178-28.tpgi.c	19/Apr/2016:16:36:30	/	1	45	45
17	202-47-51-61.dialup.	19/Apr/2016:17:26:44	/	1	48	48
18	203.166.253.33	19/Apr/2016:18:36:47	/	1	54	54
19	acc26-ppp823.hay.dia	19/Apr/2016:18:53:44	/	1	55	55
20	d220-237-196-66.dsl.	19/Apr/2016:22:58:55	/	1	60	60
21	cpe-60-231-60-67.qld	19/Apr/2016:23:02:30	/	1	61	61
22	202.138.16.8	20/Apr/2016:02:59:24	/	1	68	68
23	202.138.16.8	20/Apr/2016:03:06:13	/	2	68	68

图 11.13　用户访问网站日志数据

11.6　本章小结

　　Web 数据挖掘的本质就是将数据挖掘技术应用在 Web 领域，从而使得用户有更好的体验和服务。目前国内外对 Web 数据挖掘的研究主要从三个方向入手，即 Web 结构挖掘、Web 内容挖掘和 Web 使用挖掘。在实践中，大致分为如下五个阶段：①Web 资源获取阶段；②Web 数据预处理阶段；③数据转换和集成阶段；④模式识别阶段；⑤模式分析阶段。在 Web 资源获取和预处理阶段介绍了爬虫的概念、算法和数据结构，以及不同爬虫的类型和爬虫的评价标准。在后三个阶段提到了挖掘过程中常用的挖掘技术，如分类分析、聚类分析和评估分析等，并对其做了简要的介绍。

　　Web 挖掘实际上是一个更具挑战性的研究，它是对 Web 内容存取模式、Web 结构、Web 规则、动态 Web 内容查找，以及 Web 挖掘的评价等一系列问题的解决。随着大数据时代的到来及数据挖掘算法的不断迭代发展，Web 挖掘的应用场景和前景一定会更加广阔。

思 考 题

1. 在我们的日常工作和生活中，哪些场景中运用了 Web 挖掘技术？
2. Web 挖掘技术将会对我们今后的生活产生怎样的影响？

习　　题

1. 简述关联规则挖掘技术与序列模式挖掘技术之间的联系和区别。
2. 简述爬虫的类别及使用场景。
3. 简述爬虫爬取数据的完整流程。

本章参考文献

[1]　ETZIONI O. The World-Wide Web: Quagmire or gold mine？[J]. Communications of the ACM，1996，39（11）：65-68.

[2]　高华. Web 挖掘技术在社交网络分析的应用研究[J]. 科技信息，2013（9）：91，92.

[3]　高玉娟. Web 数据挖掘研究综述[J]. 工业控制计算机，2016，29（1）：113-115.

[4]　KUNC M. Web mining overview[C]. Proceedings of the 13th Conference STUDENT EEICT 2007 Volume，2007：391-395.

[5]　AGRAWAL R，SRIKANT R. Mining sequential patterns[C]. Proceedings of the Eleventh International Conference on Data Engineering，1995：3-14.

[6]　FOURNIER-VIGER P，LIN J C W，RAGE U K，et al. A survey of sequential pattern mining[J]. Data Science and Pattern Recognition，2017，1（1）：54-77.

[7]　AGRAWAL R，SRIKANT R. Mining sequential patterns[C]. Icde，1995：3-14.

[8]　SRIKANT R，AGRAWAL R. Mining sequential patterns：Generalizations and performance improvements[C]. International Conference on Extending Database Technology，1996：1-17.

[9]　ZAKI M J. SPADE：An efficient algorithm for mining frequent sequences[J]. Machine Learning，2001，42（1，2）：31-60.

[10] HAN J W，PEI J，MORTAZAVI-ASL B，et al. FreeSpan：Frequent pattern-projected sequential pattern mining[C]. Proceedings of the Sixth ACM SIGKDD International Conference on Knowledge Discovery and Data Mining （KDD-2001），2000：355-359.

[11] Pei J，Han J W，MORTAZAVI-ASL B，et al. Mining sequential patterns by pattern-growth：The PrefixSpan approach[J]. IEEE Transactions on Knowledge and Data Engineering，2004，16（11）：1424-1440.

[12] 张松峰. 政府资助项目个性化推送系统设计与实现[D]. 北京：首都经济贸易大学，2014.

第 12 章 应用案例一：泰坦尼克号生存数据分析

12.1 案例背景及分析思路

泰坦尼克（Titanic）号是一艘奥林匹克级邮轮，于 1912 年 4 月首航时撞上冰山后沉没。泰坦尼克号由位于北爱尔兰贝尔法斯特的哈兰德与沃尔夫（Harland and Wolf）造船厂兴建，是当时最大的客运轮船，由于其规模相当于一艘现代航空母舰，号称"上帝也沉没不了的巨型邮轮"。在泰坦尼克号的首航中，从英国南安普敦出发，途经法国瑟堡-奥克特维尔和爱尔兰昆士敦，计划横渡大西洋前往美国纽约市。但由于人为操作失误，泰坦尼克号于 1912 年 4 月 14 日夜里 11 点 40 分撞上冰山；2 小时 40 分钟后，即 4 月 15 日凌晨 2 点 20 分，船体裂成两半沉入大西洋，死亡人数超过 1500 人，堪称 20 世纪最大且最广为人知的海难事件。

泰坦尼克号上有不同阶级、不同年龄的乘客 2000 多人，而在这次沉船事故中幸存下来的仅有 718 人。根据数据统计分析，人们发现，幸存的乘客与他们的年龄、性别和乘坐船舱等级等因素存在某种关系。

2012 年 9 月 28 日，Kaggle[①]上发布了名为"泰坦尼克：灾难中的机器学习（Titanic：Machine Learning from Disaster）"[②]的乘客生存预测任务，并将这个案例作为机器学习和数据挖掘初学者练习机器学习基础知识与技能，同时熟悉其平台操作流程的入门级任务。该任务没有截止期限，到目前为止，已有来自世界各地的两万多支队伍报名完成此任务。

本章首先将从 Kaggle 上获取泰坦尼克号沉船事故的训练集和测试集数据，接着对数据进行预处理和描述性统计分析，然后对预测任务进行特征工程并构建模型，最后完成模型的评估。

12.2 数 据 解 读

Kaggle 上针对泰坦尼克号生存预测任务提供了两个数据集，分别是训练集 train.csv 和测试集 test.csv。其中，训练集数据中包含的字段如下[③]。

（1）PassengerID ：乘客和船员对应的编号；

---

① Kaggle 是由联合创始人、首席执行官安东尼·高德布卢姆（Anthony Goldbloom）2010 年在墨尔本创立的，主要为开发商和数据科学家提供举办机器学习竞赛、托管数据库、编写和分享代码的平台。该平台已经吸引了 80 万名数据科学家的关注。

② 来源：https://www.kaggle.com/c/titanic。

③ 测试集数据仅比训练集数据少一个类别变量 Survived（生存情况：1=存活，0=死亡），是 Kaggle 官方用以测试参赛者所构建模型预测效果的数据集。

（2）Survived：生存情况（1 = 存活，0 = 死亡）；

（3）Pclass：船舱等级（1 = 头等舱，2 = 二等舱，3 = 三等舱）；

（4）Name：姓名；

（5）Sex：性别；

（6）Age：乘客当时的年龄；

（7）Sibsp：船上兄弟姐妹数/配偶数（即同代亲属数）；

（8）Parch：船上父母/子女数（即不同代直系亲属数）；

（9）Ticket：船票编号；

（10）Fare：船票价格；

（11）Cabin：客舱号。

（12）Embarked：登船港口出发地点 S = 美国南安普顿，途经地点 1C = 法国瑟堡市，出发地点 2Q = 爱尔兰昆士敦。

为方便读者阅读，在后续的分析中，将两个数据集中的所有字段名都替换为中文字段名。

12.3　数据预处理

12.3.1　查看数据集

导入数据，分别查看两个数据集的维度，分析代码如程序 12.1 所示。

程序 12.1

```
In[1]:   #显示所有变量
         from IPython.core.interactiveshell import InteractiveShell
         InteractiveShell.ast_node_interactivity='all'
         #导入需要的库
         import numpy as np
         import pandas as pd
         #导入数据
         #训练数据集
         train=pd.read_csv(r'C:\Users\lixue\Desktop\train.csv')
         #测试数据集
         test=pd.read_csv(r'C:\Users\lixue\Desktop\test.csv')
         #查看数据集
         print('训练数据集: ',train.shape,',测试数据集: ',test.shape)
         plt.rcParams['font.sans-serif']=['SimHei']#支持中文显示
         plt.rcParams['axes.unicode_minus']=False#用来正常正负符号
         sns.set_style('darkgrid',{'font.sans-serif': ['SimHei','Arial']})
         import warnings  #去除部分警告信息
```

```
warnings.filterwarnings('ignore')
```

Out[1]:训练数据集: (891,12),测试数据集: (418,11)

可以看到，训练集共有 891 条数据，测试集共有 418 条数据，测试集比训练集少一列，而这一列需要我们通过模型预测得到。为便于做各属性字段的预处理和探索性分析工作，将训练集与测试集数据合并在一起，操作过程如程序 12.2 所示。

程序 12.2

```
In[2]:     full=train.append(test,ignore_index=True)
           print('合并后的数据集: ',full.shape)
```

Out[2]: 合并后的数据集: (1309,12)

通过.head()可以查看合并后的数据，如程序 12.3 所示，结果如图 12.1 所示。

程序 12.3

```
In[3]:     full.head()#查看前五条
```

	乘客代号	是否生存	船舱等级	姓名	性别	年龄	兄弟姐妹数/配偶数	父母数量	船票编号	船票价格	客舱号	登船港口
0	1	0.0	3	Braund,Mr.Owen Harris	男性	22.0	1	0	A/5 21171	7.2500	NaN	S
1	2	1.0	1	Cumings,Mrs.John Bradley (Florence BriggsTh...	女性	38.0	1	0	PC 17599	71.2833	C85	C
2	3	1.0	3	Heikkinen,Miss.Laina	女性	26.0	0	0	STON/O2. 3101282	7.9250	NaN	S
3	4	1.0	1	Futrelle,Mrs.Jacques Heath(Lily May Peel)	女性	35.0	1	0	113803	53.1000	C123	S
4	5	0.0	3	Allen,Mr.William Henty	男性	35.0	0	0	373450	8.0500	NaN	S

图 12.1　前五条数据内容图

接下来，通过 pandas 库的.describe()来查看该数据集各字段的数据分布情况，为进一步判断数据是否存在异常值和缺失值等情况做准备，如程序 12.4 所示，结果如图 12.2 所示。

程序 12.4

```
In[4]: full.describe()  #对全体数据进行描述性统计分析
```

	乘客代号	是否生存	船舱等级	年龄	兄弟姐妹数/配偶数	父母数量	船票价格
count	1309.000000	891.000000	1309.000000	1046.000000	1309.000000	1309.000000	1308.000000
mean	655.000000	0.383838	2.294882	29.881138	0.498854	0.385027	33.295479
std	378.020061	0.486592	0.837836	14.413493	1.041658	0.865560	51.758668
min	1.000000	0.000000	1.000000	0.170000	0.000000	0.000000	0.000000
25%	328.000000	0.000000	2.000000	21.000000	0.000000	0.000000	7.895800
50%	655.000000	0.000000	3.000000	28.000000	0.000000	0.000000	14.454200
75%	982.000000	1.000000	3.000000	39.000000	1.000000	0.000000	31.275000
max	1309.000000	1.000000	3.000000	80.000000	8.000000	9.000000	512.329200

图 12.2　描述性统计详细图

从这些描述性统计量中发现，船票价格的最小值为 0，存在异常。进一步地，通过 pandas

中的.info()来查看数据是否存在缺失值，代码及结果如程序 12.5 所示。

程序 12.5

```
In[5]:    full.info()  #获取数据集的数据类型


Out[5]: <class 'pandas.core.frame.DataFrame'>
        RangeIndex: 1309 entries,0 to 1308
        Data columns(total 12 columns):
        #   Column            Non-Null Count  Dtype
        --- ----   -------    ---
        0   乘客代号            1309 non-null   int64
        1   是否生存            891 non-null    float64
        2   船舱等级            1309 non-null   int64
        3   姓名              1309 non-null   object
        4   性别              1309 non-null   object
        5   年龄              1046 non-null   float64
        6   兄弟姐妹数/配偶数     1309 non-null   int64
        7   父母数量            1309 non-null   int64
        8   船票编号            1309 non-null   object
        9   船票价格            1308 non-null   float64
        10  客舱号             295 non-null    object
        11  登船港口            1307 non-null   object
        dtypes: float64(3),int64(4),object(5)
        memory usage: 122.8+KB
```

从程序 12.5 的运行结果我们发现，年龄、船票价格、客舱号和登船港口等字段均存在缺失值，需要进行预处理。

12.3.2　缺失值的填充

对于年龄和船票价格，采用它们各自的中位数来填充；客舱号由于缺失值比较多，统一将缺失的地方记为 Uk（Unknown）；登船港口由于只缺失两条数据，采用频数最多的取值来进行填充。缺失值填充的代码及运行结果如程序 12.6 所示。

程序 12.6

```
In[6]:    #年龄 age
          full['年龄']=full['年龄'].fillna(full['年龄'].median())
          #采用中位数填充
          #船票价格
          full['船票价格']=full['船票价格'].fillna(full['船票价格'].median())
```

```
#客舱号
full['客舱号']=full['客舱号'].fillna('Uk')
#登船港口
full['登船港口'].head()
#找出最频繁出现的值
ebmean=full['登船港口'].groupby(full['登船港口'])
ebmean.count()
#填充
full['登船港口']=full['登船港口'].fillna('S')
full.info()
```

```
Out[6]:   <class 'pandas.core.frame.DataFrame'>
          RangeIndex: 1309 entries,0 to 1308
          Data columns(total 12 columns):
          #   Column          Non-Null Count  Dtype
          --  ----  --------  ------
          0   乘客代号          1309 non-null    int64
          1   是否生存          891 non-null     float64
          2   船舱等级          1309 non-null    int64
          3   姓名            1309 non-null    object
          4   性别            1309 non-null    object
          5   年龄            1309 non-null    float64
          6   兄弟姐妹数/配偶数   1309 non-null    int64
          7   父母数量          1309 non-null    int64
          8   船票编号          1309 non-null    object
          9   船票价格          1309 non-null float64
          10  客舱号          1309 non-null    object
          11  登船港口          1309 non-null    object
          dtypes: float64(3),int64(4),object(5)
          memory usage: 122.8+KB
```

至此，完成了对数据集中所有缺失值的填充。

12.4　描述性统计分析

12.4.1　性别与生存率之间的关系

首先对乘客性别与是否生存的相关关系进行可视化分析，如程序 12.7 所示，结果如图 12.3 所示。

程序 12.7

```
In[7]:  plt.figure(dpi=600)
        sns.set_context("paper")
        sns.countplot('是否生存',data=full,palette=sns.color_
        palette("Greys",2))
        sns.barplot(data=full,x="性别",y="是否生存",ci= None)
        plt.ylabel("罹难人数")
        plt.show()
```

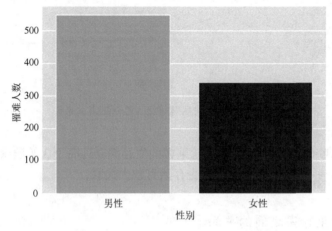

图 12.3　性别与是否生存关系图

　　从图 12.3 可以看出，女性的罹难人数比男性少很多。因此，可以推测，性别与乘客是否幸存具有一定的关系。

12.4.2　船舱等级、生存率与性别三者之间的关系

　　接下来，针对不同的性别，对乘客乘坐的船舱等级与乘客能否存活之间的关系进行可视化分析，如程序 12.8 所示，结果如图 12.4 所示。

程序 12.8

```
In[8]:  sns.set_context("paper")
        plt.figure(figsize=(10,5))
        sns.pointplot(data=full,x="船舱等级",y="是否生存", linestyles=
                ["-","--",""],hue="性别",ci=None, palette=sns.
                color_palette ("Greys_r",2))
        plt.xlabel('船舱等级')
        plt.xlabel('生存率')
        plt.show()
```

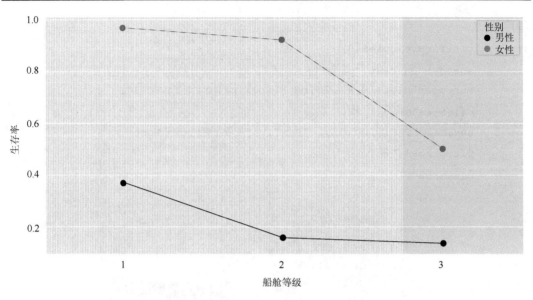

图 12.4　生存率与船舱等级、性别三者关系图

从图 12.4 能够很明显地看出，1 等舱乘客的生存率要远高于 3 等舱乘客的生存率，同时可以再次看到，乘客的性别与乘客是否存活有较大关联。

12.4.3　年龄与生存率之间的关系

由于年龄是数值型数据，首先对年龄进行分区段计数，然后对不同年龄段的生存率进行统计，如程序 12.9 所示，结果如图 12.5 所示。

程序 12.9

```
In[9]:  full["AgeGroup"]=pd.cut(full["年龄"],5)
        #将年龄列的数值划分为 5 等分
        full.AgeGroup.value_counts(sort=False) #查看每个分组有多少人数
        plt.figure(figsize=(10,5))
        sns.barplot(data=full,x="AgeGroup",y="是否生存", ci=None,palette=sns.
                color_palette("Greys_r"))
        plt.xticks(rotation=60)  #设置刻度标签角度
        plt.xlabel("年龄组")
        plt.show()
```

由图 12.5 可以知道，年龄段在[0.34,16.336]上的乘客生存率最高，而年龄在[64.084, 80.0]上的乘客存活率最低，其他几个年龄段乘客的生存率则较为相近。因此可以推测，乘客的年龄与乘客是否存活也是存在一定的关系。

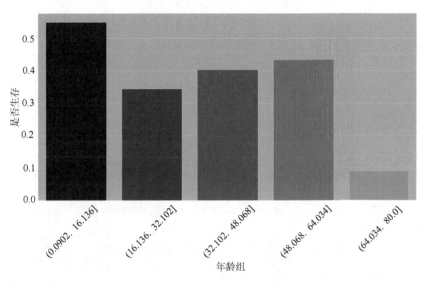

图 12.5　年龄与是否生存关系图

12.4.4　登船港口与生存率之间的关系

对不同登船港口乘客的生存情况进行分析，如程序 12.10 所示，结果如图 12.6 所示。

程序 12.10

```
In[10]:    f,ax=plt.subplots(3,1,figsize=(20,15))
           sns.countplot('登船港口',data=full,palette= sns. color_palette
                   ("Greys_r"),ax=ax[3,1])
           sns.countplot('登船港口',hue='性别',palette=sns. color_palette
                   ("Greys_r"),data=full,ax=ax[3,2])
           sns.countplot('登船港口',hue='船舱等级',data=full, palette=sns.
                   color_palette("Greys_r"),ax=ax[3,3])
           plt.subplots_adjust(wspace=0.2,hspace=0.5)
           plt.show()
```

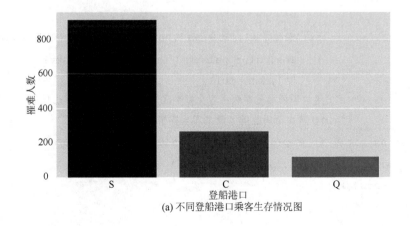

(a) 不同登船港口乘客生存情况图

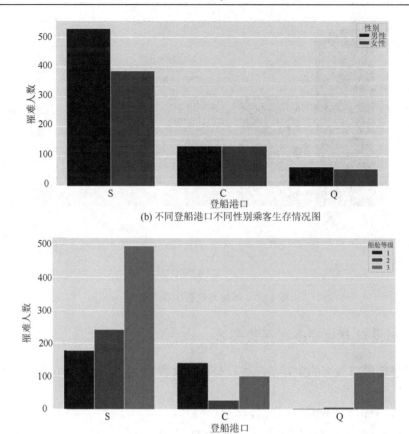

(b) 不同登船港口不同性别乘客生存情况图

(c) 不同登船港口不同船舱等级乘客生存情况图

图 12.6　乘客登船地点与乘客生存情况关系图

从图 12.6 中可以看到，S 港口的罹难人数较多，其次是 C 港口和 Q 港口。在 S 港口和 Q 港口，男性乘客及乘坐三等舱乘客的生存率较低；在 C 港口，却是乘坐一等舱的乘客生存率较低。

可以看出，不同船舱等级乘客的生存率存在一定的差异，对其进行可视化分析，如程序 12.11 所示，结果如图 12.7 所示。

程序 12.11

```
In[11]: g=sns.factorplot('船舱等级','是否生存',hue='性别',col='登船港口',palette=
                sns.color_palette("Greys_r"), linestyles= ["-","--",
                ""],data=full)
        titles=["(a)S港口不同船舱等级乘客生存情况","(b)C港口不同船舱等级乘客生存情况
            ","(c)Q港口不同船舱等级乘客生存情况"]
        for ax,title in zip(g.axes.flat,titles):
            ax.set_xlabel(title,fontsize=15)
        plt.show(g)
```

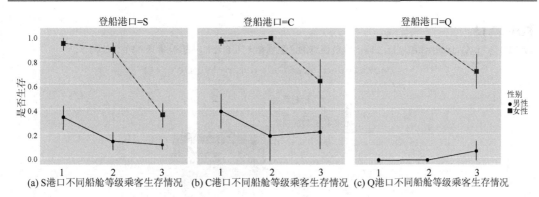

(a) S港口不同船舱等级乘客生存情况 (b) C港口不同船舱等级乘客生存情况 (c) Q港口不同船舱等级乘客生存情况

图 12.7 不同登船港口不同船舱等级乘客生存情况图

从图 12.7 可以看到，在一等舱和二等舱中，女性乘客存活的概率几乎为 1；但在三等舱中，不论是男性乘客还是女性乘客，生存率都偏低。

12.4.5 家庭大小与生存率之间的关系

首先对乘客家庭的兄弟姐妹数/配偶数与生存率进行分析，如程序 12.12 所示，结果如图 12.8 所示。

程序 12.12

```
In[12]: sns.factorplot('兄弟姐妹数/配偶数','是否生存',data=full)
        plt.show()
```

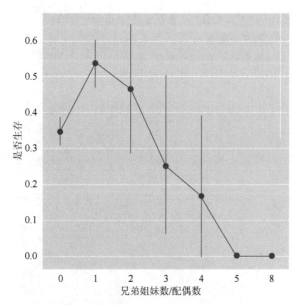

图 12.8 生存率与家庭成员个数关系图

为了更好地分析问题，对不同船舱等级和不同家庭成员个数下乘客的存活情况数据进行统计，如程序 12.13 所示，结果如图 12.9 所示。

程序 12.13

```
In[13]: pd.crosstab(full['兄弟姐妹数/配偶数'],full['船舱等级']).style.
        background_gradient(cmap='summer_r')
```

船舱等级	1	2	3
兄弟姐妹数/配偶数			
0	198	182	511
1	113	82	124
2	8	12	22
3	4	1	15
4	0	0	22
5	0	0	6
8	0	0	9

图 12.9　不同船舱等级和不同家庭成员个数下乘客的生存情况统计图

从图 12.9 可以看到，如果乘客是独自一人登船，船上没有自己的兄弟姐妹，那么他有 34.5%的可能性存活下来；如果兄弟姐妹的数量增加，那么存活率急剧减少。由此可以体会，当时泰坦尼克号上的乘客之间的手足情深。

同样地，对携家人一同登船的家庭中父母子女数量与存活情况进行分析，如程序 12.14 所示，结果如图 12.10 所示。

程序 12.14

```
In[14]: sns.factorplot('父母数量','是否生存',data=full)
        plt.xlabel('父母子女数量')
        plt.ylabel('生存率')
        plt.show()
```

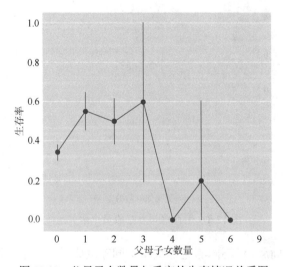

图 12.10　父母子女数量与乘客的生存情况关系图

　　从图 12.10 可以看到，带着父母子女一起出行且家庭登船人数在 3 人及 3 人以下的乘客有更大的生存机会。而当父母子女数目有 4 个及 4 个以上时，生存的机会就会减少。

　　通过以上分析发现，无论是一同登船的兄弟姐妹数目还是父母子女数目都会影响乘客的存活率。下面进一步考察家庭成员数量对乘客生存率的影响，如程序 12.15 所示，结果如图 12.11 所示。

程序 12.15

```
In[15]:   full['家庭人数']=0
          full['家庭人数']=full['父母数量']+full['兄弟姐妹数/配偶数']
          #family size
          sns.factorplot('家庭人数','是否生存',data=full)
          plt.ylabel("生存率")
          plt.show()
```

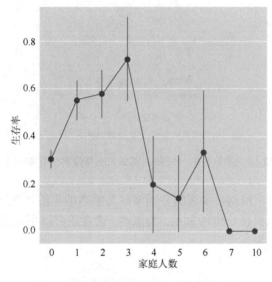

图 12.11　生存率与家庭成员数量关系图

　　图中家庭人数为 0 表示乘客是独自出行的。显然，家庭规模在 4 人及 4 人以上的乘客，生存机会相对减少很多。进一步研究这个问题，如程序 12.16 所示，结果如图 12.12 所示。

程序 12.16

```
In[16]: sns.set_context("talk")
        g=sns.factorplot('孤独','是否生存',data=full,hue='性别',col='船舱等级',
                         linestyles=["-","--",""])
        titles=["是否单独出行\n\n(a) 一等舱乘客是否单独出行的生存率分析","是否单独出
               行\n\n(b) 二等舱乘客是否单独出行的生存率分析","是否单独出行\n\n(c) 三
               等舱乘客是否单独出行的生存率分析"]
        for ax,title in zip(g.axes.flat,titles):
```

```
ax.set_xlabel(title)
```
```
plt.show()
```

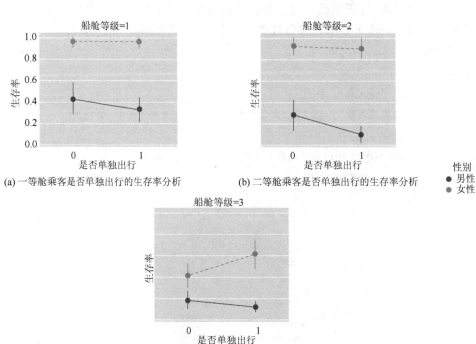

(a) 一等舱乘客是否单独出行的生存率分析　　　(b) 二等舱乘客是否单独出行的生存率分析

(c) 三等舱乘客是否单独出行的生存率分析

图 12.12　船舱等级、性别、家庭大小与乘客生存率关系图

通过以上分析，可以推测，乘客的存活情况与乘客的年龄、性别、船舱等级、登船地点和家庭大小等因素都存在一定的关系。类似地，读者还可以探索船票价格等其他因素与乘客存活情况之间的关系。

12.5　特 征 工 程

本节将对数据集中乘客的属性数据进行特征提取或变换，为后续建立生存预测模型奠定基础。其中，类别型变量转换为哑变量的形式。

首先，对性别变量进行转换，0 代表男性，1 代表女性，如程序 12.17 所示。

程序 12.17

```
In[17]:    #1)①类别变量转化为哑变量
           sex_mapdict={'女性': 1,'男性': 0}
           sex=full['性别'].map(sex_mapdict)
           sex.head()


Out[17]:  0    0
```

```
                    1    1
                    2    1
                    3    1
                    4    0
           Name：性别,dtype：int64
```

接着，将船舱等级转换为相应的哑变量，如程序 12.18 所示，结果如图 12.13 所示。

程序 12.18

```
In[18]：#②登船港口特征
        #由于登船港口列的数据类型是分类数据,所以对其使用 get_dummies 进行 one-hot 编码,
        列名前缀是 Embarked。
        #登船港口
        embarkeddf=pd.DataFrame()
        embarkeddf=pd.get_dummies(full['登船港口'],prefix='登船港口')
        #③客舱等级特征
        #由于客舱等级列的数据类型是分类数据,所以对其使用 get_dummies 进行 one-hot 编码,
        列名前缀是 Pclass。
        #客舱等级
        pclassdf=pd.DataFrame()
        pclassdf=pd.get_dummies(full['船舱等级'],prefix='船舱等级')
        pclassdf.head()
```

	船舱等级_1	船舱等级_2	船舱等级_3
0	0	0	1
1	1	0	0
2	0	0	1
3	1	0	0
4	0	0	1

图 12.13　船舱等级编码图

"姓名"变量看似对生存预测不会起作用，但本案例数据集中乘客的姓名变量是带有前缀的，如 Mr、Mrs、Miss、Cap、Master 和 Dr 等，不同的前缀代表着不同的身份和社会地位，因此，对姓名这一属性列进行了乘客头衔的提取工作，并进行了 one-hot 编码转换，如程序 12.19 和程序 12.20 所示。

程序 12.19

```
In[19]：#2)分类数据(无类别)的特征提取
        #①姓名特征
        #查看姓名是怎样的
        full['姓名'].head()
```

```
#定义获得头衔函数
def gettitle(name):
    str1=name.split(',')[1]
    str2=str1.split('.')[0]
    #strip()方法用于移除字符串头尾指定的字符(默认为空格)
    str3=str2.strip()
    return str3
titledf=pd.DataFrame()
titledf['头衔']=full['姓名'].map(gettitle)   #头衔都有哪些
titlemean=titledf['头衔'].groupby(titledf['头衔'])
titlemean.count()
```

Out[19]:　头衔

```
        Capt              1
        Col               4
        Don               1
        Dona              1
        Dr                8
        Jonkheer          1
        Lady              1
        Major             2
        Master           61
        Miss            260
        Mlle              2
        Mme               1
        Mr              757
        Mrs             197
        Ms                2
        Rev               8
        Sir               1
        the Countess      1
        Name: 头衔,dtype: int64
```

程序 12.20

In[20]:　#头衔过多,进行分类,将18个头衔定义为6个类别,现在就可以对其进行编码了

　　　　#定义头衔与类别的映射关系

```
title_mapdict={'Capt':'Officer','Col':'Officer', 'Major':'Officer
               ','Dr': 'Officer','Rev': 'Officer',
               'Jonkheer': 'Royalty','Don': 'Royalty',
```

```
                    'Sir': 'Royalty','the Countess': 'Royalty','Dona':
                    'Royalty','Lady': 'Royalty',
                    'Mme': 'Mrs','Ms': 'Mrs','Mrs': 'Mrs',
                    'Mlle': 'Miss','Miss': 'Miss',
                    'Mr': 'Mr',
                    'Master': 'Master'}
        #map 函数
        titledf['头衔']=titledf['头衔'].map(title_mapdict)
        #编码
        titledf=pd.get_dummies(titledf['头衔'])
        titledf.head()
```

最后，得到如图 12.14 所示的结果。

	Master	Miss	Mr	Mrs	Officer	Royalty
0	0	0	1	0	0	0
1	0	0	0	1	0	0
2	0	1	0	0	0	0
3	0	0	0	1	0	0
4	0	0	1	0	0	0

图 12.14　姓名归类结果图

从前面的分析知道，与乘客一同出行的家庭人数的多少对其存活情况有较大影响。下面根据家庭人数的多少对乘客进行分类，家庭人数在 2 人到 4 人之间的，将其划分为"小家庭"，4 人以上的划分为"大家庭"，家庭人数为 1 则表明乘客是单独出行的。将家庭类别划分好后，进行 one-hot 编码，如程序 12.21 所示。

程序 12.21

```
In[21]: familydf=pd.DataFrame()
        #家庭人数,兄弟姐妹数/配偶数,父母数量
        familydf['家庭人数']=full['兄弟姐妹数/配偶数']+full['父母数量']+1
        #if 函数
        familydf['单独出行']=familydf['家庭人数'].map(lambda s: 1 if s ==1 else 0)
        familydf['小家庭']=familydf['家庭人数'].map(lambda s: 1 if 2<=s<=4 else 0)
        familydf['大家庭']=familydf['家庭人数'].map(lambda s: 1 ifs>=5 else 0)
        familydf.head()
```

可以得到如图 12.15 所示的结果。

	家庭人数	单独出行	小家庭	大家庭
0	2	0	1	0
1	2	0	1	0
2	1	1	0	0
3	2	0	1	0
4	1	1	0	0

图 12.15　家庭分类结果图

特征工程结束后的数据集概貌如图 12.16 所示。

	Mr	Mrs	Miss	船舱等级_3	船舱等级_1	小家庭	单独出行	船票价格	性别
0	1	0	0	1	0	1	0	7.2500	0
1	0	1	0	0	1	1	0	71.2833	1
2	0	0	1	1	0	0	1	7.9250	1
3	0	1	0	0	1	1	0	53.1000	1
4	1	0	0	1	0	0	1	8.0500	0

图 12.16　特征提取结果图

12.6　模型构建与评估

将整理好的数据划分为训练集和测试集，其中训练集比例为 0.8，如程序 12.22 所示。

程序 12.22

```
In[22]:   sourcerow=train.shape[0]
          source_x=full_x.loc[0: sourcerow-1,: ]
          source_y=full.loc[0: sourcerow-1,'是否生存']
          # 预测数据集
          pred_x=full_x.loc[sourcerow: ,: ]
          # 训练数据集和测试数据集
          from sklearn.model_selection import train_test_split
          train_x,test_x,train_y,test_y=train_test_split(source_x,source_y,
             train_size=0.8)
          print('原始数据集特征: ',source_x.shape,'训练数据集特征: ',
             train_x.shape,'测试数据集特征: ',test_x.shape)
          print('原始数据集标签: ',source_y.shape,'训练数据集标签: ',
             train_y.shape,'测试数据集标签: ',test_y.shape)
Out[22]:  原始数据集特征: (891,9)训练数据集特征: (712,9)测试数据集特征: (179,9)
          原始数据集标签: (891,)训练数据集标签: (712,)测试数据集标签: (179,)
```

下面分别建立三种生存预测模型，并对它们的预测效果进行评估。

12.6.1　随机森林

随机森林在以决策树为基学习器构建 Bagging 集成的基础上，进一步在决策树的训练过程中引入随机属性选择（即引入随机特征选择）。模型构建及评估代码如程序 12.23 所示。

程序 12.23

```
In[23]:    #训练模型
           from sklearn.ensemble import RandomForestClassifier
           model=RandomForestClassifier()
           model.fit(train_x,train_y)

           #测试预测
           predtest_y=model.predict(test_x)

           #获取正确率
           from sklearn.metrics import accuracy_score
           accuracy_score(test_y,predtest_y)
Out[23]: RandomForestClassifier(bootstrap=True,class_weight=None,criterion=
             'gini',
           max_depth=None,max_features='auto',max_leaf_nodes=None,
           min_impurity_decrease=0.0,min_impurity_split=None,
           min_samples_leaf=1,min_samples_split=2,
           min_weight_fraction_leaf=0.0,n_estimators=10,
           n_jobs=None,oob_score=False,random_state=None,
           verbose=0,warm_start=False)

           0.770949720670391
```

通过模型训练，对测试集的数据进行了预测，准确率达到 0.770 949 720 670 391。

12.6.2　支持向量机

此处主要借助 sklearn 库 svm 模块中的 SVC 分类方法来实现支持向量机预测模型。模型构建及评估代码如程序 12.24 所示。

程序 12.24

```
In[24]:    #训练模型
           from sklearn.svm import SVC
```

```
       model=SVC(kernel='linear',gamma=3)
       model.fit(train_x,train_y)

       #测试预测
       predtest_y=model.predict(test_x)

       #获取正确率
       from sklearn.metrics import accuracy_score
       accuracy_score(test_y,predtest_y)
Out[24]:  SVC(C=1.0,cache_size=200,class_ weight=None,coef0=0.0,
       decision_function_shape='ovr',degree=3,gamma=3, kernel='linear',
       max_iter=-1,probability=False,random_state=None,shrinking=True,
       tol=0.001,verbose=False)

       0.8491620111731844
```

结果发现，采用支持向量机进行生存预测的准确率要优于随机森林模型。

12.6.3　朴素贝叶斯模型

在 sklearn 中，一共有三种朴素贝叶斯分类算法，分别是 GaussianNB、MultinomialNB 和 BernoulliNB。这里采用 GaussianNB 函数来构建朴素贝叶斯预测模型，模型构建及评估代码如程序 12.25 所示。

程序 12.25

```
In[25]:   from sklearn.naive_bayes import GaussianNB
       model=GaussianNB()
       model.fit(train_x,train_y)
       #测试预测
       predtest_y=model.predict(test_x)
       #获取正确率
       from sklearn.metrics import accuracy_score
       accuracy_score(test_y,predtest_y)
Out[25]:  GaussianNB(priors=None,var_smoothing=1e-09)

       0.8603351955307262
```

综上所述，可以发现，在随机森林、支持向量机和朴素贝叶斯三种模型中，朴素贝叶斯模型的预测效果最好。

12.7　本 章 小 结

本章对 Kaggle 上的经典案例"泰坦尼克：灾难中的机器学习"进行了简单的解读和实践，其中包括数据的概述与预处理、数据的探索性分析、特征工程，以及预测模型的构建和评估等。本章只是对该案例进行了最基本的分析和实践，读者可以在此基础上做进一步的数据特征提取和模型调优，还可以构建其他预测模型进行训练与评估。

思 考 题

1. 在本案例数据集的各个属性特征中，你认为哪些特征比较重要？为什么？
2. 除本案例用到的三种预测模型外，还可以构建哪些预测模型？

习　　题

1. 请分析本案例中船票价格等其他属性特征对乘客的生存是否有影响。
2. 请编写代码绘制 12.6 节中三种模型的 ROC 曲线和混淆矩阵图，进一步比较三种模型的优劣。

第 13 章　应用案例二：心脏病预测分析

13.1　案例背景及分析思路

20 世纪末，我国经济大幅度增长，人民生活水平日益提高，人们的生活方式也发生了很大的改变。不幸的是，生活压力的日益增长及不规律的生活习惯极大地增加了人们心脏的负担，使得中国心血管疾病从 1990 年起持续成为居民死亡的重要原因。

由于医疗技术复杂且医疗资源紧缺，靠人工进行疾病诊断会使医生的工作量十分庞大。为了减轻医生的工作，使其将精力放在更重要的地方，本章将讨论是否可以通过计算机来辅助进行心脏病的预测工作，此项研究能够为医生的人工诊断提供具有一定参考价值的辅助判断，并且能够帮助医生剔除一些病症清晰患者的诊断，使得医生能够集中精力治疗复杂病例。

本章所用的数据集来源于 Kaggle 的 Heart-Disease-Uci 数据集①。此数据集包含 76 个属性，但所有已发布的实验均只使用其中 14 个属性的子集。"Target"字段是指患者是否患有心脏病，0 表示没有，1 表示有。

13.2　数据预处理

在获取到数据之后不能直接将其代入模型中，而需要先将其整理成模型可以处理的状态，这个过程称为数据预处理，包括填补缺失值、检查数据异常、数据去重和噪声处理等。本章将对数据进行去重及缺失值检查，代码均在 Jupyter Notebook 上运行。

首先，对 Jupyer Notebook 进行一些配置，如程序 13.1 所示。

程序 13.1

```
In[1]:  #导入需要用的库
        import pandas as pd
        import numpy as np
        import matplotlib.pyplot as plt
        import seaborn as sns
        #显示所有变量
        from IPython.core.interactiveshell import InteractiveShell
        InteractiveShell.ast_node_interactivity='all'
        #显示中文
```

---

① 来源：https://www.kaggle.com/ronitf/heart-disease-uci。

```
plt.rcParams['font.sans-serif']=['SimHei',\'Times New Roman']
plt.rcParams['axes.unicode_minus']=False
```

然后，对数据进行读取，如程序 13.2 所示，结果如图 13.1 所示。

程序 13.2

```
In[2]:    #读数据
          data=pd.read_csv('./data/heart.csv')
          #查看数据
          data.head()
          print(data.shape)
Out[2]:(303,14)
```

	age	sex	cp	trestbps	chol	fbs	restecg	thalach	exang	oldpeak	slope	ca	thal	target
0	63	1	3	145	233	1	0	150	0	2.3	0	0	1	1
1	37	1	2	130	250	0	1	187	0	3.5	0	0	2	1
2	41	0	1	130	204	0	0	172	0	1.4	2	0	2	1
3	56	1	1	120	236	0	1	178	0	0.8	2	0	2	1
4	57	0	0	120	354	0	1	163	1	0.6	2	0	2	1

图 13.1　heart 数据表前 5 行

读取数据之后可以看到整个数据集共有 303 行 14 列。最后，利用.head()可以预览数据的前 5 行，借以了解该数据的构成。

13.2.1　数据集的含义

在对数据进行分析之前需要理解每一个变量的实际含义，避免出现数据使用不当的情况。表 13.1 中简要概述了各个特征的实际意义及其可能的取值。例如，在 age 这一列记录的是各个样本的年龄，根据常识可以知道该列的可能取值为正常数；而 sex 和 cp 等则是类别变量，取值没有大小之分。了解了整个数据的结构及特征的可能取值才可以对数据进行恰当的分析。

表 13.1　数据集变量含义表

特　征	解　释
age	年龄
sex	性别（1 表示男性；0 表示女性）
cp	胸部疼痛类型
trestbps	入院时的静息血压（单位：mmHg）
chol	血清胆汁淤积（单位：mg/dL）

特　征	解　释
fbs	空腹血糖>120 mg/dL（1 表示是；0 表示否）
restecg	静息心电图结果
thalach	最大心率
exang	是否有运动性心绞痛（1 表示是；0 表示否）
oldpeak	相对于休息时运动引起的 ST 段下降
slope	ST 段的高峰运动斜坡
ca	用萤光染色的主要血管数（0～3）
thal	3 表示正常；6 表示固定缺陷；7 表示可逆转缺陷
target	值为 1 或 0

13.2.2　重复值的删除

　　了解了数据基本情况后就可以开始对数据进行预处理，对数据是否存在重复值进行判断，如程序 13.3 所示。

程序 13.3

```
In[3]:     #判断是否有重复行
           data.duplicated()
Out[3]:    0      False
           1      False
           2      False
           3      False
           4      False
           ...
           297    False
           298    False
           299    False
           300    False
           301    False
           302    False
           Length:303,dtype:bool
```

　　在对数据进行重复值判断时返回的是一个与源数据同等长度的序列，因此不能很直观地观察是否真正存在重复值，但是可以利用其他方法进行查看。例如，将序列进行求和，若数值非零则代表有重复值，如程序 13.4 所示。

程序 13.4

```
In[4]:     sum(data.duplicated())
Out[4]:    1
```

程序 13.5 利用 index()函数查询了存在重复行的位置，若想进行详细的查看可以利用数据框的切片操作，读者可以自己尝试。drop_duplicates()函数可以删除数据中重复的行，删除后的值作为返回值，但不会改变原有数据，因此需要重新赋值。去除重复行后的数据表如图 13.2 所示。

程序 13.5

```
In[5]:     list(data.duplicated()).index(True)
           #删除重复行
           data=data.drop_duplicates()
Out[5]:    164
```

	age	sex	cp	trestbps	chol	fbs	restecg	thalach	exang	oldpeak	slope	ca	thal	target
0	63	1	3	145	233	1	0	150	0	2.3	0	0	1	1
1	37	1	2	130	250	0	1	187	0	3.5	0	0	2	1
2	41	0	1	130	204	0	0	172	0	1.4	2	0	2	1
3	56	1	1	120	236	0	1	178	0	0.8	2	0	2	1
...	...	...	...	...	...	...	...	...	...	...	...	...	...	...
299	49	1	3	110	264	0	1	132	0	1.2	1	0	3	0
300	68	1	0	144	193	1	1	141	0	3.4	1	2	3	0
301	57	1	0	130	131	0	1	115	1	1.2	1	1	3	0
302	57	0	1	130	236	0	0	174	0	0.0	1	1	2	0

302行×14列

图 13.2　去除重复行后的数据表

13.2.3　缺失值处理

在完成了删除重复行的操作后，接下来可以进行缺失值处理。程序 13.6 中 isnull()函数可以判断数据是否存在缺失值，返回值与原数据大小相同且为布尔类型。若数据量太大，则不能够很快从众多值中迅速找到缺失值的行和列，因此可以利用 any()函数返回缺失值的行和列。

程序 13.6

```
In[6]:     cols=[col for col in data.columns if data[col].isnull().any()]cols
Out[6]:    []
```

由结果可知，数据中并没有缺失值，因此也就不需要进行缺失值处理操作了。

13.3　数据集的特征分析

在训练模型之前,首先对数据集各特征两两之间的关联程度借助相关系数热力图进行观察,实现代码如程序 13.7 所示,所绘热力图如图 13.3 所示。该热力图展示了任意两个变量之间的相关程度,变量间的相关系数越大,对应方格的颜色越深。

程序 13.7

```
In[7]:  plt.figure(figsize=(15,15),dpi=300)
        sns.heatmap(data.corr(),annot=True,fmt='.1f',cmap='binary')
        plt.show()
```

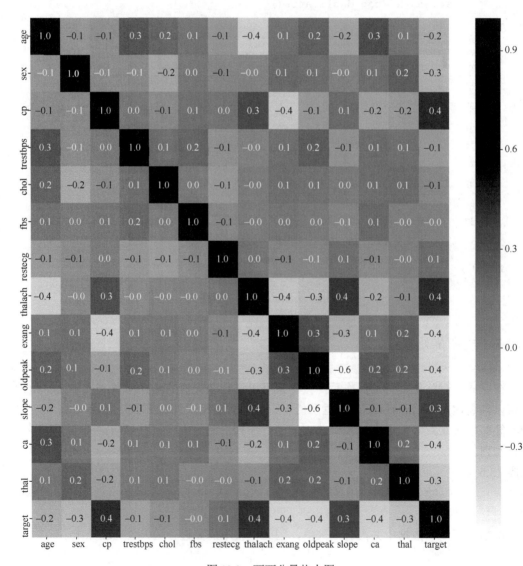

图 13.3　两两分量热力图

从图 13.3 可以看出，变量 cp 与 target 之间的相关系数为 0.4；thalach 与 target 之间的相关系数也为 0.4；而 cp 与 thalach 之间的相关系数只有 0.3。根据这些信息可以提前掌握变量之间的相关关系，从而在选择模型或数据分析的时候能够更有目标性。

对于该数据还可以利用 describe()函数对数据集中各变量分布的中心趋势、离散程度和形状进行总结，包括计数、均值、标准差、最小值、第一四分位数、中位数、第三四分位数和最大值等，如程序 13.8 所示。将数值统计描述后得到的结果进行可视化，结果如图 13.4 所示。

程序 13.8

```
In[8]:   data.describe().plot(kind="area",fontsize=20,figsize=(20,8),colormap
         ="binary")
         plt.xlabel('统计量',fontsize=20)
         plt.ylabel('对应值',fontsize=20)
         plt.show()
```

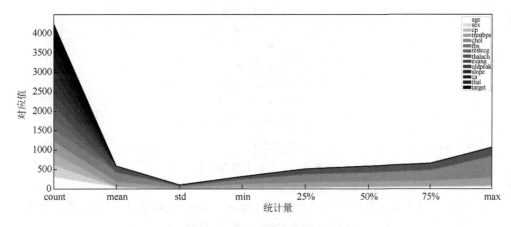

图 13.4　数据集描述性统计图

13.4　构　建　模　型

当对数据有了一定程度的了解之后就可以开始训练模型了，但是数据仅仅经过上面的处理仍然是不够的，需要根据不同模型规定的输入数据结构分别来对数据进行重构。

13.4.1　数据整理

1. 分类变量的处理

数据可分为分类数据和数值数据，这两种数据在表达形式上几乎没有任何差异，但是在含义上却大相径庭。因此，针对这两种不同的数据类型，需要进行不同的数据处理。例如，在该数据集中，特征 cp 描述的是胸腔疼痛的类型，该列的数值不是代表数值的大小，而是代表疼痛的种类。这种类型的变量称为分类变量，不能说疼痛类型 1 大于疼痛类型 2。

分类变量需要进行特殊的处理，如独热编码就是其中一种处理方式。cp 列共有 0、1、2、3 共四种取值，将每一个数都转换成一个向量，如 0 表示为 $(1,0,0,0)$，1 表示为 $(0,1,0,0)$，相当于在不同位置上设置为 1 就代表一个不同的数。数据转换为独热编码的程序如程序 13.9 所示，结果如图 13.5 所示。

程序 13.9

```
In[9]:  cp=pd.get_dummies(data['cp'])
        cp
```

	0	1	2	3
0	0	0	0	1
1	0	0	1	0
2	0	1	0	0
3	0	1	0	0
⋮	⋮	⋮	⋮	⋮
299	0	0	0	1
300	1	0	0	0
301	1	0	0	0
302	0	1	0	0

302行×4列

图 13.5　分类数据编码图

进一步，对整个数据集中的分类变量都进行独热编码处理，并且将其与其他变量重新组合成为一个新的数据集，如程序 13.10 所示，结果如图 13.6 所示。

程序 13.10

```
In[10]:  cp=pd.get_dummies(data['cp'])
         cp.columns=['cp'+str(i)for i in cp.columns]
         ca=pd.get_dummies(data['ca'])
         ca.columns=['ca'+str(i)for i in ca.columns]
         thal=pd.get_dummies(data['thal'])
         thal.columns=['thal'+str(i)for i in thal.columns]
         data1=pd.concat([ca,cp,thal,data[['age','sex','trestbps',
                     'chol','fbs',\'restecg','thalach','exang','
                     oldpeak','slope','target']]],axis=1)
         data1
```

	ca0	ca1	ca2	ca3	ca4	cp0	cp1	cp2	cp3	thalo	...	sex	trestbps	chol	fbs	restecg	thalach	exang	oldpeak	slope	target
0	1	0	0	0	0	0	0	0	1	0	...	1	145	233	1	0	150	0	2.3	0	1
1	1	0	0	0	0	0	0	1	0	0	...	1	130	250	0	1	187	0	3.5	0	1
2	1	0	0	0	0	0	1	0	0	0	...	0	130	204	0	0	172	0	1.4	2	1
3	1	0	0	0	0	0	1	0	0	0	...	1	120	236	0	1	178	0	0.8	2	1
⋮	⋮	⋮	⋮	⋮	⋮	⋮	⋮	⋮	⋮	⋮	⋮	⋮	⋮	⋮	⋮	⋮	⋮	⋮	⋮	⋮	⋮
299	1	0	0	0	0	0	0	1	0	0	...	1	110	264	0	1	132	0	1.2	1	0
300	0	0	1	0	0	1	0	0	0	0	...	1	144	193	1	1	141	0	3.4	1	0
301	0	1	0	0	0	1	0	0	0	0	...	1	130	131	0	1	115	1	1.2	1	0
302	0	1	0	0	0	0	0	1	0	0	...	0	130	236	0	0	174	0	0.0	1	0

302行×24列

图 13.6　进行独热编码后效果图

2. 数据切分

在对数据进行完初步处理之后就可以将数据集切分为训练集和测试集，并且需要将数据特征与标签分开，分别用 X 和 y 进行存储，以方便后续的模型训练，如程序 13.11 所示。

程序 13.11

```
In[11]:    from sklearn.model_selection import train_test_split
           X=data.iloc[:,:-1]
           y=data.iloc[:,-1].to_frame()
           X_train,X_test,y_train,y_test=train_test_split(X,y,test
             _size=0.25,random_state=42)
Out[11]:   X train:(227,13)
           X test:(76,13)
           y train:(227,1)
           y test:(76,1)
```

在该代码中将数据集的 75% 作为训练集，25% 作为测试集。可以看到各个数据集的形状大小，训练集有 227 行，测试集有 76 行。

3. 数据标准化

在数据集中各种不同的特征含义不同，从而具有不同的量纲和数量级，取值范围也不尽相同。当数值之间水平相差很大时，如果直接用原始指标值进行分析，就会突出数值较高的指标在综合分析中的作用，相对削弱数值水平较低指标的作用。因此，想要保证结果的可靠性，需要对数据进行标准化处理，如程序 13.12 所示。

程序 13.12

```
In[12]:    from sklearn.preprocessing import StandardScaler
           ss=StandardScaler()
           X_train=ss.fit_transform(X_train)
           X_test=ss.transform(X_test)
           X_train
Out[12]:   array([[-1.21799691,1.95154058,-0.36055513,...,
```

```
      -0.65603334, -0.90892619,0.96938698],
      [-1.21799691,1.95154058,-0.36055513,...,
      -0.65603334,1.07317075,-0.66554927],
      [-1.21799691,-0.51241568,2.77350098,...,
      1.52431277,0.71278949,-0.66554927],...,
      [-1.21799691,1.95154058,-0.36055513,...,
      -0.65603334,-0.81883088,-0.66554927],
      [-1.21799691,-0.51241568,2.77350098,...,
      -0.65603334,1.43355201,-0.66554927],
      [-1.21799691,-0.51241568,2.77350098,...,
      -0.65603334,-0.90892619, 0.96938698]])
```

当数据完全处理完毕后就可以提供给模型进行训练，本章将用三种算法进行训练。

13.4.2　KNN

　　KNN 算法是一种用于分类和回归的非参数统计方法。KNN 采用向量空间模型来分类，概念为相同类别的样本，彼此的相似度高，因此可以计算与已知类别样本之间的相似度来预测未知类别样本可能的类别。KNN 是一种局部近似和将所有计算推迟到分类之后的懒惰学习。训练 KNN 模型并且对测试集预测结果进行准确率计算的程序如程序 13.13 所示。

程序 13.13

```
In[13]:    From sklearn.neighbors import KNeighborsClassifier
           knn=KNeighborsClassifier(n_neighbors=2)
           knn.fit(X_train,y_train)
           prediction=knn.predict(X_test)
           print("{} NN Score:{:.2f}%".format(2,knn.score(X_test,y_
               test)*100))
Out[13]:   KNeighborsClassifier(algorithm='auto',leaf_size=30,metric
                            ='minkowski',metric_params=None,n_jobs
                            =None,n_neighbors=2,p=2,weights
                            ='uniform')

           2 NN Score:73.68%
```

　　从结果看到准确率很低，但是可以通过改变超参数 k 的取值，来确定一个效果最好的模型，如程序 13.14 所示，结果如图 13.7 所示。

程序 13.14

```
In[14]:    scoreList=[]
           for i in range(1,20):
               knn2=KNeighborsClassifier(n_neighbors=i)
               knn2.fit(X_train,y_train)
```

```
scoreList.append(knn2.score(X_test,y_test))

plt.figure(dpi=300)
plt.plot(range(1,20),scoreList)
plt.xticks(np.arange(1,20,1))
plt.xlabel("k 值")
plt.ylabel("得分")
plt.grid()
plt.show()

acc=max(scoreList)*100
print("Maximum KNN Score is {:.2f}%".format(acc))
```
Out[14]:　　Maximum KNN Score is 90.79%

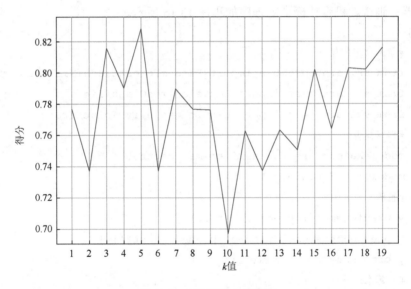

图 13.7　k 值和得分曲线图

从图 13.7 中可以看到，超参数设置为 9 时效果最好，因此将参数调整为 9 再训练一次模型，如程序 13.15 所示。

程序 13.15
```
In[15]:    from sklearn.neighbors import KNeighborsClassifier
           knn=KNeighborsClassifier(n_neighbors=5)
           knn.fit(X_train,y_train)
           prediction=knn.predict(X_test)
           print("{} NN Score:{:.2f}%".format(5,knn.score(X_test,
               y_test)*100))
```

```
Out[15]:   KNeighborsClassifier(algorithm='auto',leaf_size=30,
                                metric='minkowski',metric_params=
                                None,n_jobs=None,n_neighbors=9,p=2,
                                weights='uniform')
           9 NN Score:90.79%
```

这时可以看到，超参数 k 取 9 时训练模型的预测准确率达到 90.79%，比最开始 k 取 2 时的准确率提升了不少，此时的准确率表明该模型能够很好地进行预测。

13.4.3　随机森林

随机森林是一个包含多个决策树的分类器，并且其输出的类别由个别树输出的类别的众数而定，也就是说，随机森林就是通过集成学习的思想将多棵树集成的一种算法。随机森林算法中基本单元是决策树，多个决策树"汇集"成"森林"，其中每一棵决策树都是一个分类器。训练随机森林模型的程序如程序 13.16 所示。

程序 13.16

```
In[16]:    #导入所需的包
           from sklearn.ensemble import RandomForestClassifier #for the model
           from sklearn.tree import DecisionTreeClassifier
           from sklearn.tree import export_graphviz #plot tree
           #训练模型
           model=RandomForestClassifier(max_depth=5)
           model.fit(X_train,y_train)
           #预测
           y_predict=model.predict(X_test)
           y_pred_quant=model.predict_proba(X_test)[:,1]
           y_pred_bin=model.predict(X_test)
           #计算准确率
           print("{} NN Score:{:.2f}%".format(14,\
                 model.score(X_test,y_test)*100))
Out[16]:   RandomForestClassifier(bootstrap=True,class_weight=None,\
           criterion='gini',max_depth=5,max_features='auto',\
           max_leaf_nodes=None,min_impurity_decrease=0.0,\
           min_impurity_split=None,min_samples_leaf=1,\
           min_samples_split=2,min_weight_fraction_leaf=0.0,\
           n_estimators=10,n_jobs=None,oob_score=False,\
           random_state=None,verbose=0,warm_start=False)

           Random Forest Score:89.47%
```

通过随机森林算法训练出的模型预测准确率达到了 **89.47%**，相对于 KNN 来说，模型效果稍微差了一些。还可以多尝试其他不同的算法，将训练好的模型进行比较，以找到最适合这个数据集的模型。

13.4.4 logistic 回归

logistic 回归是一种广义的线性回归分析模型。在之前的学习中，接触更多的是线性回归，从本质上说，线性回归处理的问题与 logistic 回归不一样，线性回归处理的是数值问题，而 logistic 回归的预测结果是离散的分类。例如，在预测房价时会利用线性回归模型，但是在本数据集上需要做出预测的结果是某患者是否有心脏病，线性回归输出的数值类型的结果表示该模型无法对未知类别的样本进行分类，但 logistic 回归可以做到这一点，如程序 13.17 所示。

程序 13.17

```
In[17]:     from sklearn.linear_model import LogisticRegressionCV
            lr=LogisticRegressionCV(multi_class="ovr",fit_intercept =True,\
            Cs=np.logspace(-2,2,20),cv=2,penalty="l2",\
            solver="lbfgs",tol=0.01)
            re=lr.fit(X_train,y_train)
            #预测
            X_test=ss.transform(X_test)  #数据标准化
            Y_predict=lr.predict(X_test)   #预测


            r=re.score(X_test,y_test)
            print("R值(准确率):",r)
            print("参数:",re.coef_)
            print("截距:",re.intercept_)
            print("稀疏化特征比率:%.2f%%" %(np.mean(lr.coef_.ravel()
                  ==0)*100))
            print("=========sigmoid 函数转化的值,即:概率 p=========")
            print(re.predict_proba(X_test))
Out[17]:    R值(准确率):0.881578947368421
            参数:[[0.5497412 -0.35930229 -0.32827828 -0.14871727
                  0.1570877 -0.40279733
                 -0.01907213  0.38064774  0.11661101  0.05590364
                  0.07405627  0.31265959
                 -0.36205349  0.14537279  -0.35548809  -0.30844452
                 -0.08134534  0.14260848
                  0.22109031  0.30774859  -0.31349938  -0.30938389
```

```
                    0.4245865 ]]
         截距:[0.21734006]
         稀疏化特征比率:0.00%
         ========sigmoid 函数转化的值,即概率 p=========
         [[0.98009711 0.01990289]
          [0.52700423 0.47299577]
          [0.38848386 0.61151614]
          [0.85467587 0.14532413]
          ...
          [0.63614242 0.36385758]
          [0.14311957 0.85688043]
          [0.99099244 0.00900756]
          [0.08014502 0.91985498]]
```

根据上述结果可知，logistic 回归的预测准确率为 88.16%，在三个模型中该模型预测效果相对最差，KNN 模型效果最好，随机森林中等。

13.5　模　型　评　估

模型评估中最为基础的就是混淆矩阵。混淆矩阵是表示精度评价的一种标准格式，其中混淆矩阵的每一列代表预测类别，每一行代表数据的真实归属类。因此，对于 2×2 的混淆矩阵来说，里面记录了真正、假正、真负和假负四种频数。根据这四种频数可以组合出多种评价指标，如真正率、假正率、假负率、真负率、准确率、精确率、召回率和 F1 值等，根据其中的假正率和真正率可以得到 ROC 曲线。这些都是用于模型评价的指标，本章中统一使用准确率、混淆矩阵和 ROC 曲线来比较三个模型的优劣。

实现绘制 ROC 曲线图和混淆矩阵图的函数，如程序 13.18 所示

程序 13.18

```
In[18]:  from sklearn.externals import joblib
         from sklearn.metrics import accuracy_score
         from sklearn.metrics import roc_curve
         from sklearn.metrics import auc
         from sklearn.metrics import confusion_matrix

         def plot_roc_(false_positive_rate,true_positive_rate,  roc_auc):
             """
             :param false_positive_rate:
             :param true_positive_rate:
             :param roc_auc:
```

```
            :return:画 ROC 曲线
            """
            plt.figure(figsize=(5,5))
            plt.plot(false_positive_rate,true_positive_rate,color
                        ='red',label='AUC=%0.2f' % roc_auc)
            plt.legend(loc='lower right')
            plt.plot([0,1],[0,1],linestyle='--')
            plt.axis('tight')
            plt.ylabel('真正率')
            plt.xlabel('假正率')
            plt.show()


        def plot_feature_importances(gbm):
            """
            :param gbm:
            :return:画出特征图
            """
            n_features=X_train.shape[1]
            plt.barh(range(n_features),gbm.feature_importances_,
    align='center')
            plt.yticks(np.arange(n_features),X_train.columns)
            plt.xlabel("Feature importance")
            plt.ylabel("Feature")
            plt.ylim(-1,n_features)
```

13.5.1　KNN

　　首先绘制 KNN 模型的 ROC 曲线图和混淆矩阵图，用于分析 KNN 模型的性能好坏，实现代码如程序 13.19 所示，ROC 曲线图如图 13.8 所示，混淆矩阵图如图 13.9 所示。其中，ROC 曲线是根据假正率和真正率绘制而成的；混淆矩阵举例了真正、假正、真负、假负四种频数，频率越高颜色越深。

程序 13.19

```
In[19]:     #ROC
            y_pred_3=knn.predict(X_test)
            y_proba_3=knn.predict_proba(X_test)


            false_positive_rate,true_positive_rate,thresholds=roc_curve
            (y_test,y_proba_3[:,1])
```

```
roc_auc=auc(false_positive_rate,true_positive_rate)
plot_roc_(false_positive_rate,true_positive_rate,roc_auc)
#混淆矩阵
cm_3=confusion_matrix(y_test,y_pred_3)
print(cm_3)
sns.heatmap(cm_3,annot=True)
plt.show()
```

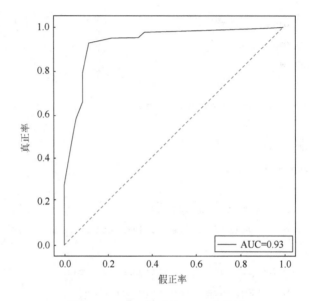

图 13.8　KNN 模型的 ROC 曲线图

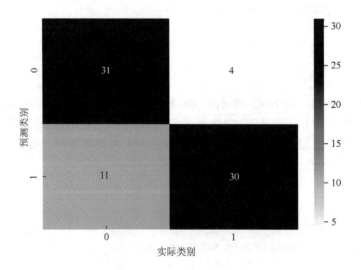

图 13.9　KNN 模型的混淆矩阵图

　　下面查看 KNN 模型的分类准确率分数，即所有分类正确的百分比，该 KNN 模型的准确率分数约为 0.91；返回该次预测训练集和测试集的系数 R^2，该 KNN 模型的训练集和测试集的系数分别约为 0.87 和 0.91。实现代码及结果如程序 13.20 所示。

程序 13.20

```
In[20]:   print('Accurancy score:',accuracy_score(y_test,y_pred_3))
          print("KNN TRAIN score with ",format(knn.score(X_train,y_
          train)))
          print("KNN TEST score with ",format(knn.score(X_test,y_test)))
Out[20]:  Accurancy score:0.9078947368421053
          KNN TRAIN score with  0.8672566371681416
          KNN TEST score with  0.9078947368421053
```

　　KNN 模型 ROC 曲线的线下面积 AUC 达到 0.93，测试集的准确率达到 90.79%，而训练集的准确率为 86.73%。因此可以知道，该模型并未出现过拟合的情况，模型的预测效果很好。

13.5.2　随机森林

　　本小节将绘制随机森林的 ROC 曲线图和混淆矩阵热力图，以进一步分析随机森林的性能，实现代码如程序 13.21 所示，ROC 曲线图如图 13.10 所示，混淆矩阵热力图如图 13.11 所示。其中，ROC 曲线是根据假正率和真正率绘制而成的；混淆矩阵举例了真正、假正、真负、假负四种频数，频率越高颜色越深。

程序 13.21

```
In[21]:   #ROC
          y_pred_2=model.predict(X_test)
          y_proba_2=model.predict_proba(X_test)

          false_positive_rate,true_positive_rate,thresholds=roc_
          curve(y_test,y_proba_2[:,1])
          roc_auc=auc(false_positive_rate,true_positive_rate)
          plot_roc_(false_positive_rate,true_positive_rate,roc_auc)
          #混淆矩阵
          cm_2=confusion_matrix(y_test,y_pred_2)
          print(cm_2)
          sns.heatmap(cm_2,annot=True)
          plt.show()
```

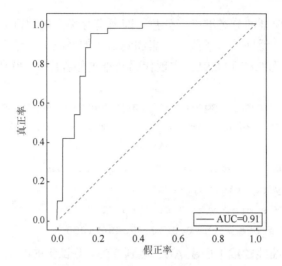

图 13.10　随机森林的 ROC 曲线图

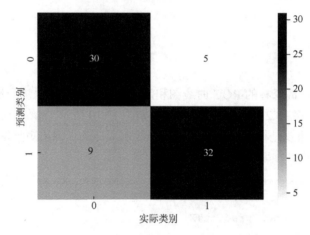

图 13.11　随机森林的混淆矩阵图

　　下面查看随机森林的分类准确率分数，从结果可以看到约为 0.89，并且返回了随机森林模型的训练集和测试集的预测系数 R^2，分别约为 0.86 和 0.88。实现代码如程序 13.22 所示。

程序 13.22

```
In[22]:    print('Accurancy scove:',accuracy_score(y_test,y_pred_2))
           print("Random Forest TRAIN score with ",format(re.score
               (X_train,y_train)))
           print("Random Forest TEST score with ",format(re.score
               (X_test,y_test)))
Out[22]:   Accurancy scove:0.8947368421052632
           Random Forest TRAIN score with  0.8584070796460177
           Random Forest TEST score with  0.881578947368421
```

随机森林测试集的预测准确率达到 89.47%，准确率略低于 KNN，但是 ROC 曲线的线下面积 AUC 达到了 0.94，由此可知，随机森林的泛化能力比 KNN 更好。

13.5.3　logistic 回归

本小节将绘制 logistic 回归模型的 ROC 曲线图和混淆矩阵热力图，以查看 logistic 回归模型性能好坏，实现代码如程序 13.23 所示，ROC 曲线图如图 13.12 所示，混淆矩阵热力图如图 13.13 所示。其中，ROC 曲线是根据假正率和真正率绘制而成的；混淆矩阵举例了真正、假正、真负、假负四种频数，频率越高颜色越深。

程序 13.23

```
In[23]:    #ROC
           y_pred_1=re.predict(X_test)
           y_proba_1=re.predict_proba(X_test)

           false_positive_rate,true_positive_rate,thresholds=roc_
              curve(y_test,y_proba_1[:,1])
           roc_auc=auc(false_positive_rate,true_positive_rate)
           plot_roc_(false_positive_rate,true_positive_rate,roc_auc)
           #混淆矩阵
           cm_1=confusion_matrix(y_test,y_pred_1)
           sns.heatmap(cm_1,annot=True)
           plt.show()
```

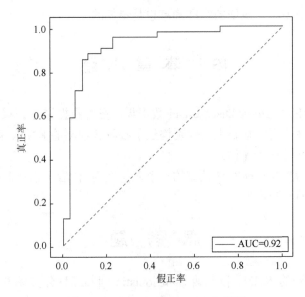

图 13.12　logistic 回归 ROC 曲线图

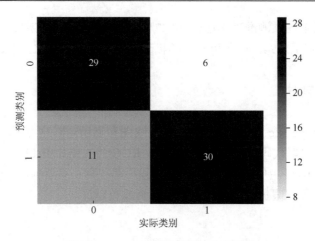

图 13.13　logistic 回归混淆 op 矩阵图

下面查看 logistic 回归模型的分类准确率分数 0.88，并返回该次预测训练集和测试集的系数 R^2，分别约为 0.86 和 0.88。实现代码及结果如程序 13.24 所示。

程序 13.24

```
In[24]:   print('Accurancy Oranı:',accuracy_score(y_test,y_pred_1))
          print("Logistic TRAIN score with ",format(re.score(X_train,y_train)))
          print("Logistic TEST score with ",format(re.score(X_test,y_test)))
Out[24]:  Accurancy Oranı:0.881578947368421
          Logistic TRAIN score with  0.8584070796460177
          Logistic TEST score with  0.881578947368421
```

logistic 回归在测试集上的预测准确率达到 88.15%，而其 ROC 曲线的线下面积 AUC 达到了 0.92，是三个模型中最低的，准确率也是最低的。

13.6　本章小结

本章基于 Kaggle 的 Heart-Disease-Uci 数据集，在对数据进行去重和缺失值分析等预处理及简单的探索性分析的基础上，分别构建了心脏病预测的 KNN、随机森林和 logistic 回归模型，并对模型进行了评估。

本章案例可作为当今智能医疗领域的一个入门案例，读者可以在此基础上进一步开发表现更优秀更稳健的诊断模型。

思 考 题

1. 本案例中用到的 KNN、随机森林和 logistic 回归三种分类模型，它们各自的优缺点分别是什么？

2. 有哪些方法可以进一步提高模型的拟合效果？

习　题

1. 请对本案例数据集的各个特征字段进行探索性分析，以进一步把握数据的分布情况。

2. 请分别利用 ID3 算法和 SVM 算法对本案例数据进行建模，并将模型结果与该案例中的三种模型结果进行比较。

第 14 章　应用案例三：旅游评论倾向性分析

14.1　案例背景及分析思路

14.1.1　案例背景

随着电子商务的快速发展与人们对精神生活需求的日益提高，第 44 次《中国互联网络发展状况统计报告》数据显示，截至 2019 年 6 月，大约有 4.18 亿的网民曾经在网上预订过机票、火车票和酒店等与旅游相关的产品，此规模与 2018 年底相比增长了 814 万人，占网民整体的 48.9%[①]。由此可见，在线购买旅游度假相关产品的网民规模很大且仍旧呈上升趋势，因此旅游网站上的在线评论数量也随之不断攀升。

目前，大部分旅游平台网站都设有用户评论和星级打分功能，并且用户的星级打分已被广泛应用于各大旅游平台的产品推荐系统中，借以发现兴趣和爱好相似的用户，从而进行推荐。然而，由于网络评论还存在一定程度的自由性和随意性，用户评论文本的情感倾向程度与评分星级有时会出现不一致的情况，若只利用星级评分来挖掘相似用户及用户感兴趣的产品，难免会出现偏差。因此，对景区评论的评分进行预测具有一定的实践价值。

本章是在对某省旅游景区数据资源的分析和把握的基础上，以网络评论文本信息为依托，首先对数据进行预处理，做描述性统计分析，为之后的量化工作提供数据支持，然后用文本挖掘、情感分析等大数据分析技术建立多种模型，分别做基于传统分类器的景区评论倾向性分析和基于 LSTM 和 FastText 的景区评论倾向性分析，最后整合出一套有效的旅游评价和推荐系统，为该省的旅游管理、产品线路规划及旅游服务提供更加全面、细致、及时的决策支持。

14.1.2　数据分析思路与方法

本章在对爬虫技术爬取的知名互联网网站关于某省旅游景区的 77 892 条游客评论数据进行一定程度的汇总统计加理解之后，分别建立基于传统分类器（包括 CART 树、logistics 回归和支持向量机）的景区评论倾向性分析模型、基于组合与提升思想的景区评论倾向性分析模型，以及基于长短时记忆（long short-term memery，LSTM）网络和 FastText 模型的景区评论倾向性分析模型。本章研究的整体框架如图 14.1 所示。

[①] 数据参阅 CNNIC 发布的第 44 次《中国互联网络发展状况统计报告》。

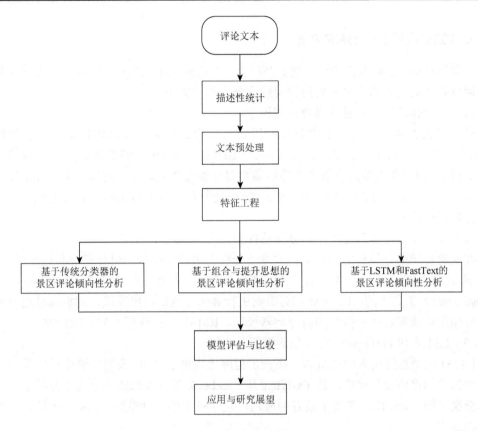

图 14.1　本章研究的整体框架图

具体地，本章的主要分析过程包含以下几项工作。

1. 数据的清洗和预处理

在正式对评论文本评分预测建模之前，先对游客评论数据进行了基本的处理操作，包括数据去重、数据索引与重构、中文分词和停用词过滤等，并通过词云展示，对原始数据有了进一步的理解。

2. 特征工程

由于"数据和特征决定了机器学习的上限，而模型和算法只是逼近这个上限而已"，本章在数据清洗和预处理的基础上，针对特征工程做了大量的工作和尝试，其中包括根据分词和词性标注的结果生成的 6 个人工特征（每条评论文本包含的总词数、每条评论文本包含的字数、每条评论文本中每个词的平均字数、每条评论文本中的积极词汇数量占比与消极词汇数量占比以及积极词汇和消极词汇总和的数量比例等）、TF-IDF 权重向量、Word2vec 向量，以及基于 TF-IDF 的加权 Word2vec 向量。

3. 构建景区评论评分预测模型

在数据清洗、预处理和特征工程的基础上,本章将评分预测问题抽象为评论文本的五分类问题和评论文本的情感分析两类问题来分别构建模型。

(1) 基于传统弱分类器的评分预测模型。

针对评论文本的分类,本章充分利用特征工程的结果,分别构建基于人工特征、TF-IDF 特征、Word2vec 特征,以及 TF-IDF 加权的 Word2vec 特征下的 CART 树模型、logistics 回归模型和支持向量机模型等机器学习分类器模型。并在测试集上进行了算法测试。结果表明,基于 TF-IDF 加权的 Word2vec 特征的分类器预测结果要普遍优于基于其他特征的运行结果。

(2) 基于组合与提升思想的评分预测模型。

在构建传统弱分类器的基础上,本章还分别尝试分类模型的组合算法和提升树算法:组合模型采用随机森林分类算法;提升算法方面,本章基于大规模并行开源提升树(boosted tree)工具中的 XGBoost 包对数据进行训练。测试结果发现,随机森林组合算法的评分预测结果明显优于传统的弱分类器模型,RMSE 最优低至 0.672 950 436。

(3) LSTM 和 FastText 的评分预测模型。

LSTM 模型通过引入门限机制,在一定程度上克服了 RNN 模型训练中梯度反向传播过程中的"梯度消失"问题;而 FastText 是 Facebook 新近开源的一个文本分析工具,在文本分类方面,FastText 取得了较好的应用,且相较其他深度模型,FastText 能有效地加快训练效率。

本章充分考虑 LSTM 和 FastText 的优势,分别构建基于自建词典的 LSTM 情感分析模型、基于 FastText 的文本标签分类模型,以及综合 FastText 与 LSTM 的情感分析模型,对景区评论的评分预测进行有益的探索。

4. 模型评估与展望

在上述工作的基础上,对本章构建的所有预测模型进行评估与比较,分析不同模型在准确率、RMSE、召回率、精度和 F1 分数等指标上的差异和优劣,以及产生这些结果可能的原因,并对模型的应用和进一步研究进行了展望。

本章研究的技术路线图如图 14.2 所示。

14.2 数据分析准备工作

14.2.1 数据爬取

数据爬取技术工具如下。

开发环境:Windows Server 2008

编程语言:Python 3.6

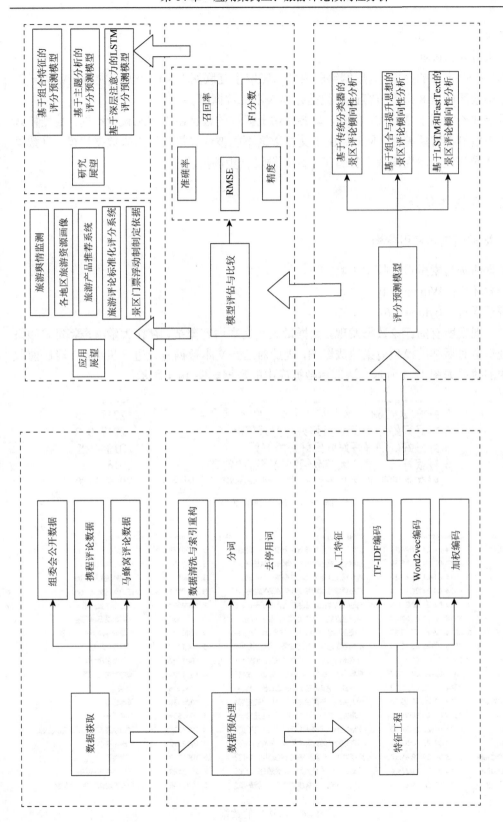

图 14.2 技术路线图

抓包工具：Fiddler

请求方式：Post

为了获取足够的数据，利用网络爬虫技术爬取了互联网上某两个知名旅游网站关于该省各旅游景区的近 8 万条游客评论数据并存入本地数据库。

网上评论数据丰富翔实，但是，从各网站上抓取的数据由于网站设计不同；数据格式和字段类型等都有所差异。同时，由于文本数据不能被计算机直接用来数据建模，且数据存在一些异常值、缺失值或重复值等，还需做进一步的清洗。

14.2.2　数据的预处理

1. 数据清洗与索引重构

数据清洗与索引重构技术工具如下。

开发环境：Windows 10

编程语言：Python 3.6

通过观察所有的评论数据发现，数据量大且文本内容繁杂，存在大量噪声特征，如果不做处理会对后续的模型效果造成影响，因此对这些文本数据进行进一步清洗，清洗前数据库中的数据如图 14.3 所示，清洗后数据库中的数据如图 14.4 所示。

5	好好(¨ ?)(? ? ? ` ? ´ ?) ? ? = ? ? ?	2017-5-3
5	好好好好好 好好好好好好好好好好啊	2017-9-3
5	好好好好好好好好好好好好好好好	2018-6-22
5	好很好玩，是广大游客们观光旅游的地方……	2016-8-31

图 14.3　清洗前的数据

user_name	create_time	blog	star	comment_id	scenery
乐活玩聚	2014-07-21 21:23:11	山体不高，也有修缮的上山石阶，值得	5	10001793	平顶山
小日兔	2014-07-24 11:56:30	极具地域特色的老式火车站，似是阿尔	5	10001952	阿尔山火车站
快乐	2014-07-21 22:18:30	听介绍说这里是拍还珠格格的外景地，	3	10005364	乌兰布统影视基地
快乐	2014-07-21 22:20:28	红山军马场以前是给部队养马的地方，	3	10005512	红山军马场
快乐	2014-07-21 22:21:58	清朝在这里和叛乱的蒙古人打了一仗，	3	10005644	乌兰布统古战场
快乐	2014-07-21 22:22:14	草原上矗立的几块大石头，景色一般，	3	10005656	阿斯哈图石林园区
o⊙静女其姝o⊙	2014-07-21 22:29:37	环境还不错 防晒工作一定要做好 对于	4	10006054	七星湖沙漠生态旅游区
zxw	2014-07-22 06:38:26	去的不是时候，但是草原的景色还是非	5	10014291	希拉穆仁草原
可奇妈	2014-07-22 09:22:12	很繁华的地方，夜景更加漂亮，随处可	4	10017678	中俄商贸步行街
可奇妈	2014-07-22 09:27:47	机场不大，航班不是很多，托运、安检	4	10017941	海拉尔东山机场
娟子	2014-07-22 10:02:09	人不多，很多人在公主湖拍日出，我们	4	10020352	公主湖
快乐的嘉嘉琳	2013-10-26 12:26:53	晚上去的，里边没进去，但是外边看起	4	1002538	满洲里婚礼宫
sailing	2014-07-22 10:54:44	如果去了室韦，那你干嘛不去这里转一	4	10025540	室韦口岸
sailing	2014-07-22 10:57:09	清幽之地，我们一路开车过去，几乎见	4	10025734	红花尔基樟子松国家森林公园
sailing	2014-07-22 10:57:14	我还在附近的旅馆住了宿，夜晚的星空	5	10025741	甘珠尔庙
快乐的嘉嘉琳	2013-10-26 12:45:57	路很难走，开到月亮泡子的门口，有门	5	1002713	月亮泡子
一颗好奇的心	2014-07-22 11:27:04	门票35元，不是很大，比较适合对历史	3	10028294	绥远城墙将军衙署
一颗好奇的心	2014-07-22 11:28:13	天晴的时候，风景非常漂亮，广阔的草	5	10028432	锡林郭勒草原自然保护区

图 14.4　清洗后的数据

　　由于原始数据给出的数据格式不便于直接索引，将原始数据根据所需分类标准（城市和地区等）进行以不同索引为基础的数据重构，数据格式如图 14.5 所示。

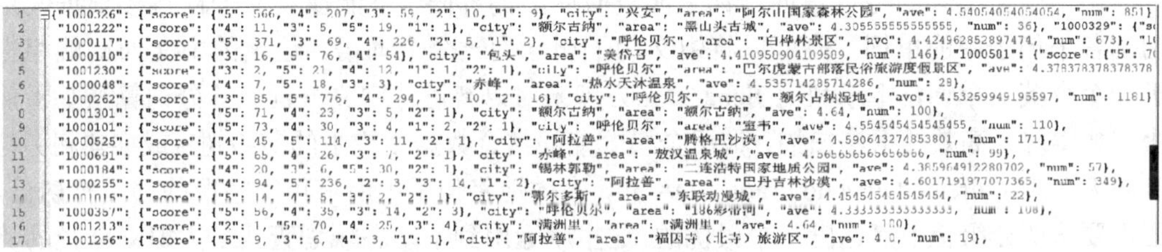

1 {"1000326": {"score": {"5": 566, "4": 207, "3": 56, "2": 10, "1": 9}, "city": "兴安", "area":"阿尔山国家森林公园", "ave": 4.54054054054054, "num": 851}
2 "1001222": {"score": {"4": 11, "3": 5, "5": 19, "1": 1}, "city": "额尔古纳", "area": "黑山头古城", "ave": 4.30555555555555, "num": 36}, "1000329": {"s
3 "1000117": {"score": {"5": 371, "3": 69, "4": 226, "2": 5, "1": 2}, "city": "呼伦贝尔", "area": "白桦林景区", "ave": 4.42496285289747, "num": 673}, "10
4 "1000110": {"score": {"3": 16, "5": 76, "4": 54}, "city": "包头", "area": "美岱召", "ave": 4.41095090410950, "num": 146}, "1000501": {"score": {"5": 70
5 "1001230": {"score": {"3": 2, "5": 21, "4": 12, "1": 1, "2": 1}, "city": "呼伦贝尔", "area": "巴尔虎蒙古部落民俗旅游度假景区", "ave": 4.37837837837837
6 "1000048": {"score": {"4": 7, "5": 18, "3": 3}, "city": "赤峰", "area": "热水天沐温泉", "ave": 4.53571428571428, "num": 28},
7 "1000262": {"score": {"3": 85, "5": 776, "4": 294, "1": 10, "2": 14}, "city": "呼伦贝尔", "area": "额尔古纳湿地", "ave": 4.53259949195597, "num": 1181}
8 "1001301": {"score": {"5": 71, "4": 23, "3": 5, "2": 1}, "city": "额尔古纳", "area": "额尔古纳", "ave": 4.64, "num": 100},
9 "1000101": {"score": {"5": 73, "4": 30, "3": 4, "1": 2, "2": 1}, "city": "呼伦贝尔", "area": "室韦", "ave": 4.54545454545455, "num": 110},
10 "1000525": {"score": {"4": 45, "5": 114, "3": 11, "2": 1}, "city": "阿拉善", "area": "腾格里沙漠", "ave": 4.59064327685380, "num": 171},
11 "1000691": {"score": {"5": 65, "4": 26, "3": 7, "2": 1}, "city": "赤峰", "area": "数汉温泉城", "ave": 4.56666666666666, "num": 99},
12 "1000184": {"score": {"4": 20, "5": 30, "3": 6, "1": 1}, "city": "锡林郭勒", "area": "二连浩特国家地质公园", "ave": 4.35964912280702, "num": 57},
13 "1000235": {"score": {"4": 94, "5": 236, "2": 3, "3": 14, "1": 2}, "city": "阿拉善", "area": "巴丹吉林沙漠", "ave": 4.60171919770773, "num": 349},
14 "1001015": {"score": {"5": 14, "4": 5, "3": 2, "2": 1}, "city": "鄂尔多斯", "area": "东联动漫城", "ave": 4.45454545454545, "num": 22},
15 "1000577": {"score": {"5": 56, "4": 35, "3": 14, "2": 3}, "city": "呼伦贝尔", "area": "186彩带河", "ave": 4.33333333333333, "num": 108},
16 "1001213": {"score": {"2": 1, "5": 70, "4": 25, "3": 4}, "city": "满洲里", "area": "满洲里", "ave": 4.64, "num": 100},
17 "1001256": {"score": {"5": 9, "3": 6, "4": 3, "1": 1}, "city": "阿拉善", "area": "福因寺（北寺）旅游区", "ave": 4.0, "num": 19},

图 14.5　数据重构示例图

　　通过对评论数据的初步观察发现，训练数据中存在一定量的重复数据（图 14.3 和图 14.4），以及一定量的短评数据（如图 14.6 所示，只有"满意"两个字），另外还存在部分连续重复且无意义的评论数据。因此，在进行正式分析之前，运用 Python 对这些文本评论数据进行去重和短句删除。此处设定下限为 7 个字符，即字符数少于 7 的评论数据都将被删除。

1000305	5	满意	2017-8-22
1000262	5	满意	2017-8-22
1000211	5	满意	2017-8-22
1000210	5	满意	2017-8-22
1000305	5	满意	2017-9-5
1000305	5	满意	2017-9-5
1000305	5	满意	2017-9-5
1000305	5	满意	2017-9-5
1000262	5	满意	2017-9-5
1000262	5	满意	2017-9-5
1000305	5	满意	2017-9-5
1000210	5	满意	2017-9-5
1000299	5	满意	2017-9-5
1000305	5	满意	2017-9-5
1000305	5	满意	2017-9-5
1000305	5	满意	2017-9-5
1000305	5	满意	2017-9-5
1000210	5	满意	2017-9-5
1000305	5	满意	2017-9-5
1000262	5	满意	2017-9-6
1000202	5	满意	2017-9-6
1000130	5	满意	2017-9-6
1000262	5	满意	2017-9-7
1000210	5	满意	2017-9-7
1000305	5	满意	2017-9-7
1000326	5	满意	2017-9-8
1000305	5	满意	2017-9-11
1000326	5	满意	2017-9-12
1000251	5	满意	2017-9-12

图 14.6　短评数据图

2. Jieba 分词算法

由于中文文本的特点是词与词之间没有明显的界限，不能像英文一样直接根据间距切割各个句子中的单词，但可以将中文句子切分为一个个词语，这里的中文词语就相当于一个个英文单词，本章利用 Jieba 第三方库来对语料进行中文分词。该分词算法基于前缀词典实现了高效的词图扫描，调用全模式能够结合数据结构中的前缀树（或字典树）与有向无环图（directed acyclic graph，DAG），高效地将句子中所有可能情况的词进行切分。还需要从切分组合中筛选出一个最优的，这里就运用到了动态规划查找最大概率路径的算法，动态规划统计分好词的词语出现频率，将其中最大概率的切分组合作为最终的分词结果。若碰到未录入词（没有录入字典的词），可以采用 HMM 模型和 Viterbi 算法进行自动分词，当然这种情况下的分词准确率会有所降低，因此字典中的词要尽可能全。Jieba 分词除上述功能外，还提供了自定义词典和关键词提取等功能，这样能够更加灵活地处理不同情况下的问题，提高了 Jieba 模块的通用性。

对评论文本进行全模式的 Jieba 分词，并在分词过程中导入自定义的旅游行业和地区别名等专有词词典，结合 Jieba 自带的原分词词典，取得较好的分词效果。部分分词结果示例如图 14.7 所示。

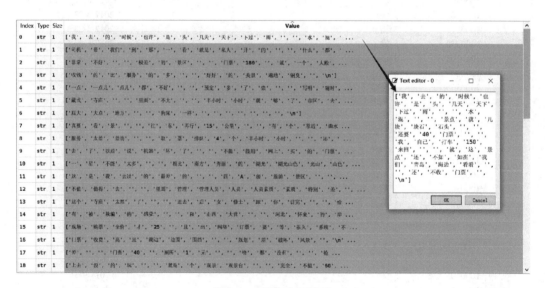

图 14.7　部分分词结果

图 14.7 所示为初步分词的结果，其中包含了大量的标点符号、空白字符（换行符、空格和空值等）和无意义词等，这对后续的计算效率、词典构造和情感分析准确率等都可能产生影响。下面对分词结果进行停用词过滤处理。

3. 过滤停用词

为尽量保证语料的质量，为后期的模型建立及进一步分析打下较好的基础，在文本分词之后，导入停用词库过滤掉大多数表达无意义的字或词。拥有这样两个特征的词称之为停用词：①在文档集中出现的频率高；②能够表达的信息量极小。在处理过程中，我们将过滤掉这类对文本标识无意义的词语。

　　为保证停用词的完整性和准确性，在对比后选择哈尔滨工业大学停用词库，词库部分内容如图 14.8 所示。

图 14.8　哈尔滨工业大学停用词库

　　引用哈尔滨工业大学停用词库对 Jieba 分词后语料进行进一步清洗处理，去除停用词，语料经过停用词过滤后分词效果如图 14.9 所示。

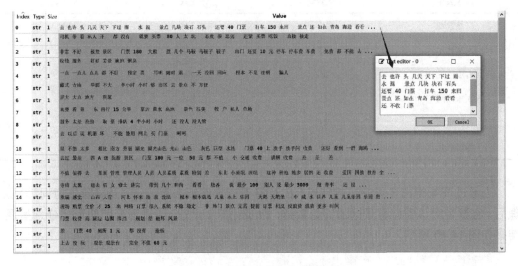

图 14.9　停用词过滤后分词结果

14.2.3　描述性分析

将评论数据按景区等级进行分类汇总，如表 14.1 所示。可以看出，在该省所有的旅游景区中，5A 景区的评论热度大大超越其他等级的景区，可见该省的 5A 级景区对游客的吸引力较高。

表 14.1　不同等级景区评论数情况

景区等级	景区数	评论数	平均评分
5A	8	3 879	4.232 8
4A	52	4 098	4.337 5
3A	14	1 244	4.071 5
2A	10	1 203	4.170 4
非 A 级	43	4 864	4.357 9

参考旅游网站对各景区的分类，可将该省旅游景区划分为自然景观、人文艺术、古迹遗址、娱乐休闲、公园乐园和都市观光六类。

对评论数据按景区类型进行分类汇总，如表 14.2 所示。可以看出，自然景观和人文艺术更受关注，评论热度比较高。

表 14.2　景区类型分类汇总表

景区类型	景区数量	评论数	平均评论数
自然景观	201	20 378	101
人文艺术	73	6 344	87
古迹遗址	50	3 906	78
娱乐休闲	65	2 849	44
公园乐园	41	2 497	61
都市观光	39	1 864	48

为通过词频得出各类评论的特点，在对各类文本进行去重、分词及去除停用词等预处理后，将游客对该省旅游景区的评论数据，按照评分 1～5 分通过词云图的形式分别呈现，结果如图 14.10 所示。

(a) 1分　　　　　　　　　　　　　　　(b) 2分

(c) 3分

(d) 4分　　　　　　　　　　　　　　　　(e) 5分

图 14.10　不同评分词云图

从以上词云图可以很明显看出，在 1、2、3 分评论中"贵""不值""没什么""一般"等消极词汇比较多，具有较为明显的情感倾向，然而仍有部分高频词语无法明显区别于积极词汇。而对于 4、5 分的高分评论则得出相似的结果，"值得""美丽""漂亮"等积极字眼明显，然而仍存在高频词汇无法明显区别于部分消极词汇，因此可能会对后期评分分类模型造成一定的干扰。

14.3　特　征　工　程

原始数据集给出的数据维度存在较大的限制，因此考虑将原有数据提取特征作为模型训练的基础。用到的特征包括人工特征和基于词嵌入（word embedding）的特征。

14.3.1　人工特征

人工特征均从原数据中提取，通过对数据的探索性分析，对评论进行人工标注，提取以下特征，具体说明如表 14.3 所示。

表 14.3　人工特征说明表

特征名字	具体说明
word count	文本中的总词数
char count	文本字数（不包括标点符号）
mean word length	文本中每个词的平均字数
pos word ratio	文本中积极词数量占比，这里引入了第三方积极词词典
neg word ratio	文本中消极词数量占比，这里引入了第三方积极词词典
neg pos ratio	文本里的积极词和消极词数量比例

在计算积极词和消极词的占比时引入知网的情感词典，包括积极评价词典、积极情感词典、消极评价词典和消极情感词典，部分词典信息如图 14.11 所示。

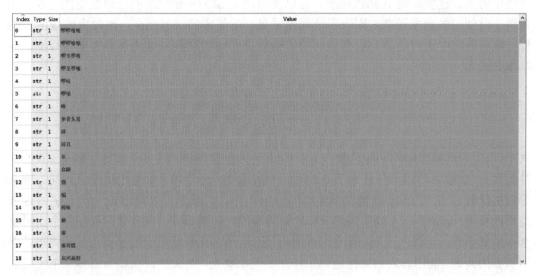

图 14.11　知网情感词典

14.3.2　TF-IDF 编码

在对语料进行基本的预处理之后，可以发现，有些词汇对于评分的区分度不高，但在各类中占的比重均较大，因此在这里引入了 TF-IDF 进行句主成分提取及权重值计算。

1. TF-IDF 原理分析

在给定的语料库中，词频常常会被进行归一化，用于防止它偏向长文本。但是，语料关键字的逆向文档频率（inverse document frequency，IDF）可以反映词语的普遍重要性。在语料库中与各类关键字匹配的高词语频率，以及该词语在整个语料库中的低频率，可以产生高权重的 TF-IDF，用于判断某个词语的重要性。并且，字词的重要程度与它出现在该类语料中的次数成正比，与出现在整体语料库中的次数成反比。也就是说，一个词在该类语料中出现的次数越多且在语料库中出现的次数越少，这个词的重要程度就越高；反之，重要程度就越低。

在训练集语料库中，问题中的关键字在该文件中出现的频率是对词数的归一化，以防止它偏向长文本。由于同一个词语在长文本中可能会比短文本有更高的词频数，不管该词语重要与否，都会产生较大的影响。于是，对于在某一特定文件里的词语 t_i 来说，它的重要性可表示为

$$tf_{i,j} = \frac{n_{i,j}}{\sum_k n_{k,j}}$$

式中：$n_{i,j}$ 为词语 t_i 在语料 d_j 中的出现次数，而分母是在语料 d_j 中所有字词出现的次数之和。

IDF 的大小与该词的常见程度成反比。也就是说，若一个词越常见，出现在语料库中文档中的次数越多，则 IDF 值越小。可以将 IDF 理解为一个词语的普遍重要性，若一个词语平时使用的频率越高，则表示该词越常见，所蕴含的信息越少，因此重要程度也越低。取语料库中语料总数与包含该词的语料数目之比的对数来量化词语的重要程度，其基本公式为

$$idf_i = \log_a \frac{|D|}{\left|\{j : t_i \in d_j\}\right|}$$

式中：$|D|$ 为语料库中的文件总数；$\left|\{j : t_i \in d_j\}\right|$ 为包含词语 t_i 的文件数目（即 $n_{ij} \neq 0$ 的文件数目）；底数 a 可以取任意大于 0 的数，一般取 2、e 或 10。如果出现未录入词，就会导致被除数为 0，因此一般情况下使用 $\left|\{j : t_i \in d_j\}\right| + 1$，最后可以得出 $w_{ij} = tf_{ij} \cdot idf_i$，这就是词的权重。$tfidf_{ij} = tf_{ij} \cdot idf_i$ 为某一特定语料内的高词语频率，以及该词语在整个语料集合中的低频率，可以产生高权重的 TF-IDF。因此，TF-IDF 倾向于过滤掉常见的词语，保留重要的词语。利用香农的信息论知识描述该现象就是，某关键词在整个语料库中出现的频率越高，信息熵越小；反之，该关键词仅仅只在少数几个文档中出现的频率越高，表示该词区分能力越大，蕴含的信息越多，它所具有的信息熵也越高。

2. TF-IDF 抽取特征

结合题目所给训练集分类后的语料，以评分进行分类，将各个评分的文本作为分类语料，所有评论文本作为整体语料。在此基础上计算所有语料中的各个词的 TF-IDF 值。根据语料计算得出各个词的 TF-IDF 值（部分）如图 14.12 所示。

Key	Type	Size	Value
令人	float64	1	0.013759120077
令人兴奋	float64	1	0.000137440798616
令人发指	float64	1	0.00017035432728499999
令人吃惊	float64	1	8.5177163642600001e-05
令人心悸	float64	1	0.00017035432728499999
令人心醉	float64	1	0.00034226483515900006
令人恐怖	float64	1	0.0
令人惊叹	float64	1	0.00103080598962
令人感动	float64	1	0.000255531490928
令人担忧	float64	1	0.0
令人振奋	float64	1	0.0
令人欣慰	float64	1	0.0
令人气愤	float64	1	8.5177163642600001e-05
令人满意	float64	1	0.000137440798616
令人激动	float64	1	8.5177163642600001e-05
令人神往	float64	1	0.00061848359377000004
令人称奇	float64	1	0.00034226483515900006
令人窒息	float64	1	0.001192480291
令人羡慕	float64	1	8.5177163642600001e-05

图 14.12　各个分词的 TF-IDF 值

可以评估评论内容中的关键字对于语料库中的每一评分分类文本的重要程度，也就是 TF-IDF 值。首先，输入评论文本进行分词和去停用词，然后查找词语对应的 TF-IDF 的值，最后对文本进行向量化表示。

14.3.3　Word2vec 编码

1. 概述

为了尽可能地保留句式特征和词间关系等，考虑引入 Word2vec 进行词的高维度表示，在保证语料含义和结构完整性的基础上进行文本的向量化表示。

Word2vec 是将词表征为实数值向量的高效映射方法和工具，可以在较大的数据样本上进行训练。利用训练好的 Word2vec 模型可以将文本类型的词语映射得到词向量（word embedding），词向量可以很好地表示词与词之间的相似性及词间关系。

就算法而言，Word2vec 算法的背后是一个浅层神经网络，当使用 Word2vec 算法或模型的时候，指的是使用其背后用于计算 word vector 的 CBOW 模型和 Skip-gram 模型。足够优质的语料库训练后的 Word2vec 模型可以把对文本内容的处理简化为多维空间中的向量运算，作为神经概率语言模型的输入。

2013 年，Google 开源了用于词向量计算的工具——Word2vec，引起了工业界和学术界的关注[1]。关于 Word2vec 的原理，读者可参阅资料[2]，下面主要介绍如何从头训练自己的 Word2vec 模型。

2. 获取维基百科语料

获取维基百科语料的技术工具如下。

开发环境：Ubuntu 18.04

编程语言：C＋＋/Python 3.6

数据来源：维基百科

语料抽取工具：Wikipedia Extractor

繁简体转换工具：Opencc

为有效训练模型，下载维基百科的中文词库（约 5.3G），并在 ubuntu 下调用 Wikipedia Extractor 抽取源语料库中内容，处理后得到的语料如图 14.13 所示。

维基百科的中文数据包含很多繁体字，在 ubuntu 下利用开源项目 opencc 将获取的维基百科语料进行繁简体转化，转化后的效果如图 14.14 所示。

---

[1] 来源：https://www.jianshu.com/p/4517181ca9c3。

[2] 来源：https://arxiv.org/abs/1301.3781v3。

```
1  【數學】
2
3  歐幾里得，西元前三世紀的希臘數學家，現在被認為是幾何之父，此畫為拉斐爾的作品《雅典學院
4  數學是利用符號語言研究數量、結構、變化以及空間等概念的一門學科，從某種角度看屬於形式科
5  基礎數學的知識與運用總是個人與團體生活中不可或缺的一環。對數學基本概念的完善，早在古埃
6  今日，數學使用在不同的領域中，包括科學、工程、醫學和經濟學等。數學對這些領域的應用通常
7
8  == 詞源 ==
9  西方語言中“數學”（μαθηματικ?）一詞源自於古希臘語的μ?θημα（máthēma），其有“學習”、“學問
10 漢字表示的「數學」一詞大約產生於中國宋元時期。多指象數之學，但有時也含有今天上的數學意
11
12 == 歷史 ==
13 奇普，印加帝國時所使用的計數工具。
14 瑪雅數字
15 數學有著久遠的歷史。它被認為起源於人類早期的生產活動：中國古代的六藝之一就有「數」，數
16 史前的人類就已嘗試用自然的法則來衡量物質的多少、時間的長短等抽象的數量關係，比如時間單
17 更進一步則需要寫作或其他可記錄數字的系統，如符木或於印加帝國內用來儲存數據的奇普。歷史
18 在最初有歷史記錄的時候，數學內的主要原理是為了做稅務和貿易等相關計算，為了解數字間的關
19 到了16世紀，算術、初等代數以及三角學等初等數學已大體完備。17世紀變量概念的產生使人們開
20 從古至今，數學便一直不斷地延展，且與科學有豐富的相互作用，兩者的發展都受惠於彼此。在歷
21
22 == 形成、純數學與應用數學及美學 ==
23 牛頓（1643-1727），微積分的發明者之一。
24 每當有涉及數量、結構、空間及變化等方面的困難問題時，通常需要用到數學工具去解決問題
25 如同大多數的研究領域，科學知識的爆發導致了數學的專業化。主要的分歧為純數學和應用數學。
26 許多數學家談論數學的優美，其內在的美學及美。「簡單」和「一般化」即為美的一種。另外亦包
27
28 == 符號、語言與精確性 ==
29 在現代的符號中，簡單的表示式可能描繪出複雜的概念。此一圖像即產生自x=cos（y arccos sin
30 我們現今所使用的大部分數學符號在16世紀後才被發明出來的。在此之前，數學以文字的形式書寫
31 數學語言亦對初學者而言感到困難。如「或」和「只」這些字有著比日常用語更精確的意思。亦困惱著
32 嚴謹是數學證明中很重要且基本的一部份。數學家希望他們的定理以系統化的推理依著公理被推論
33 公理在傳統的思想中是「不證自明的真理」，但這種想法是有問題的。在形式上，公理只是一串符
```

图 14.13　处理后的维基百科语料

```
1  【数学】
2
3  欧几里得，西元前三世纪的希腊数学家，现在被认为是几何之父，此画为拉斐尔的作品《雅典学
4  数学是利用符号语言研究数量、结构、变化以及空间等概念的一门学科，从某种角度看属于形式
5  基础数学的知识与运用总是个人与团体生活中不可或缺的一环。对数学基本概念的完善，早在古
6  今日，数学使用在不同的领域中，包括科学、工程、医学和经济学等。数学对这些领域的应用通
7
8  == 词源 ==
9  西方语言中“数学”（μαθηματικ?）一词源自于古希腊语的μ?θημα（máthēma），其有“学习”、“学
10 汉字表示的「数学」一词大约产生于中国宋元时期。多指象数之学，但有时也含有今天上的数学
11
12 == 历史 ==
13 奇普，印加帝国时所使用的计数工具。
14 玛雅数字
15 数学有着久远的历史。它被认为起源于人类早期的生产活动：中国古代的六艺之一就有「数」，
16 史前的人类就已尝试用自然的法则来衡量物质的多少、时间的长短等抽象的数量关系，比如时间
17 更进一步则需要写作或其他可记录数字的系统，如符木或于印加帝国内用来储存数据的奇普。历
18 在最初有历史记录的时候，数学内的主要原理是为了做税务和贸易等相关计算，为了解数字间的
19 到了16世纪，算术、初等代数以及三角学等初等数学已大体完备。17世纪变量概念的产生使人们
20 从古至今，数学便一直不断地延展，且与科学有丰富的相互作用，两者的发展都受惠于彼此。在
21
22 == 形成、纯数学与应用数学及美学 ==
23 牛顿（1643-1727），微积分的发明者之一。
24 每当有涉及数量、结构、空间及变化等方面的困难问题时，通常需要用到数学工具去解决问题
25 如同大多数的研究领域，科学知识的爆发导致了数学的专业化。主要的分歧为纯数学和应用数学
26 许多数学家谈论数学的优美，其内在的美学及美。「简单」和「一般化」即为美的一种。另外亦
27
28 == 符号、语言与精确性 ==
29 在现代的符号中，简单的表示式可能描绘出复杂的概念。此一图像即产生自x=cos（y arccos s
30 我们现今所使用的大部分数学符号在16世纪后才被发明出来的。在此之前，数学以文字的形式书
31 数学语言亦对初学者而言感到困难。如「或」和「只」这些字有着比日常用语更精确的意思。亦困恼
32 严谨是数学证明中很重要且基本的一部分。数学家希望他们的定理以系统化的推理依着公理被推论
33 公理在传统的思想中是「不证自明的真理」，但这种想法是有问题的。在形式上，公理只是一串
```

图 14.14　转化后的维基百科语料

3. 添加自定义语料

维基百科资源获取非常方便，文档解析有非常多的成熟工具，提取正文可以直接选择使用开源工具。虽然这些工具已经较为成熟，但是相比国内的百度百科和互动百科等，数据量要少一个数量级，因此不一定完全包含评价旅游景点方面的词汇。为保证行业词汇的

完整性，在使用维基百科语料的基础上，将前面利用网络爬虫技术爬取的评论文本以及采集的部分旅游行业的专有词汇也添加到语料库中。

4. 训练 Word2vec

利用 Jieba 将语料库进行分词，调用 LineSentence 对模型进行训练（时长约 6 h），训练的结果如图 14.15 所示。

名称	修改日期	类型	大小
File_train	2018/8/7 21:06	文件夹	
wiki.zh.text.model	2018/8/5 0:44	MODEL 文件	54,658 KB
wiki.zh.text.model.syn0.npy	2018/8/5 0:37	NPY 文件	1,073,191 KB
wiki.zh.text.model.syn1neg.npy	2018/8/5 1:32	NPY 文件	1,073,191 KB
wiki.zh.text.vector	2018/8/5 2:19	VECTOR 文件	2,555,843 KB

图 14.15　Word2vec 模型训练信息图

5. 基于 TF-IDF 对训练集向量加权

为进一步在保证语料本身结构和词汇信息的完整性的基础上有效体现出不同词语对于该分类评分任务的重要程度，考虑结合 Word2vec 训练结果以及 TF-IDF 的结果对各词向量根据词重要程度进行加权处理后形成新的句向量，从而尽可能在保证信息完整性的基础上保证词特征的体现。

结合爬取的数据和训练集语料进行分词，将所有的分词结果向量化。首先，将评论文本进行分词合并，去除停用词；然后，将词语利用基于维基百科中文语料库和行业语料库等训练处理的 Word2vec 映射表示为 400 维的高维向量，将每一条文本评论内容中的词向量进一步整合得到该条评论的向量。最后，利用上一个模块 TF-IDF 的计算结果对训练集词向量加权后计算得到该句文本的句向量。具体的处理流程如图 14.16 所示。

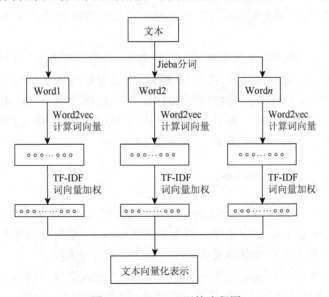

图 14.16　TF-IDF 训练流程图

对训练集和测试集进行分类，将各类分别映射为加权高维向量并存储为 npy 文件，具体信息如图 14.17 所示。

名称	修改日期	类型	大小
1.npy	2018/8/7 22:52	NPY 文件	3,591 KB
2.npy	2018/8/7 22:53	NPY 文件	5,397 KB
3.npy	2018/8/7 22:57	NPY 文件	40,797 KB
4.npy	2018/8/7 23:11	NPY 文件	87,776 KB
5.npy	2018/8/7 23:41	NPY 文件	132,835 KB

图 14.17　npy 文件示意图

14.4　基于传统分类器的景区评论倾向性分析

考虑到传统的经典分类器（如 logistics 回归、支持向量机、决策树和随机森林等）在包括文本在内的很多方面都取得了十分优秀且稳定的成效，考虑引入部分经典分类器的算法来进行模型的训练，并进行效果的比较。

14.4.1　基于传统弱分类器的倾向性分析

1. 基于 logistics 回归的倾向性分析

logistics 回归是一种分类算法。在模型中输入样本中已知的特征作为自变量，模型会根据已知的特征映射出一个离散型因变量（如二分类的 0/1）。logistics 回归的本质是拟合一个反映训练集中特征与目标之间关系的逻辑函数（logit function），进而能够从未知样本的特征计算其所属类别的概率。logistics 回归最终得到的是一个概率值，取值范围为 0～1。

对于 logistics 回归模型，输入变量采用四种方法，当输入变量分别为人工特征、TF-IDF 编码、Word2vec 编码和加权编码时，模型的准确率分别为 0.3858、0.4844、0.4592 和 0.5074，RMSE 分别为 1.5275、1.1510、1.2403 和 1.0424，从总的准确率及 RMSE 方面考虑，加权编码作为输入变量的效果最好，而且其五种评分的召回率均值、精度均值、F1 分数均值也最高，效果最好，具体数值见本章 14.6 节表 14.9。

2. 基于支持向量机的倾向性分析

统计学习理论中包含 VC 维（VC dimension）理论和结构风险最小原理两个核心概念，而支持向量机就是在统计学习理论中这两个概念的基础上，根据有限样本信息在模型的复杂性之间寻求最佳折中，以期获得最好的推广能力（或泛化能力）。

对于支持向量机模型，输入变量采用四种方法，当输入变量分别为人工特征、TF-IDF 编码、Word2vec 编码和加权编码时，模型的准确率分别为 0.4125、0.4883、0.3921 和 0.4620，

RMSE 分别为 1.4353、0.8635、0.8401 和 0.8475，从总的准确率及 RMSE 方面考虑，TF-IDF 编码作为输入变量的效果最好，但是它的预测结果中 1 分和 2 分的预测准确率为 0，并没有实际意义。之所以其 RMSE 还未超过 1 是因为数据中 1 分和 2 分评论的数量极少。

3. 基于 CART 算法的倾向性分析

分类回归树模型属于决策树中的一个算法，是布赖曼等于 1984 年提出的。相较于最为基础的 ID3 算法来说，CART 算法仍旧由特征选择、生成树和剪枝等几个步骤组成，但 CART 的核心是分类和回归。CART 是一棵二叉树，它采用二分递归分割技术，每次将数据切分为两个分支，即左子树和右子树。

对于 CART 算法，输入变量采用四种方法，即人工特征、TF-IDF 编码、Word2vec 编码和加权编码。从总的准确率和 RMSE 方面考虑，Word2vec 编码和加权编码作为输入变量的效果较好，但它的预测结果将全部评分预测为正面，即 4 分或 5 分，这种方法不利于负面评论的预测，不能及时发现问题。而按照召回率看，以人工特征和 TF-IDF 作为输入变量时较高，均为 0.245 左右。

14.4.2　基于随机森林的倾向性分析

1. 随机森林原理

随机森林是由两个或两个以上的决策树组成的分类器。训练样本采用自助法（bootstrap）重采样的方式构造决策树，并且利用随机样本选择和随机特征选择两个特点，增加模型鲁棒性，降低了随机森林模型陷入过拟合的可能性，大大增加了模型的抗干扰能力。随机森林对数据集的适应能力非常强，对于离散型和连续型数据集都可以进行训练。即使数据没有进行规范化和降维等处理，在计算效率和性能上也并没有太大的影响。随机森林能够输出变量的重要性程度，因此也可以被用作降维处理。在训练随机森林模型的过程中，能够生成相似矩阵，因此随机森林可以度量样本的相似性。除此之外，随机森林模型在估计推断映射方面表现也很好。

在这里以 sklearn 为训练工具，分别以人工特征变量、TF-IDF 编码，以及基于 Word2vec 的 TF-IDF 加权编码为输入变量进行模型的训练。

2. 模型结果分析

利用 Python 中的 pandas 和 sklearn 两个模块来实现随机森林。输入向量分别为基于人工特征、IF-IDF 编码、Word2vec 和加权编码所形成的句向量，准确率分别为 0.1967、0.3354、0.5605 和 0.7902，RMSE 分别为 2.2224、0.9170、1.0156 和 0.6730。可见，基于加权词向量训练的随机森林模型在准确率和 RMSE 上均优于其他句向量训练的结果。对按评分属性分成的五类训练集数据建立基于加权词向量的随机森林模型，1~5 类的精度分别为 0.6053、0.8059、0.7304、0.7215 和 0.8410。可以看出，评分为 5 分属性的评论数据，信息提取正确率最高。

14.4.3　基于提升树的倾向性分析

1. XGBoost 的原理

XGBoost 是大规模并行提升树的工具，相比于其他的提升树工具而言，XGBoost 具有更快的运行速度。Boosting 分类器属于集成学习模型，它的基本思想是：把成百上千个分类准确率较低的树模型组合起来，形成一个准确率较高的模型。这个模型会不断地迭代，每次迭代就生成一棵新的树。在实际应用层面，XGBoost 曾在很多的数据挖掘竞赛及应用方面提出了十分有效的解决方案，因此在此引入 XGBoost 提升树进行尝试。

Boosting 是一种非常有效的集成学习算法，采用 Boosting 方法可以将弱分类器转化为强分类器，从而达到准确分类的效果，其具体步骤如下。

（1）将所有训练集样本赋予相同的权重。

（2）进行第 m 次迭代，每次迭代采用分类算法进行分类，采用如下公式计算分类的错误率：

$$\mathrm{err}_m = \frac{\sum \omega_i I(y_i \neq G_m x_i)}{\sum \omega_i}$$

式中：ω_i 为第 i 个样本的权重；G_m 为第 m 个分类器。

（3）计算 $\alpha_m = \log \dfrac{1 - \mathrm{eer}_m}{\mathrm{eer}_m}$。

（4）对于第 $m+1$ 次迭代，将第 i 个样本的权重 ω_i 重置为 $\omega_i \times \mathrm{e}^{\alpha_m \times I(y_i \neq G_m x_i)}$。

（5）完成迭代后得到全部的分类器，采用投票方式得到每个样本的分类结果。其核心在于，每次迭代后，分类错误的样本都会被赋予更高的权重，从而改善下一次分类的效果。

Gradient Boosting 是 Boosting 的一个改进版本，经证明，Boosting 的损失函数是指数形式，而 Gradient Boosting 的损失函数在迭代过程中沿其梯度方向下降，从而提升了其稳健性，其算法流程如下。

（1）初始化 $f_0(x) = \arg\min\limits_{\rho} \sum\limits_{i=1}^{N} L(y_i, \gamma)$。

（2）对于 $m = 1$ 到 M，有

$$\tilde{y}_i = -\left[\frac{\partial L(y_i, F(x_i))}{\partial F(x_i)}\right]_{F(x) = F_{m-1}(x)} \quad (i = 1, 2, \cdots, N)$$

$$\alpha_m = \arg\min\limits_{\alpha, \beta} \sum\limits_{i=1}^{N} [\tilde{y}_i - \beta h(X_i : \alpha)]^2$$

$$\rho_m = \arg\min\limits_{\rho} \sum\limits_{i=1}^{N} L(y_i, F_{m-1}(X_i) + \rho h(X_i : \alpha_m))$$

$$F_m(X) = F_{m-1}(X) + \rho_m h(X : \alpha_m)$$

XGBoost 是一种 Gradient Boosting 算法的快速实现，它能够充分利用多核 CPU 进行并行计算，同时在算法上进行改进以提高精度。本章采用 XGBoost 算法的 Python 语言版本进行分类建模。

2. 模型结果分析

本章在基于大规模并行开源提升树工具中的 XGBoost 包对数据进行训练得出的模型结果较为优异，模型在评分预测准确率上达到了 0.5203，而 RMSE 也低至了 0.8248。然而，与前面几个模型共同的缺点是，在预测正面性的评论（4 分和 5 分）时精度较高，而负面性的评论（1～3 分）时精度、召回率和 F1 分数均较低。

14.5　基于 LSTM 和 FastText 的景区评论倾向性分析

在使用经典分类器进行模型训练的基础上，考虑到目前部分深度学习算法及其他技术在文本情感分析及文本分类方面取得了较好的效果，因此在这里引入 LSTM 及 Facebook 开源的快速文本分类器 FastText 进行尝试。

14.5.1　基于自建词典的 LSTM 情感分析模型

通过传统分类器分类结果发现，由于高分评论与低分评论的文本特征之间存在较大差异，而在高分分段（4 分和 5 分）和低分分段（1～3 分）内细化分组效果较差，考虑引入情感分析模型，在对评论的情感倾向进行高分段（4 分和 5 分）与低分段（1～3 分）的段间分类（情感分析）后，再通过模型进一步优化实现精确的评分预测。考虑到 LSTM 在循环神经网络（recurrent neural network，RNN）的基础上有较大改进，可以有效实现大规模语料上的语言模型训练，能得到较好的语义表征，因此考虑引入 LSTM 构建情感分析模型。

1. 构建自定义词典

为能够尽可能大地保留有关该行业特征的信息，同时适当减小向量维度，尝试在以 Word2vec 的 TF-IDF 加权词向量作为输入的基础上，引入行业自建词典用于进行文本信息的向量化映射。

将所有训练集以及爬取的额外数据进行分词（不去除停用词，尽可能保留评论文本特征），并基于分词后所有评论数据建立索引词典，实现评论在向量空间的映射，将评论文本转化为句向量作为模型输入。

2. LSTM 原理

LSTM 是一种在特定形式下改进的 RNN 算法，而 RNN 是一系列能够处理序列数据的神经网络的总称。

　　RNN 的所有变形中应用最成功、最广泛的就是门限 RNN（gated RNN），而 LSTM 就是门限 RNN 中的一种。有漏单元通过设计连接之间的权重系数，从而允许 RNN 累积距离较远节点之间的长期联系；而门限 RNN 则泛化了这样的思想，允许在不同时刻改变该系数，且允许网络忘记当前已经累积的信息。

　　LSTM 增加输入门限、遗忘门限和输出门限，使得自循环的权重可变化，在模型参数固定的情况下，不同时刻的积分尺度可以进行动态改变，从而很大程度上解决了 RNN 中维度过大等因素带来的梯度消失或梯度膨胀等问题。

　　根据 LSTM 网络的结构，f_t 为遗忘门限，i_t 为输入门限，o_t 为输出门限，每个 LSTM 单元的计算公式为

$$f_t = \sigma(W_f \cdot \left[h_{t-1}, x_t \right] + b_f)$$

$$i_t = \sigma(W_i \cdot \left[h_{t-1}, x_t \right] + b_i)$$

$$\tilde{C}_t = \tanh(W_C \cdot \left[h_{t-1}, x_t \right] + b_C)$$

$$C_t = f_t * C_{t-1} + i_t * \tilde{C}_t$$

$$o_t = \sigma(W_o \cdot \left[h_{t-1}, x_t \right] + b_o)$$

$$h_t = o_t \cdot \tanh(C_t)$$

式中：$\tilde{C}_t$ 为前一时刻 cell 状态；C_t 为 cell 状态（这里就是循环发生的地方）；h_t 为当前单元的输出；h_{t-1} 为前一时刻单元的输出。

3. 建立 LSTM 情感分析模型

　　建立 LSTM 情感分析的技术工具如下。

　　开发环境：Ubuntu 18.04

　　编程语言：Python 3.6

　　训练框架：Keras

　　在对数据进行一些前期分析后了解到，由于评论中存在很大的主观因素，在评分的细分上可能出现较大的问题。在此基础上，引入 LSTM 进行评论文本的正负性分类，并在正负性分类的基础上结合其他模型进行进一步的评分细化，以减小评论评分预测的误差值，并保证后期模型商业化应用的稳定性。

　　对题目中给的 4 万条训练集数据和爬取的 4 万条马蜂窝评论数据进行标注。基于 LSTM 搭建文本情感分类的深度学习模型，模型结构如图 14.18 所示。

　　对于模型阈值选取问题，事实上，训练的预测结果是一个在[0, 1]区间内连续的实数，而程序默认情况下会将 0.5 设为阈值，也就是将大于 0.5 的结果判断为正，小于 0.5 的结果判断为负。但由于训练集与测试集极性差距较大，情感分类与评分不具有完全线性关系，基于训练集中情感预测的分值分布以及实际标签构造阈值组

　　[0.068 270 651 391 709 11, 0.111 117 940 102 561 51, 0.152 687 598 549 308 27, 0.853 911 100 787 567 3, 0.888 647 790 991 631 6]

将评论依照评论极性进行分段评分。为保证正负面及整体的稳定性选择阈值为 0.6。

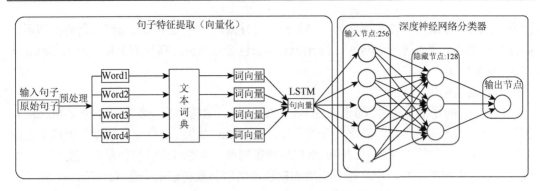

图 14.18　文本情感分类的深度学习模型结构

4. 模型评价

从模型训练效率上来讲，由于保留的维度较大，LSTM 的训练效率无明显提升，模型训练耗时较长。就模型结果而言，基于 LSTM 的情感分析模型能够较好地实现有关评论正负性的评价，但在对于详细评分分类方面的结果却差强人意，考虑在基于 LSTM 情感分类模型的基础上结合其他模型在评论的详细评分方面做进一步改进。在应用层面，基于该模型特征进行分析，并在该模型的基础上提出基于用户评论的旅游行业文本情感分析模块。

14.5.2　基于 FastText 的文本标签分类模型

在文本分类领域，FastText 在各个方面都取得了较好的应用，而且 FastText 相较于其他深度模型，能有效地加快训练效率，因此考虑引入 FastText 进行尝试。

1. 数据重构

为有效实现 FastText 的模型训练，将已有的各类评论文本进行预处理，格式为 __label__1 + 文本信息，如图 14.19 所示。

```
1   __label__1 , 很好的一个地方，很美的大草原，蓝蓝的天空，洁白的云彩，空荡的马路，开车真的很爽。
2   __label__1 , 一片东西宽、南北长的辽阔地带 这里枯死的胡杨"陈尸"遍野 呈现出古老的原始风貌 冥冥之中 渗透出一
3   __label__1 , 公园就在市内，在农贸市场对面，公园不大，早晨是当地人晨练的地方，这里是小城市，人口不多。
4   __label__1 , 胡杨是一种奇特而古老的杨树，维吾尔语称其名为"胡桐树"。和一般的杨树不同，能忍受荒漠中干旱，多
5   __label__1 , 没意思，真的没意思两个人仙沙岛套票660，滑沙单独20一人。包车叫价550呼市和响沙湾来回，太贵了，
6   __label__1 , 风大、沙细藏宝藏：天是蔚蓝色的天，风是狂吼似的风，沙是金黄色是沙，地下埋的全是宝藏，神奇的沙
7   __label__1 , 巴丹吉林沙漠越野，神秘而刺激，抵消了我们一路的疲劳。我想以后我还会再去，那是一个神奇的地方
8   __label__1 , 在怪树林欣赏落日！非常喜欢那里，以至于在五天里去怪树林两次！好喜欢枯树在落日的光影里的感觉！
9   __label__1 , 在乌兰布统里面，但是需要另外收费。像一个大度假村。如果在里面骑马，就可以免门票。
10  __label__1 , 塞上老街已经只剩下些许名头了，是卖手串文玩的一条街。
11  __label__1 ,没什么特色，不知道为什么叫七仙湖。
12  __label__1 ,七八月人很多，交通便利，离市区近有好多好吃的可选择。这是我们中国边境最宏伟的一座国门了。
```

图 14.19　FastText 数据重构图

2. FastText 原理

FastText 是 Facebook 开源的一个词向量与文本分类工具，FastText 结合了自然语言处理与机器学习中最成功的理念，包括使用了词袋以和 N-gram 袋表征语句，还使用了子字

信息，并通过隐藏表征在类别之间共享信息。另外采用一个 Softmax 层级（利用类别不均衡分布的优势）来加速运算过程。FastText 方法包含三部分，即模型架构、层次 Softmax 和 *N*-gram 特征。

（1）模型架构。

FastText 的模型架构类似于 Word2vec 的 CBOW，这两种模型都是基于分层 Softmax，都是三层架构，即输入层、隐藏层和输出层。FastText 的模型是将整个文本作为特征去预测文本的类别；将输入层中的词和词组构成特征向量，再通过线性变换映射到隐藏层；隐藏层求解最大似然函数，根据每个类别的权重及模型参数构建哈夫曼（Huffman）树，将哈夫曼树作为输出，如图 14.20 所示。

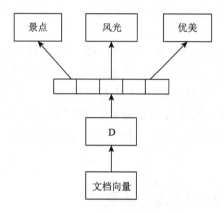

图 14.20　DBOW 模型图

图 14.21 所示一个有单个隐藏层的简单模型。第一个权重矩阵 ***A*** 可以被视作某个句子的词查找表。首先将词表示平均成一个文本表示，文本表示是一个隐藏变量；然后将其送入一个线性分类器。这个构架与 Word2vec 中的 CBOW 模型类似，区别在于 CBOW 模型中的中间词（middle word）被替换成了标签（label）。该模型将一系列单词作为输入并产生一个预定义类的概率分布。本章使用 Softmax 函数 *f* 来计算预定义类的概率分布，对于一组包含 *N* 个文档的文档集，FastText 模型的目标是使如下公式最小化：

$$-\frac{1}{N}\sum_{n=1}^{N} y_n \log[f(\boldsymbol{BAx}_n)]$$

式中：x_n 为第 *n* 个文档特征的标准化包；y_n、***A*** 和 ***B*** 为权重矩阵。该模型采用随机梯度下降法和线性衰减的学习速率，在多个 CPU 上进行异步训练。

（2）层次 Softmax。

对于有大量类别的数据集，FastText 使用一个分层分类器（而非扁平式架构）。不同的类别被整合进树形结构中（想象下二叉树而非 list）。在某些文本分类任务中类别很多，计算线性分类器的复杂度高。为了改善运行时间，FastText 模型使用了层次 Softmax 技巧。层次 Softmax 技巧建立在哈夫曼编码的基础上，对标签进行编码，能够极大地缩小模型预测目标的数量。

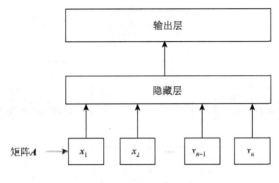

图 14.21 FastText 模型架构

FastText 也利用了类别不均衡这个事实（一些类别出现次数比其他的更多），通过使用哈夫曼算法建立用于表征类别的树形结构。因此，频繁出现类别的树形结构的深度要比不频繁出现类别的树形结构的深度要小，这也使得进一步的计算效率更高。

（3）*N*-gram 特征。

词袋模型（bag-of-words model，BoW）中的词顺序是不变的，但是直接考虑该顺序的计算成本通常十分高昂。作为替代，FasText 使用 *N*-grams 袋作为额外特征来获取关于局部词顺序（local word order）的部分信息。

3．建立 FastText 的文本标签分类模型

由于 Fasttext 仅支持 Linux 下进行调用，在 Windows Server 上完成数据预处理后使用 Ubuntu 18.04 作为 FastText 的训练和测试环境。

加载重构后的数据作为训练数据，首先对其进行分词和去除停用词得到带标签的预处理后语料，将这些语料进行存储；然后对这些语料分别生成数据集，并在完成后做乱序处理，避免单一种类评论扎堆影响模型结果；最后进行模型训练，得出模型后预测训练集各评论评分标签及其概率。

14.5.3 综合 FastText 和 LSTM 的情感分析模型

通过结果分析，考虑到 LSTM 情感分析模型在评论情感分类（正负性）上有较好的效果，但在情感分类后的详细评论评分预测上的结果仍有较大的进步空间，尝试结合 LSTM 情感分析结果及 FastText 的标签预测结果对评论进行正负性评价后给出更准确的评论评分预测。

首先对评论语料进行情感分析，给出情感分析分值，并依照正负性调整为最优阈值。然后在情感分析基础上结合 FastText 预测的标签结果。若标签结果符合情感分析结果，则预测标签确定为 FastText 预测结果；若不符合，则以情感分析结果为主给出预测评分结果。具体流程如图 14.22 所示。

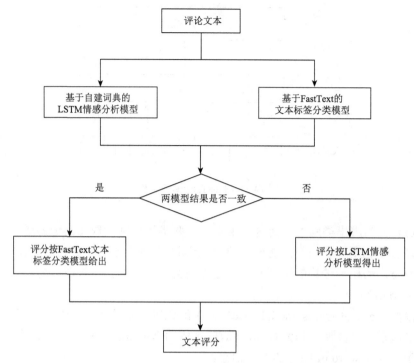

图 14.22　基于 LSTM 和 FastText 的评分预测流程图

在结合了基于 LSTM 的情感分析模型及基于 FastText 的评分标签分类模型后发现，整体的参数无明显提升，但在很大程度上增大了模型的稳定性。各个分段的预测准确率及均方根误差之间的差距相较于基于 LSTM 的情感分析模型及基于 FastText 的评分标签分类模型有部分减小，在一定程度上提升了模型的稳定性。

14.6　模 型 评 估

本章首先用四种不同输入变量训练基于传统分类器的景区评论倾向性分析，接着基于 LSTM 和 FastText 对景区评论进行情感倾向性分析，并且计算了测试集上模型结果的准确率、RMSE、召回率均值、精度均值和 F1 分数均值等指标，测试结果如表 14.4 所示。

表 14.4　测试结果汇总表

输入变量	模型	准确率	RMSE	召回率均值	精度均值	F1 分数均值
人工特征	随机森林	0.1967	2.2224	0.2509	0.2327	0.1581
	支持向量机	0.4125	1.4353	0.2426	0.1157	0.1473
	CART 树	0.3641	1.5784	0.2418	0.1131	0.1364
	逻辑回归	0.3858	1.5275	0.2492	0.1841	0.1437
TF-IDF 编码	随机森林	0.3354	0.9170	0.2000	0.1386	0.1637
	支持向量机	0.4883	0.8635	0.2374	0.3398	0.2139
	CART 树	0.3242	1.3023	0.2500	0.1587	0.1590
	逻辑回归	0.4844	1.1510	0.1999	0.0969	0.1305

续表

输入变量	模型	准确率	RMSE	召回率均值	精度均值	F1 分数均值
Word2vec 编码	随机森林	0.5605	1.0156	0.2668	0.3616	0.2588
	支持向量机	0.3921	0.8401	0.2328	0.3949	0.1716
	CART 树	0.4827	1.0834	0.2090	0.1723	0.1728
	逻辑回归	0.4592	1.2403	0.2324	0.2154	0.1721
加权编码	随机森林	0.7902	0.6730	0.6972	0.7408	0.7170
	支持向量机	0.4620	0.8475	0.2342	0.2913	0.2065
	CART 树	0.4878	1.1305	0.2048	0.1819	0.1508
	逻辑回归	0.5074	1.0424	0.248	0.3653	0.2420
	LSTM	0.4973	1.5361	0.3148	0.2302	0.1735
	FastText	0.5936	0.8584	0.3748	0.5532	0.4129
	LSTM + FastText	0.5932	0.8565	0.4370	0.5500	0.4341
	XGBoost	0.5203	0.8248	0.2308	0.2440	0.2005

由表 14.9 可以看出，当输入变量为人工特征或 TF-IDF 编码时，支持向量机的效果最好，准确率最高且 RMSE 最低。而四种算法在召回率均值、精度均值和 F1 分数均值三个指标中无显著性差异。

当输入变量为 Word2vec 编码时，随机森林的准确率最高，虽然 RMSE 值比支持向量机高，但是支持向量机的准确率仅为 0.39，精度均值两种算法无显著差别，因此随机森林的效果最好。

当输入变量为加权编码时，随机森林的效果最好，其准确率、召回率均值、精度均值和 F1 分数均值最高且 RMSE 最低，与其他三种算法差异明显。

与此同时，LSTM、FastText、两者的结合和 XGBoost 等算法的效果则欠佳。

综上所述，本章案例在以加权编码为输入变量且选用随机森林分类算法进行建模时，模型的效果最好，其对应的准确率最高且 RMSE 最低。

14.7　本 章 小 结

本章以 77 892 条游客评论数据为基础，分别建立了基于传统分类器（包括 CART 树、logistics 回归、支持向量机）的景区评论倾向性分析模型、基于组合与提升思想的景区评论倾向性分析模型，以及基于 LSTM 和 FastText 的景区评论倾向性分析模型。本章还对所构建的所有预测模型进行了评估和比较，分析了不同模型在准确率、RMSE、召回率、精度和 F1 分数等指标上的差异和优劣，以及产生这些结果可能的原因，并对模型的应用及进一步研究进行了展望。

本章的研究成果对于网络平台旅游推荐系统的开发、景区服务质量评价及星级评定、景区舆情分析与监控，以及游客满意度评价和用户决策等方面都有一定的应用价值和实践意义。

思 考 题

1. 在数据挖掘中，对文本数据的处理和对数值型数据的处理有什么不同之处？
2. 评估分类模型效果好坏的指标有哪些？它们各自的含义是什么？
3. 在本章案例中，为什么 LSTM 模型的预测效果不如随机森林模型的预测效果好？

习 题

1. 请继续深入研究本章案例，构建 2～3 个新的人工特征。
2. 请尝试构建其他分类模型来对顾客的评论倾向性进行分析，并讨论不同模型之间的优劣。

本章参考文献

[1] 张建娥. 基于 TFIDF 和词语关联度的中文关键词提取方法[J]. 情报科学，2012（10）：110-112，123.

[2] 李航. 统计学习方法[M]. 北京：清华大学出版社，2012，55-58.

[3] 苏兵杰，周亦鹏，梁勋鸽. 基于 XGBoost 算法的电商评论文本情感识别模型[J]. 物联网技术，2018（1）：54-57.

[4] 任智慧，徐浩煜，封松林，等. 基于 LSTM 网络的序列标注中文分词法[J]. 计算机应用研究,2017,34(5):1321-1324,1341.

[5] SANTOS I，NEDJAH N，MOURELLE L D M . Sentiment analysis using convolutional neural network with FastText embeddings[C]//IEEE Latin American Conference on Computational Intelligence，2018.